工程训练（非工科类）

主编　徐　靖　徐衍锋　梁志强
参编　靳晓明　程晓波　安兴伟
主审　罗凤利

机械工业出版社

本书作为工程训练教材，内容精练、图文并茂，可读性强；力求突出实用性、应用性和综合性，各工种讲解简明扼要。通过本书的学习，可培养学生的工程意识和工程实践能力，为后续课程的学习和综合创新以及今后的工作打下一定的基础。

本书在突出机械工程基本训练的前提下，增加了电工技能训练。机械工程基本训练包括工程训练概述、工程材料及金属热处理、切削加工基础知识、车削、铣削、刨削、磨削、镗削、齿轮加工、钳工、数控加工技术、现代加工方法、锻压、焊接与热切割、铸造；电工技能训练包括电气工程训练基础知识、室内照明电路工程实践；教材最后有综合创新训练内容。

本书可以作为高等学校工程训练（或金工实习）教材，适用于非工科类专业，也可供其他专业选用，还可作为机电工程技术人员的参考书。

图书在版编目（CIP）数据

工程训练：非工科类/徐靖，徐衍锋，梁志强主编．—北京：机械工业出版社，2023.1

ISBN 978-7-111-72298-4

Ⅰ.①工…　Ⅱ.①徐…②徐…③梁…　Ⅲ.①机械制造工艺 – 高等学校 – 教材　Ⅳ.①TH16

中国版本图书馆 CIP 数据核字（2022）第 252474 号

机械工业出版社（北京市百万庄大街22号　邮政编码100037）

策划编辑：王晓洁　　　　　　责任编辑：王晓洁
责任校对：张晓蓉　王明欣　　封面设计：陈　沛
责任印制：李　昂

唐山三艺印务有限公司印刷

2023 年 4 月第 1 版第 1 次印刷

184mm×260mm・15.75 印张・384 千字

标准书号：ISBN 978-7-111-72298-4

定价：39.80 元

电话服务　　　　　　　　　　　网络服务

客服电话：010-88361066　　　机 工 官 网：www.cmpbook.com
　　　　　010-88379833　　　机 工 官 博：weibo.com/cmp1952
　　　　　010-68326294　　　金 书 网：www.golden-book.com

封底无防伪标均为盗版　　机工教育服务网：www.cmpedu.com

前　言

本书根据教育部教学指导委员会的《普通高等学校工程训练教学基本要求》《工程材料及机械制造基础教学基本要求》《普通高等学校工程训练中心建设基本要求》的精神，汲取和总结了新的教学经验与改革成果，结合普通高等学校工程训练中心教学的实际需要，在黑龙江科技大学韩志民等主编的《工程训练（非工科类）》教材的基础上修订而成。

本书具有如下特点：

1. 本书对机械工程基本训练及电工技能训练的知识和技能体系进行了整体优化，以基本要求为基础，以教学实际应用为主线，努力做到通俗易懂、图文并茂，实用性强。

2. 本书适用于非工科类专业，内容突出了基础性与认知性，目的在于吸引学生学习工艺基本知识，建立和培养学生的工程意识，增强学生的工程实践能力和创新意识，挖掘能够培养学生民族自豪感、团结协作精神及绿色环保和可持续发展理念等思想政治教育元素，并与训练内容无缝衔接，深度融合，使思政内容和专业内容相辅相成，达到事半功倍的育人效果。

3. 本书总结与借鉴了工程训练新的教学成果和教学经验，采用了国家现行标准。

4. 本书配有目的与要求、复习思考题和安全操作技术规程，方便广大师生使用。

本书由黑龙江科技大学工程训练与基础实验中心组织编写，由徐靖、徐衍锋、梁志强担任主编，其中徐靖编写了第1、2、9、10、12章，徐衍锋编写了第7、13、14章，梁志强编写了第5、8、11章，靳晓明编写了第3章，程晓波编写了第4章，安兴伟编写了第6章，全书由罗凤利主审。

由于编者水平有限，书中不妥之处，恳请读者批评指正。

编　者

目　　录

第1章 工程训练概述

【目的与要求】
1. 掌握基础理论知识。
2. 增强实践能力。
3. 提高综合素质。
4. 培养创新意识和创新能力。

工程训练是一门实践性很强的技术基础课，是高校实践教学不可缺少的重要组成部分，它通过介绍机械制造及电气工程的基础知识和技能，达到提高学生的综合素质，培养学生工程实践能力和创新精神的目的。在科技发展日新月异、就业压力逐年加大的今天，实践动手能力差，创新能力不足，是各高校毕业生普遍存在的问题。因此让文科生进行工程训练是现今大环境下的必然趋势。本书编写中贯彻由浅入深、循序渐进、通俗易懂、图文并茂的原则，并且恰当地融入一些课程思政的内容，能够激发学生的学习热情、民族自豪感和使命感，让其充分认识到理论知识与实践相结合的重要性，从中掌握一些分析问题和解决问题的方法。

1.1 工程训练的内容

1.1.1 产品生产过程

人类设计制造的产品种类繁多，大到航天飞船、航空母舰，小到钟表、手机等，都有其特定的功能，例如电梯可以载人载物，空调可以调节空气温度等，机床作为切削工具可以改变零件的形状、尺寸，加工出符合工程图样要求的零件，从而保证零件能最终组装成产品。

各种先进的仪器设备是机械、电子、计算机、自动控制、光学、声学和材料科学，甚至化学、生物与环境科学结合与交叉的产物。因此无论我们将来从事何种专业，学习机械制造过程和电气工程基本知识对我们的未来发展都会起着重要作用。

产品虽然种类繁多，功能各不相同，具体要求也不同，但基本要求是相同的，都追求高质量、高性能、高效率、低成本、低能耗的目标，以获得最大的经济效益和社会效益。对机电产品的基本要求有：

（1）功能要求　具有产品的特定功能，如运输、保温、计时、通信等。

（2）性能要求　具有产品所要求的技术性能，如速度可调范围宽窄、起停时间长短、低噪声、低磨损等。

（3）结构工艺性要求　产品结构简单，便于制造、装配和维护等。

（4）可靠性要求　产品故障率低，有安全防护措施等。

（5）绿色性要求　产品节能、环保、无公害，包括废水、废气、废渣和废弃产品的回收处理等。

（6）成本要求 产品成本包括制造和使用成本，降低成本提升产品的竞争力。

产品制造是人类按照市场的需求，运用主观掌握的知识和技能，借助于手工或可以利用的客观物质工具，采用有效的工艺方法和必要的能源，将原材料转化为最终机电产品，投放市场并不断完善的全过程。其可以描述为宏观过程和具体过程。

1. 产品制造的宏观过程

工程训练涉及一般机电产品制造的全过程。首先是设计图样，再根据图样制订工艺文件和进行工装的准备，然后是产品制造，最后是市场营销。再将各个阶段的信息反馈回来，使产品不断完善。

2. 产品制造的具体过程

产品制造的具体过程如图1-1所示。原材料包括生铁、钢锭、各种金属型材及非金属材料等。将原材料用铸造、锻造、冲压、焊接等方法制成零件的毛坯（或半成品、成品），再经过切削加工、特种加工制成零件，最后将零件和电子元器件装配成合格的机电产品。

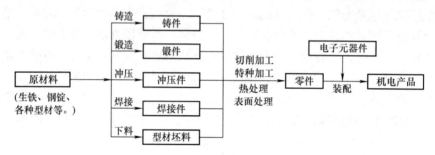

图1-1 产品制造的具体过程

1.1.2 工程训练的内容

工程训练包括机械工程训练和电气工程训练，机械工程训练项目有车削、铣削、刨削、磨削、钳工加工、特种加工和数控加工、铸造、锻压、焊接等。电气工程训练项目有电工技能、电气控制等，可以根据教学需要有所选择。具体训练内容如下：

1）常用钢铁材料及热处理的基本知识。

2）冷、热加工的主要加工方法及加工工艺。

3）冷、热加工所用设备、附件及其工具、夹具、量具、刀具的大致结构、工作原理和使用方法。

4）安全用电。

5）电工基本知识。

6）内线工程与照明电路的安装。

7）电工技能训练。

1.1.3 工程训练的教学环节

工程训练按项目进行，有课堂理论教学、现场示范和实际操作等。

1）课堂理论教学包括概论课、理论课和专题讲座。

2）现场示范在理论课结束后进行，通过现场示范可增强学习的兴趣，并助其掌握操作要领。

3）实际操作是训练的主要环节，通过实际操作获得各种项目训练方法的感性知识，初步学会使用有关的设备和工具。

1.2 工程训练的目的

工程训练的目的是学习机械工程和电气工程知识，增强实践能力，提高综合素质，培养创新意识和创新能力。

1.2.1 掌握基础理论知识

作为一名大学生除应该具备较强的基础理论知识和专业技术知识外，还必须具备一定的机械制造基本工艺知识和电气基本理论知识。与一般的理论课程不同，在工程训练中，主要通过自己的亲身实践来获取这些知识。这些工艺知识都是非常具体、生动而实际的，对于各专业的学生学习后续课程、进行毕业设计乃至以后的工作，都是必要的基础。

1.2.2 增强实践能力

这里所说的实践能力，包括动手能力，向实践学习、在实践中获取知识的能力，以及运用所学知识和技能，独立分析和解决工程技术问题的能力。这些能力对非机械类专业的大学生是非常重要的，但只能通过训练、实验、作业、课程设计和毕业设计等实践性课程或教学环节来培养。

在工程训练中，可亲自动手操作各种机电设备，使用各种工具、夹具、量具、刀具，以及仪表和电器元件，尽可能结合实际生产进行各项目操作培训。

1.2.3 提高综合素质

作为一名大学生，应具有较高的综合素质，即应具有坚定正确的政治方向，艰苦奋斗的创业精神，团结勤奋的工作态度，严谨求实的科学作风，良好的心理素质及较高的工程素质等。

工程素质是指人在有关工程实践工作中所表现出的内在品质和作风，它是工程技术人员必须具备的基本素质。工程素质的内涵应包括工程知识、工程意识和工程实践能力。其中工程意识包括市场、质量、安全、群体、环境、社会、经济、管理、法律等方面的意识。工程训练是在生产实践的特殊环境下进行的，对大多数学生来说是第一次接触工人，第一次用自身的劳动为社会创造物质财富，第一次通过理论与实践的结合来检验自身的学习效果，同时接受社会化生产的熏陶和组织性、纪律性的教育。我们将亲身感受到劳动的艰辛，体验到劳动成果的来之不易，增强对劳动人民的感情，加强对工程素质的认识。所有这些，对提高我们的综合素质，必然起到重要的作用。

1.2.4 培养创新意识和创新能力

培养创新意识和创新能力，最初启蒙式的潜移默化是非常重要的。在工程训练中，我们要接触到几十种机械、电气与电子设备，并了解、熟悉和掌握其中一部分设备的结构、原理和使用方法。这些设备都是前人的创造发明，强烈地映射出创造者们历经长期追求和苦苦探索所燃起的智慧火花。在这种环境下学习，有利于培养我们的创新意识。此外，训练过程中还有意识地安排了一些自行设计、自行制作的综合性创新训练环节，这也有利于以培养我们的创新能力。

1.3 工程训练的要求

1.3.1 工程训练的教学特点

工程训练以实践为主，必须在教师的指导下，独立操作，它不同于一般的理论性课程，特点如下：

1）它没有系统的理论、定理和公式，除了一些基本原则以外，大都是一些具体的生产经验、工艺、安装调试及施工等知识。

2）学习的课堂主要不是教室，而是具有很多仪器设备的训练室或实验室。

3）学习的对象主要不是书本，而是具体生产过程。

4）教学不仅有教师，而且以工程技术人员和现场教学指导人员为主导。

1.3.2 工程训练的学习

工程训练具有实践性的教学特点，学习方法也应作相应的调整和改变。

1）要善于在实践中学习，注重在实践过程中学习基本的机械及电气知识和技能。

2）要注意训练教材的预习和复习，按时完成训练作业、日记、报告等。

3）要严格遵守规章制度和安全操作技术规程，重视人身和设备的安全。

4）建议按照以下认知过程学习：教学目的导向→预习复习→认真听讲→记好日记→遵章守纪→积极操作→确保安全→循序渐进→听从安排→完成作业 →主动学习→不断总结→勇于创新→提高素质能力。

1.3.3 工程训练，安全第一

安全教学和生产对国家、集体、个人都是非常重要的。安全第一，既是完成工程训练学习任务的基本保证，也是培养合格的高质量的大学毕业生应具备的一项基本的工程素质。在整个工程训练中，要自始至终树立安全第一的思想，必须遵守规章制度和安全操作规程，时刻警惕，不要有麻痹大意的思想。

第 2 章   工程材料及金属热处理

【目的与要求】

1. 了解常用钢铁材料的牌号、性能特点及选用。
2. 了解金属材料的一些主要内容。了解热处理工艺的一些基本内容。
3. 了解表面处理的一些方法。
4. 初步了解塑料、橡胶、陶瓷材料的性能及用途。
5. 初步了解复合材料的性能特点及发展趋势。
6. 了解热处理生产环境保护知识及安全操作技术规程。

工程材料是指制造工程构件和机械零件用的材料。工程材料分为金属材料、有机高分子材料、无机非金属材料（陶瓷）和复合材料四类。

2.1   金属材料的性能

金属材料的性能主要表现在两个方面：一个是使用性能，一个是工艺性能。金属材料的性能是指用来表征金属材料在给定条件下的行为参数。使用性能是指物理、化学、力学等方面的性能，工艺性能是指铸造、热处理、锻压、焊接、切削加工等方面的性能。

2.1.1   物理性能和化学性能

1. 物理性能

金属材料的物理性能主要包括密度、熔点、导热性、导电性、磁性、热膨胀性等，是指金属材料对自然界各种物理现象，如温度变化、地球引力等所引起的反应。

2. 化学性能

化学性能是指金属材料的化学稳定性，包含抗氧化性和耐蚀性。耐蚀性包含耐酸性和耐碱性。在腐蚀性介质中或在高温下服役的零部件与在正常的室温条件下的零部件相比要腐蚀强烈。在设计这类零部件时应考虑选用化学稳定性比较好的合金钢。

2.1.2   力学性能

金属材料在外力作用下所表现出的各项性能指标统称为金属材料的力学性能。金属材料具有四大力学性能指标：强度、塑性、硬度、冲击韧度。力学性能是金属材料的主要性能，是机械设计、制造中选择材料的主要依据。

1. 强度

金属材料在载荷的作用下抵抗变形和开裂的能力称为强度。其数值测定按国家标准规定的标准试样。标准拉伸试样如图 2-1 所示。

根据试样在拉伸过程中承受的载荷和产生的变形量之间的关系可以获得如图 2-2 所示的拉伸曲线，试样在拉伸过程中有以下几个变形阶段：

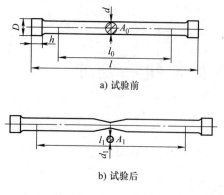

图 2-1 标准拉伸试样　　　　　图 2-2 低碳钢的拉伸曲线图

（1）弹性变形阶段——Oe　这个阶段载荷 P 低于 P_e，伸长量与拉力成正比，试样只产生弹性变形，当外力去除后，试样能恢复到原来的长度。P_e 为能恢复原状的最大拉力，弹性极限用 σ_e 表示。

（2）屈服阶段——es　载荷达到 P_s 时曲线出现一个平台或锯齿形线段，这时不再增加载荷，试样仍继续变形。屈服现象结束后曲线继续上升，表明试样又能承受更大的载荷了，材料得到了强化，这种现象叫屈服强化或形变强化，也叫冷作硬化或加工硬化。试样发生屈服而试验力首次下降前的最高应力叫上屈服强度，用 R_{eH} 表示；在屈服期间不计初始瞬时效应时的最低应力叫下屈服强度，用 R_{eL} 表示，单位用 MPa 表示。

（3）强化阶段——sb　当载荷超过 P_s 后，试样的伸长量又与载荷成曲线关系上升。在载荷增加不大的情况下而变形量却较大，表明这时试样产生大量的塑性变形。图中 P_b 是试样拉伸时的最大载荷。材料在拉断前所承受的最大拉应力称为抗拉强度，用 R_m 表示。其计算公式为

$$R_m = \frac{P_b}{A_0}$$

式中　R_m——抗拉强度（MPa）；

P_b——试样断裂前所承受的最大载荷（N）；

A_0——试样原始横截面积（mm^2）。

R_m 越大说明材料抵抗破坏的能力越强。所以说 R_m 是一个重要的强度指标。

（4）缩颈阶段——bk　当载荷超过 P_b 时，试样的局部截面开始变小，这种现象称为"缩颈"。试样局部截面越来越小，载荷也会越来越小，当载荷达到曲线上的 k 点时，试样被拉断。

屈服强度和抗拉强度是评定材料性能的主要指标，也是设计零件的主要依据。

2. 塑性

金属材料在外力的作用下产生永久变形而不断裂的能力称为塑性。常用的塑性指标是拉断后的断后伸长率（也叫延伸率）A 和断面收缩率 Z。

3. 硬度

金属材料抵抗其他更硬的物体压入其表面的能力称为硬度。硬度是衡量金属材料的一个重要指标，是体现金属材料表面抵抗局部塑性变形、压痕或划痕的能力。

（1）布氏硬度（HBW） 把规定直径的硬质合金球以一定的试验力压入被测材料表面，保持规定时间后测量压痕直径，经计算得出布氏硬度值。布氏硬度适合硬度值在 650 以下的材料。

（2）洛氏硬度（HRA/HRB/HRC） 由于被测材料越硬，压入深度增量越小，这与布氏硬度所标记的硬度值大小的概念相矛盾。为了与习惯上数值越大硬度越高的概念相一致，采用常数 K 减去压入深度来表示硬度值。为简便起见又规定每 0.002mm 压入深度为一个硬度单位。

实际操作中，洛氏硬度值可以直接在硬度试验机的表盘上读出。由于压头和施加试验力的不同，洛氏硬度有多种标尺，常用的有 HRA、HRC、HRB。

（3）维氏硬度（HV） 维氏硬度采用金刚石正棱角锥，可以准确测量金属零件的表面硬度或测量硬度很高的零件。一般用于测量渗氮层硬度。

4. 冲击韧度

材料抵抗冲击载荷作用的能力称为冲击韧度。通常以材料被冲断所消耗的冲击能量来衡量冲击韧度的大小。

2.2 常用金属材料

金属材料一般分为四大类：

1）工业纯铁（$w_C \leqslant 0.0218\%$），一般不用来制造机械零件。

2）钢（$0.0218\% < w_C \leqslant 2.11\%$）。

3）铸铁（$2.11\% < w_C \leqslant 6.69\%$）。

4）有色金属，一般包括铝、铜及其合金等。

2.2.1 钢的分类及应用

1. 钢的分类

（1）按化学成分分类

1）碳素钢：按碳的质量分数不同可分为低碳钢（$w_C \leqslant 0.25\%$）、中碳钢（$0.25\% < w_C \leqslant 0.6\%$）、高碳钢（$w_C > 0.6\%$）。

2）合金钢：按合金元素的质量分数不同可分为低合金钢（合金元素质量分数 <5%）、中合金钢（合金元素质量分数为 5% ~10%）、高合金钢（合金元素质量分数 >10%）。

（2）按硫磷质量分数分类

1）普通钢（$w_S \leqslant 0.05\%$，$w_P \leqslant 0.45\%$）。

2）优质钢（$w_S \leqslant 0.035\%$，$w_P \leqslant 0.035\%$）。

3）高级优质钢（$w_S \leqslant 0.02\%$，$w_P \leqslant 0.03\%$）。

（3）按使用特性分类

1）结构钢。

2）工具钢。

3）特殊性能钢。

2. 碳素钢的牌号、主要性能及用途

（1）普通碳素结构钢 常用的 Q235AF 代号示意如下：

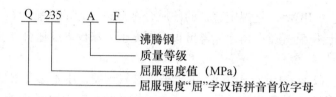

（2）优质碳素结构钢　优质碳素结构钢的牌号是用两位数表示平均含碳（质量分数）的万分数，如：08F、45、65Mn 等。

（3）碳素工具钢　常用的碳素工具钢牌号中"T"是"碳"的汉语拼音首位字母，数字表示平均含碳（质量分数）的名义千分数，如 T8、T10、T12A 等。

（4）碳素铸钢　在一些工程机构上，个别零件由于形状复杂而难于用锻造和切削加工等方法来完成，同时又要求具有相当的强度，用铸铁满足不了性能要求，因此用碳素钢经熔化铸造而成。牌号中"ZG"是"铸钢"两字汉语拼音首位字母的组合，后边两组数字中第一组表示屈服强度，第二组表示抗拉强度。

3. 合金钢的分类及牌号

所谓合金钢就是在碳素钢的基础上加入某些合金元素，以便提高钢的某些性能。

合金钢可分为合金结构钢、合金工具钢、不锈钢和耐热钢。

（1）合金结构钢　牌号中碳的质量分数为万分数，合金元素的质量分数为百分数，合金元素的质量分数小于 1.5% 时只标元素符号而不标含量。如 42CrMo 中碳的质量分数为0.42%，铬、钼的质量分数均小于 1.5%。

（2）合金工具钢　牌号中碳的质量分数为小于 1% 时的千分数，碳的质量分数大于或等于 1% 时不标出。如 9CrSi 表示碳的质量分数为 0.9%。

（3）不锈钢和耐热钢　牌号中碳的质量分数大于或等于 0.04% 时推荐取两位小数，如06Cr13Al；牌号中碳的质量分数不大于 0.030% 时，推荐取 3 位小数，如 022Cr17Ni12Mo2。

2.2.2　铸铁的分类及应用

铸铁是碳的质量分数大于 2.11% 的铁碳合金。一般含有硅、锰元素及磷、硫等杂质。铸铁在工业生产上应用比较广泛。与碳素钢比较，铸铁的力学性能相对较差，但其具有优良的减震性、耐磨性、可加工性和铸造性能，生产成本也比较低。

1. 根据碳在铸铁中存在的形式分类

1）白口铸铁。

2）灰铸铁。

3）麻口铸铁。

2. 根据石墨在铸铁中的形状分类

1）普通灰铸铁。

2）球墨铸铁。

3）可锻铸铁。

2.2.3　有色金属（非铁金属材料）

1. 铜及其合金

（1）纯铜　纯铜的密度为 8.93g/cm³，熔点为 1083℃。退火状态下的力学性能：$R_m =$ 240MPa，35HBW，$A = 45\%$。由于它具有高的电导率、高的耐蚀性、导热性和良好的可加工性，所以被广泛地应用于电气工业的电缆、电线、线圈、触点等，还可用于冷却器、热交换器、容器等。

（2）黄铜 黄铜是以锌为主加元素构成的铜基合金，用"H"表示，如 H68，表示铜的质量分数为 68%、锌的质量分数为 32% 的黄铜。

（3）青铜 青铜是以锡、铝、硅、铍等为主加元素构成的铜基合金。其牌号分别由"QSn""QAl""QSi""QBe"和两组或三组数字组成。

2. 铝及其合金

（1）纯铝 纯铝为银白色，密度为 2.72g/cm^3，熔点为 660.4℃。力学性能：R_m = 90MPa，28HBW，A = 38%，面心立方结构，无同素异构转变。其导电性好、导热性好、耐蚀性、塑性好、强度低。

（2）铝合金 铝合金分为变形铝合金和铸造铝合金两类。

1）变形铝合金分为防锈铝合金、硬铝合金、超硬铝合金和锻铝合金。防锈铝合金强度比纯铝高，具有良好的耐蚀性、塑性和焊接性，可加工性较差，不能进行热处理强化处理，只能进行冷塑变形强化。

2）铸造铝合金用"ZL"加三位数字表示，如 ZL107，分成铝硅、铝铜、铝镁及铝锌等四大系列，其铸造性能好，导热性及耐蚀性较好，又具有一定的强度。

2.3 热处理概述

机械零件在机械加工中要经过冷、热加工等多道工序，其间经常要穿插热处理工序。所谓热处理就是使固态金属材料通过加热、保温和冷却，改变组织，从而获得所需要的组织结构和性能的一种工艺方法。热处理是一种重要的加工工艺，在机械制造业中被广泛地应用。如在机床、汽车、拖拉机等机器的制造中约 2/3 的零部件需要热处理。人们习惯上称热处理工是钢铁的内科医生。

2.3.1 常用的热处理方法

1. 退火和正火

（1）退火 退火是将工件加热到某一合适温度，保温一定时间，然后缓慢冷却（通常是随炉冷却，也可埋入导热性较差的介质中冷却）的一种工艺方法。

退火的目的：降低硬度，便于切削加工；细化晶粒、改善组织，提高力学性能；消除内应力，并为后续热处理做好组织准备。

退火主要适用于各类铸件、锻件、焊接件和冲压件，退火一般是机械加工及其他热处理工序之前的预备热处理工序。

（2）正火 正火是将工件加热到某一温度（加热温度由钢中的含碳量及合金元素的含量来决定，碳素钢一般加热到 780～900℃），保温一定时间后，出炉在空气中冷却的一种工艺方法。

正火的目的：与退火大体上差不多，正火件由于冷却速度快，所以晶粒较细，但其强度、硬度较退火件稍高，而塑性、韧性略有下降。由于正火采用空冷，消除内应力不如退火彻底，可正火生产周期短，操作简单，因此在满足使用性能要求的前提下，尽量采用正火工艺。一般的情况下，低、中碳钢采用正火工艺，高碳钢采用退火工艺。

2. 淬火与回火

（1）淬火　淬火是将工件加热到临界温度以上，保温一段时间，然后用较快的速度冷却（一般采用水或油等介质）以得到高硬度组织的一种热处理工艺。

所谓临界温度，对碳的质量分数小于 0.8% 的碳素钢来说就是 Ac_3 线，对碳的质量分数大于或等于 0.8% 的碳素钢来说就是 Ac_1 线。表 2-1 是一些常用钢的淬火加热温度。

表 2-1　一些常用钢的淬火加热温度

牌　　号	淬火加热温度/℃	牌　　号	淬火加热温度/℃
30	870~890	50CrVA	850~880
35	850~870	GCr15	820~860
45	820~850	CrWMn	820~840
70	780~820	9SiCr	850~880
T8A	770~820	9Mn2V	780~820
T10A	770~810	Cr12	950~980
T12A	770~810	Cr12MoV	1000~1050
40Cr	830~860	5CrNiMo	830~860
40Mn2	810~850	5CrMnMo	820~850
40CrMnMo	840~860	3Cr2W8V	1050~1100
40CrNiMo	840~860	W18Cr4V	1260~1290
65Mn	780~840	W6Mo5Cr4W2	1200~1240
60Si2Mn	850~870		

工件经淬火后硬度、强度及耐磨性都有显著提高，而脆性增加，并产生很大的内应力。为了降低脆性、消除内应力必须进行回火。

（2）回火　回火是将已淬过火的工件重新加热到某一温度，保温一定时间后，冷却到室温的一种工艺方法。回火分三种，详情见表 2-2。

表 2-2　回火方式、目的以及适用范围

回火方式	回火温度/℃	回火目的	适用范围	硬度（HRC）
低温回火	150~250	降低内应力及脆性，保持高硬度及耐磨性	高碳工具钢、低合金工具钢制作的刃具、量具、冷冲模、滚动轴承及渗碳件等	58~64
中温回火	350~450	提高弹性和屈服强度，获得强度和韧性的配合	弹簧、热锻模、冲击工具及刀杆等	35~45
高温回火	500~650	获得强度、韧性、塑性及硬度都较好的综合力学性能	重要的结构件、连杆、螺栓、齿轮及轴等	20~30

另外，还有一个常用的工艺方法叫作调质，所谓调质就是淬火加上高温回火。

2.3.2　几种常见设备简介

1. 加热炉

常用的加热炉有箱式加热炉、井式加热炉、盐浴加热炉等。

（1）箱式电阻炉　箱式电阻炉通过电阻丝或硅碳棒加热，以空气为加热介质，也称空气炉。其炉型表示如 RJX – 30 – 9，其中"R"表示电阻，"J"表示加热，"X"表示箱式，"30"表示额定功率（kW），"9"表示最高加热温度为950℃。

电阻炉可用于工件的退火、正火、淬火、回火、调质以及固体渗碳等热处理的加热。

（2）盐浴加热炉　盐浴加热炉以熔盐为加热介质，其主要方式是电极加热。常用的熔盐主要有 NaCl、KCl、$BaCl_2$、$CaCl_2$、$NaNO_3$ 等。

2. 冷却设备

热处理冷却设备能够保证工件在冷却时具有相应的冷却速度和冷却温度。常用的冷却设备有水槽、油槽等。为了提高生产能力，常配备冷却循环系统和吊运设备。其他的还有冷热处理炉、冷却室、冷却坑等。

3. 测、控温仪表

热处理时，为了准确测量和控制工件及冷却介质的温度，需要测、控温仪表进行测温和控温。

（1）玻璃液体温度计　玻璃液体温度计根据液体介质（水银、酒精、甲苯等）在玻璃管内受热膨胀的原理进行温度测量，测量范围为 – 100 ~ 800℃。特点是准确方便，可立刻读取示值，带电接点者还可配继电器实现控制。

（2）热电偶与毫伏计　热电偶由两根成分不同的金属丝或合金丝组成，一端焊接起来插入炉中（热端），另一端（冷端）分开，用导线和毫伏计相连。热端被加热后与冷端间产生温度差，冷端两线间产生电位差，使带有温度刻度的毫伏计的指针发生偏转指示温度。

2.4　零件表面处理

在机械设备中有些零件需要承载扭转和弯曲等交变载荷，以及强烈的摩擦和冲击，如齿轮、凸轮、凸轮轴、主轴、活塞、销等。为了保证这类零件的正常使用，要求零件的表面具有高的硬度和耐磨性，而心部要有较好的塑性和韧性。有的零件又要求表面具有一定的耐蚀性。对于这类零件，其表面和心部的不同性能要求，通过选材很难实现，一般通过表面处理来实现。

2.4.1　零件的表面淬火

表面淬火是指将工件表层快速加热到奥氏体温度状态，采用某种介质立即冷却，使表面层得到淬火马氏体组织，而心部仍然保持原来组织状态的热处理工艺。

1. 感应淬火

感应淬火是指将工件放在通有一定频率的交流电的感应圈内，利用工件内部产生的涡流（感应电流）加热工件本身，然后将工件淬火冷却的热处理工艺。由于工件产生的涡流具有"趋肤效应"，即工件表面电流密度大，中心电流密度小，很快将工件表面层加热到淬火温度，可工件心部的温度变化不大。

感应淬火后必须进行回火，可以采用箱式加热炉（或井式加热炉）回火、感应加热回火或采用自回火。

2. 火焰淬火

火焰淬火是指用氧气 – 乙炔（或煤气等）的火焰加热工件的表面，使其迅速达到淬火温度，然后用水或油把它急速冷却下来的热处理工艺。

2.4.2 零件的化学热处理

1. 渗氮

将氮渗入工件表面的过程叫渗氮。渗氮后的工件表面具有高的硬度、耐磨性和耐蚀性，心部性能不变。渗氮化前工件一般要求进行调质处理。38CrMoAl 是典型的渗氮用钢。

（1）气体渗氮　气体渗氮工艺是将工件装入渗氮炉中，向炉内通入氨气，温度定在 500～560℃，氨气分解产生的氮原子被工件表面吸收并逐渐向内部扩散，形成渗氮层。渗氮层深度一般在 0.07～0.6mm，表面硬度在 500～1200HV 之间。

（2）离子渗氮　离子渗氮工艺原理是将工件装入真空容器中，工件接阴极，真空容器接阳极。真空容器内通入少量的氨气或氨氮混合气体，两极接 400～600V 的高压直流电，使气体被电离，被电离的氮和氢的正离子加速冲向工件，撞击工件表面，使工件周围产生辉光，放出热量，氮的正离子在阴极（工件）获得电子后变成活性氮原子渗入工件表面并向内部扩散形成氮化层。

2. 碳氮共渗

碳氮共渗是指同时向工件的表面渗入氮和碳的工艺过程。碳氮共渗能提高工件表面的硬度、耐磨性、抗疲劳性、耐蚀性和抗咬合性。

3. 渗碳

渗碳是指向工件的表层渗入碳原子的工艺过程。渗碳后的工件表面层是高碳组织，而心部仍然是原先的低碳组织。工件渗碳后要进行淬火处理。渗碳用钢一般为低碳钢或低碳合金钢（碳的质量分数小于等于 0.25%），如 15、18、20CrMnTi、20Cr、20MnVB 等。工件经渗碳、淬火和低温回火后，表层具有较高的硬度、耐磨性和抗疲劳性，而心部仍保持较高的塑性、韧性和一定的强度。

2.4.3 发黑

发黑是将工件放入含有氢氧化钠和硝酸钠（亚硝酸钠）的溶液中加热处理，使其表层生成一层很薄的黑色或黑蓝色的氧化膜的过程。常见的氧化膜呈黑色或深黑蓝色，个别含锰高的工件呈暗红色。发黑一般用于提高工件的耐蚀能力，并能使工件得到美丽的外观。发黑在精密仪器、光学仪器和机械制造上得到广泛的应用。

2.5　非金属材料及复合材料

非金属材料包括有机高分子材料和陶瓷材料。有机高分子材料因其原料丰富、成本低、加工方便，目前已得到广泛应用。陶瓷材料具有耐高温、耐蚀、高硬度等某些独特的优异性能，在工程应用中日益受到重视。

复合材料既保留了组成材料各自的优点，又具有单一材料所没有的新特性，因此复合材料越来越引起人们的重视。

2.5.1 非金属材料

1. 塑料

塑料是高分子材料的一种，是以高分子量的合成树脂为主要组分，加入适当添加剂，如增塑剂、阻燃剂、润滑剂、着色剂等，经加工成型的塑性材料，或固化交联形成的刚性材料。塑料是 20 世纪的产物，自从它问世以来，各方面的应用日益广泛。塑料的品种很多，根据各种塑料使用特性，通常塑料分为通用塑料、工程塑料和特种塑料三种，按受热时的形状又分为热固性塑料与热塑性塑料，前者无法重新塑造使用，后者可以再重复生产。本节主要介绍工程塑料。

（1）工程塑料特点及应用　工程塑料是近几十年发展起来的新型工程材料，具有质量轻、比强度高、韧性好、耐蚀、消声、隔热及良好的减摩、耐磨和电性能等特点，是一种原料易得、加工方便、价格低廉，在工农业生产、国防和日常生活的各个领域广泛应用的有机合成材料，其发展速度超过了金属材料。常用的工程塑料有尼龙、酚醛树脂、聚碳酸酯、聚四氟乙烯等。

工程塑料主要用于飞机、汽车、电子电气、家用电器、办公机械、医疗器械等要求轻型化的设备。其可用作比强度要求高的零件，如车门拉手、保险杠、外护板、操纵杆等；也可用作耐磨性要求高的零件，如轴承、轴瓦、齿轮、凸轮、机床导轨、高压密封圈等。

（2）工程塑料的主要成型方法　工程塑料成型是将各种形态（粉料、粒料、溶液和分散体）的塑料制成所需形状的制品或坯件的过程。工程塑料成型方法的选择主要取决于塑料的类型（热塑性还是热固性）、起始形态以及制品的外形和尺寸。加工热塑性塑料常用的方法有挤出、注射成型、压延、吹塑和热成型等，加工热固性塑料一般采用模压、传递模塑，也用注射成型。

1）注射成型是利用注射机将熔化的塑料快速注入模具中，并固化得到各种塑料制品的方法。几乎所有的热塑性塑料（氟塑料除外）均可采用此法。注射成型具有能一次成型形状复杂件、尺寸精确、生产率高等优点，但因设备和模具费用较高，主要用于大批量塑料件的生产。

2）挤出成型是利用螺杆旋转加压的方式，连续地将塑化好的塑料挤进模具，通过一定形状的口模时，得到与口模形状相适应的塑料型材的工艺方法。挤出成型主要用于截面一定、长度大的各种塑料型材，如塑料管、板、棒、片、带材和截面复杂的异形材。它的特点是能连续成型、生产率高、模具结构简单、成本低、组织紧密等。除氟塑料外，几乎所用的热塑性塑料都能挤出成型，部分热固性塑料也可以挤出成型。

2. 橡胶

橡胶是以高分子聚合物为基础的具有高弹性的材料。橡胶与塑料的不同之处是橡胶在很宽的温度范围（-50~150℃）内能处于高弹态，具有优良的伸缩性和积储能量的能力，可作为常用的弹性材料、密封材料、减振材料和传动材料。经硫化处理和炭黑增强后的橡胶具有高的抗拉伸强度和疲劳强度，其拉伸强度达 35MPa，且橡胶具有不透水、不透气、耐酸碱和电绝缘性能，这些良好性能使橡胶成为重要的工业原料，应用广泛。

橡胶可分为天然橡胶和合成橡胶。前者主要用于制造轮胎、运输带、胶管、胶板、垫板、密封装置等，后者主要用于制造在高温，低温辐射环境中和在酸、碱、油等特殊介质下工作的制品。

3. 工业陶瓷

工业陶瓷按使用性能分为结构陶瓷、功能陶瓷和生物陶瓷。

（1）结构陶瓷　这类陶瓷具有较好的物理、化学和力学性能，如强度、硬度、耐蚀性及高温性能等。常用的有 Al_2O_3、SiN_4、ZrO_2 等，主要用于生产轴承、球阀、刀具、模具等要求耐磨性及高温性能较好的各种结构零件。

（2）功能陶瓷　指具有无机非金属材料的某些优异的物理和化学性能，如电磁性能、光性能等，可用于制作电磁元件的铁氧体、铁电陶瓷，用于制作电容器的介电陶瓷，用于制作力学传感器的压电陶瓷以及固体电解质陶瓷等。

（3）生物陶瓷　专指能够作为医学生物材料的陶瓷。这类陶瓷主要用于人牙齿、骨骼系统的修复和替换，如人造骨、人工关节等。

2.5.2　复合材料

复合材料是指由两种以上在物理和化学性能上不同的物质组合起来而得到的一种多相固体材料。复合材料有突出的性能特点：比强度及模量高，疲劳强度高，减振性能好，有较高的耐热性和断裂安全性，以及良好的自润滑性等。但是它也有一定的缺点，如断裂伸长率较小、抗冲击性较差、横向强度低、成本较高等。

复合材料的优异性能使其得到较广泛的应用，在航空、航天、交通运输、机械工业、建筑工业、化学工业及国防工业等部门起到了重要的作用。例如，喷气机的机翼、尾翼，直升机的螺旋桨，发动机的油嘴等结构零件都使用了复合材料。

（1）纤维增强复合材料　玻璃纤维增强复合材料，俗称玻璃钢，具有较高的力学、介电、耐热、抗老化性能，工艺性能优良，常用于制作轴承、齿轮、仪表盘、壳体、叶片等零件；碳纤维增强复合材料，常用于制造喷嘴、喷气发动机叶片、导弹的鼻锥体及重型机械轴瓦、齿轮、化工设备的耐蚀件等。

（2）层压复合材料　层压复合材料用于制作无油润滑轴承，也用于制作机床导轨、衬套、垫片等；还常用于航空、船舶、化工等工业，如飞机、船舶等的隔板及冷却塔等。

（3）颗粒复合材料　指由一种或多种材料的颗粒均匀分散在基体材料内组成的材料，是一种优良的工程材料。可用于制作硬质合金刀具、拉丝模等。金属陶瓷是一种常见的颗粒复合材料。它具有高硬度、高强度、耐磨损、耐高温、耐蚀和线胀系数小等优点。

复合材料的发展非常迅速，其应用范围也在不断扩大。除了聚合物基、金属基和无机非金属基复合材料等"传统"复合材料以外，现在又陆续出现了许多新型的复合材料，例如纳米复合新材料、仿生复合材料等，这些材料是当前复合材料新的发展方向。

2.6　热处理安全操作技术规程

2.6.1　热处理的特点

由于热处理工序繁多，要与高温金属相接触，车间环境一般较差（高温、高烟雾、高噪声、高劳动强度），安全隐患较多，既有人员安全问题，又有设备、产品的安全问题。因此，热处理的安全生产问题尤为突出。

2.6.2　热处理的安全技术规程

1）操作前，按有关规定对设备进行检查。

2）操作时，必须穿戴必要的防护用品，如工作服、手套、眼镜等。

3）仪器和仪表等未经许可不得随意使用和调整。

4）加热设备和冷却设备之间，不得放置任何妨碍操作的物品。

5）地面不得有油污。

6）不得用手接触未冷却完全的工件，以免造成灼伤。

7）不得进入有标记的危险区域。

8）保持设备和工作场地的整洁。

复习思考题

1. 什么是金属材料的力学性能？四大力学性能指标分别是什么？

2. 钢中碳的质量分数范围是多少？

3. 普通碳素结构钢 Q235AF 中字母及数字各代表什么？

4. 根据石墨在铸铁中的形状，铸铁可分为几类？试说出其性能。

5. 什么是热处理？常用的热处理方法有哪几种？

6. 为降低高碳钢材料的硬度便于切削加工，应选择何种热处理工艺？

7. 什么是退火？什么是正火？

8. 锉刀、弹簧和车床主轴各应选择哪些主要热处理工艺以保证其使用性能？

9. 中碳钢齿轮要求表面很硬，心部有足够的韧性，应采用什么热处理工艺？

10. 回火的作用是什么？回火温度对淬火钢的硬度有什么影响？

11. 箱式电阻炉的型号 RJX – 30 – 9 中字母及数字各代表什么？如果把"9"变成"12"或"6"呢？

12. 工程塑料典型的成型方法有哪些？

13. 什么叫复合材料？与传统材料比有什么特点？

第 3 章　切削加工基础知识

【目的与要求】
1. 了解切削运动和切削用量三要素的概念、表示方法和单位。
2. 掌握机械零件加工质量的内涵及其对产品的影响。
3. 熟悉典型切削加工常用量具的使用方法。

3.1　概述

切削加工是利用刀具和工件作相对运动从工件上切去多余的材料，以获得符合图样要求的机器零件。工件一般包括铸件、锻件、焊接件或型材坯料等；符合图样要求一般是指零件表面粗糙度、尺寸精度、几何精度等达到一定要求。

切削加工分为钳工加工（简称钳工）和机械加工（简称机工）两部分。

（1）钳工　一般是指通过工人手持工具进行切削加工，是装配和修理工作中不可缺少的加工方法。钳工加工方式多种多样，使用的工具简单、方便灵活。随着生产的发展，钳工机械化的内容也在逐渐丰富。

（2）机工　主要是指通过工人操纵机床来完成切削加工。其主要加工方式有车削、钻削、铣削、刨削、磨削等，如图 3-1 所示，所使用的机床相应为车床、钻床、铣床、刨床、磨床等。

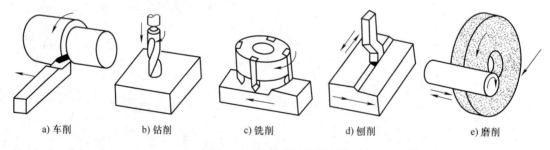

a) 车削　　　　b) 钻削　　　　c) 铣削　　　　d) 刨削　　　　e) 磨削

图 3-1　机械加工的主要方式

3.2　切削运动和切削要素

3.2.1　切削运动

要进行切削加工，刀具与工件之间必须具有一定的相对运动，以获得所需要工件表面的形状，这种相对运动称为切削运动。机械加工的切削运动由机床提供，分为主运动和进给运动。

1. 主运动

在切削加工过程中，主运动是提供切削可能性的运动。也就是说，没有这个运动，就无法切削。它在切削加工过程中速度最高、消耗机床动力最多。

2. 进给运动

在切削加工过程中，进给运动是提供连续切削可能性的运动。也就是说，没有这个运动，就不能连续切削。

切削加工中主运动只有一个，进给运动则可能是一个或几个。

下面对主要机械加工方式的主运动和进给运动进行分析：

（1）车削　在车床上进行，工件的旋转运动为主运动，车刀相对工件的移动为进给运动。

（2）钻削　在钻床上进行，钻头的旋转运动为主运动，钻头的轴向移动为进给运动。

（3）铣削　在铣床上进行，铣刀的旋转运动为主运动，工件的移动为进给运动。

3.2.2　切削用量三要素

在切削加工过程中，工件上通常存在三个不断变化的表面：待加工表面、过渡表面、已加工表面。

待加工表面：工件上有待切除的表面。

过渡表面：工件上由切削刃形成的那部分表面，它在下一切削行程，刀具或工件的下一转里被切除，或者由下一切削刃切除。

已加工表面：工件上经刀具切削后形成的表面。

在切削加工过程中，反映主运动和进给运动的快慢，刀具切入工件深浅的各个量就叫切削用量。它包括切削速度、进给量和背吃刀量三个参数，通常把这三个参数称为切削用量三要素。

车削、铣削和刨削的切削用量三要素如图 3-2 所示。

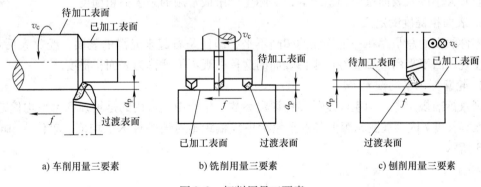

a) 车削用量三要素　　　b) 铣削用量三要素　　　c) 刨削用量三要素

图 3-2　切削用量三要素

（1）切削速度　指切削刃选定点相对于工件的主运动的瞬时速度。用符号 v_c 表示，单位为 m/min。

当主运动为旋转运动（如车削、钻削、铣削、磨削）时，切削速度为其最大线速度，计算公式为

$$v_c = \frac{\pi D n}{1000}$$

式中　　D——工件待加工表面的直径或刀具（如钻头、铣刀、砂轮）的直径（mm）；

　　　　n——工件或刀具（如钻头、铣刀、砂轮）的转速（r/min）。

当主运动为往复直线运动（如刨削）时，切削速度为其平均速度，计算公式为

$$v_\mathrm{c} = \frac{2Ln_\mathrm{r}}{1000}$$

式中　　L——刀具或工件往复直线运动的行程长度（mm）；

　　　　n_r——刀具或工件单位时间内的往复运动次数（次/min）。

（2）进给量　指刀具在进给运动方向上相对工件的位移量，可用刀具或工件每转或每行程的位移量来表述和度量。用符号 f 表示，单位为 mm/r（行程）。

（3）背吃刀量　指待加工表面与已加工表面之间的垂直距离。用符号 a_p 表示，单位为 mm。

车削外圆时背吃刀量计算公式为

$$a_\mathrm{p} = \frac{D - d}{2}$$

式中　　D——工件待加工表面的直径（mm）；

　　　　d——工件已加工表面的直径（mm）。

3.3　机械零件的加工质量

机械零件的加工质量主要包括两个方面：表面质量和加工精度。零件的加工质量直接影响产品的使用性能、使用寿命、外观质量和经济性。

3.3.1　零件的表面质量

零件的表面质量是指零件的表面粗糙度、波度、表面层冷变形强化程度、表面残余应力的性质和大小以及表面层金相组织等，实际生产中最常用的是表面粗糙度。

1. 表面粗糙度的定义

零件的表面总是存在一定程度的凹凸不平，即使是看起来光滑的表面，经放大后观察，也会发现凹凸不平的波峰波谷。零件表面的这种微观不平度称为表面粗糙度。

2. 轮廓算术平均偏差 Ra

国家标准规定了表面粗糙度的多种评定参数，生产中最常用的是轮廓算术平均偏差 Ra，即在取样长度 l 内，被测轮廓上各点至轮廓中线偏距绝对值的算术平均值，单位为 μm，如图 3-3 所示。

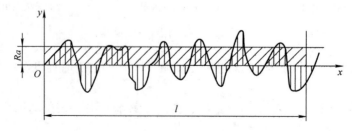

图 3-3　轮廓算术平均偏差

一般来说，零件的精度要求越高，表面粗糙度值要求越小，配合表面的粗糙度值要求比非配合表面的小，有相对运动的表面的粗糙度值要求比无相对运动的小，接触压力大的运动表面的粗糙度值要求比接触压力小的运动表面的小。一般情况，表面粗糙度值越小，零件表面的加工就越困难，加工成本也越高。

3.3.2 零件的加工精度

加工精度是指零件加工后的实际几何参数（尺寸、形状和表面间的相互位置等）与理想几何参数相符合的程度。其符合程度越高，加工精度就越高，它们之间的差别称为加工误差。

零件的几何参数加工得绝对准确是不可能的，也是没有必要的，只要满足使用性能即可。为了保证零件顺利地进行装配并满足机器的使用要求，就须把零件的实际几何参数限制在一定的误差范围之内，其最大允许变动量称为公差。

零件的加工精度包括尺寸精度、几何精度。

1. 尺寸精度

尺寸精度是指零件要素（点、线、面）的实际尺寸接近理论尺寸的准确程度。尺寸精度用尺寸公差等级或尺寸公差来控制，尺寸精度越高，公差等级越高。国标规定了 20 个标准公差等级，即 IT01、IT0、IT1 ~ IT18，等级依次降低，公差依次增大。

2. 几何精度

几何精度是指零件上的被测要素（线、面）的实际形状、方向、位置、跳动相对于理论形状、方向、位置、跳动的准确程度。几何精度用几何公差来控制，几何公差包括形状公差、方向公差、位置公差和跳动公差。形状公差包括直线度、平面度、圆度、圆柱度、线轮廓度、面轮廓度；方向公差包括平行度、垂直度、倾斜度、线轮廓度、面轮廓度；位置公差包括同轴度、同心度、对称度、位置度、线轮廓度、面轮廓度；跳动公差包括圆跳动、全跳动。

表 3-1 为几何公差项目及符号。

表 3-1　几何公差项目及符号

分类	项目	符号	分类	项目	符号
形状公差	直线度	—	方向公差	平行度	//
				垂直度	⊥
	平面度	▱		倾斜度	∠
	圆度	○	位置公差	线轮廓度	⌒
				同轴度	◎
	圆柱度	⌭		同心度	◎
				对称度	＝
	线轮廓度	⌒		位置度	⊕
				面轮廓度	⌒
	面轮廓度	⌓	跳动公差	圆跳动	↗
				全跳动	⌰

3.4 机械加工工艺装备

要完成任何一道工序，除了需要机床这一主要设备外，还必须有一些像卡盘、车刀、卡尺和钻夹头等工艺装备。工艺装备可分为四类：刀具、夹具、量具和辅具。其中辅具是用于装夹刀具的装置（如铣床刀杆、钻床钻夹头等）。工艺装备是机械加工中不可缺少的生产手段，其设计是生产组织准备阶段的主要工作。

3.4.1 刀具

刀具是切削加工中影响生产率、加工质量和成本最活跃的因素。刀具的性能取决于刀具切削部分的材料和刀具的几何形状。

1. 刀具切削部分的材料

（1）刀具的工况　金属材料的切削加工主要依靠刀具直接完成。刀具在切削加工中不但要承受很大的切削力，还要承受摩擦力、压力、冲击和振动；此外，在切屑和工件的强烈摩擦下，工作温度很高。因此，刀具切削部分的材料必须具备良好的性能。

（2）刀具切削部分材料必备的性能　一般来说，刀具切削部分的材料应该具有高硬度、高耐磨性、高耐热性、足够的强度和韧性、良好的工艺性等性能指标。

（3）常用刀具材料　刀具材料不但要具有良好的性能，还要来源丰富，价格合理。目前常用的金属刀具材料有碳素工具钢、合金工具钢、高速钢、硬质合金等；常用的非金属刀具材料有陶瓷、金刚石、立方氮化硼等。

此外还有涂层刀具，其是在韧性较好的硬质合金或高速钢基体上，采用气相沉积的方法涂上耐磨的 TiC、TiN 等金属薄层。它较好地解决了强度、韧性与硬度、耐磨性之间的矛盾，具有良好的综合性能。

2. 刀具的几何形状

切削刀具虽然种类很多，但它们切削部分的结构要素和几何角度都有着共同的特征。各种多齿刀具或复杂刀具，就单个刀齿而言相当于车刀的刀头。

3.4.2 机床夹具

机床夹具是在切削加工中，用以准确地确定工件位置，并将其迅速、牢固地夹紧的工艺装备。

1. 夹具的分类

夹具的种类很多，分类方法也不相同。按机床夹具通用化程度，夹具可分为以下 5 类：通用夹具、专用夹具、可调夹具、组合夹具、随行夹具等。如自定心卡盘、机用虎钳等就属于通用夹具。

2. 夹具的组成

夹具的种类虽然很多，但从夹具的结构和作用分析，夹具都由几种基本元件组合而成，即：定位元件及定位装置、夹紧装置、引导元件、夹具体及其他元件等。

3.4.3 量具

量具是用来测量零件线性尺寸、角度以及检测零件几何误差的工具。为保证被加工零件的各项技术参数符合设计要求，在加工前后和加工过程中，都必须用量具进行检测。选择使用量具时，其应当适合于被测零件的形状、测量范围，适合于被检测量的性质。通常选择的量具的读数精度应小于被检测公差的 15%。

量具的种类很多，这里仅介绍最常用的几种量具及其测量方法。

1. 游标卡尺

游标卡尺是带有测量卡爪并用游标读数的量尺。其特点为结构简单，使用方便，测量精度较高，应用范围广。可以直接测出零件的内径、外径、宽度、长度和深度的尺寸值。

游标卡尺按分度值可分为 0.10mm、0.05mm、0.02mm 三个量级，按尺寸测量范围有 0~125mm、0~150mm、0~200mm、0~300mm 等多种规格，使用时根据零件精度要求及零件尺寸大小进行选择。图 3-4 所示的游标卡尺的分度值为 0.02mm，测量尺寸范围为 0~150mm。它由主标尺和游标尺两部分组成。主标尺上每小格为 1mm，当两卡爪贴合（主标尺与游标尺的零线重合）时，游标尺上的 50 格正好等于主标尺上的 49mm。游标尺上每格长度为 49mm/50 = 0.98mm。主标尺与游标尺每格相差 0.02mm。

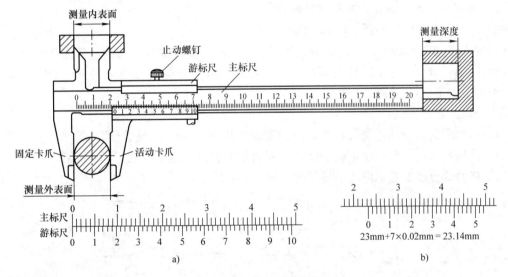

图 3-4　游标卡尺及读数方法

测量读数时，先由游标尺以左的主标尺上读出最大的整毫米数，然后在游标尺上读出零线到与主标尺刻度线对齐的刻度线之间的格数，将格数与 0.02 相乘得到小数，将主标尺上读出的整数与游标尺上得到的小数相加就得到测量的尺寸。

游标卡尺使用注意事项：

1）检查零线。使用前应先擦净卡尺，合拢卡爪，检查主标尺与游标尺的零线是否对齐。如不对齐，应送计量部门检修。

2）放正卡尺。测量内外圆时，卡尺应垂直于工件轴线，两卡爪应处于直径处。

3）用力适当。当卡爪与工件被测量面接触时，用力不能过大，否则会使卡爪变形，加速卡爪的磨损，使测量精度下降。

4）读数时视线要对准所读刻线并垂直尺面，否则读数不准。

5）防止松动。未读出读数之前游标卡尺离开工件表面，必须先将止动螺钉拧紧。

6）不得用游标卡尺测量毛坯表面和正在运动的工件。

2. 千分尺

千分尺是一种精密量具。生产中常用的千分尺的分度值为 0.01mm。它的分度值比游标卡尺小，并且比较灵敏。千分尺的种类很多，按照用途可分为外径千分尺、内径千分尺和深度千分尺几种，以外径千分尺应用最广。

外径千分尺按其测量范围有 0 ~ 25mm、25 ~ 50mm、50 ~ 75mm 等各种规格。图 3-5 所示是测量范围为 0 ~ 25mm 的外径千分尺。尺架的左端有固定测砧，右端的固定套管在轴线方向刻有一条中线（基准线），上下两排刻线互相错开 0.5mm，形成主标尺。微分筒左端圆周上均布 50 条刻线，形成副尺。微分筒和螺杆连在一起，微分筒转过一周，将带动测量

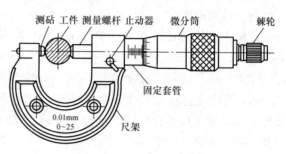

图 3-5　外径千分尺

螺杆沿轴向移动 0.5mm。因此，微分筒转过一格，测量螺杆轴线移动的距离为 0.5mm/50 = 0.01mm。当千分尺的测量螺杆与固定测砧接触时，微分筒的边缘与轴向刻度的零线重合，同时圆周上的零线应与中线对准。

千分尺的读数方法：

1）读出距离微分筒边缘最近的轴向刻线数（应为 0.5mm 的整数倍）。

2）读出与轴向刻度中线重合的微分筒周向刻度数值（刻度倍数 ×0.01mm）。

3）将两部分读数相加即为测量尺寸，如图 3-6 所示。

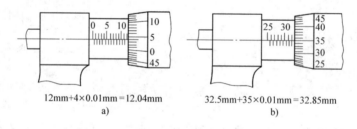

12mm+4×0.01mm=12.04mm
a)

32.5mm+35×0.01mm=32.85mm
b)

图 3-6　千分尺的读数方法

使用千分尺时的注意事项：

1）应先校对零点。即将测砧与螺杆擦拭干净，使它们相接触，看微分筒圆周刻度零线与中线是否对正，若没有，将千分尺送计量部门检修。

2）测量时，左手握住尺架，用右手旋转微分筒，但测量螺杆快接近工件时，必须使用右端棘轮（此时严禁使用微分筒，以防用力过度导致测量不准或破坏千分尺）以较慢的速度与工件接触。当棘轮发出"嘎嘎"的打滑声时，表示压力合适，应停止旋转。

3）从千分尺上读取尺寸，可在工件未取下前进行，读完后松开千分尺，亦可先将千分尺锁紧，取下工件后再读数。

4）被测尺寸的方向必须与螺杆方向一致。

5）不得用千分尺测量毛坯表面和运动中的工件。

3. 直角尺

直角尺的两边成准确直角，其是用来检查工件垂直度的非刻线量尺。使用时将其一边与工件的基准面贴合，然后使其另一边与工件的另一表面接触。根据光隙可以判断误差状况，也可用塞尺测量其缝隙大小，直角尺也可以用来保证划线垂直度。

复习思考题

1. 加工时的切削运动有哪两种？举例说明它们由什么来实现？
2. 切削用量三要素分别指什么？
3. 何为加工精度？包括哪两方面的内容？
4. 表面质量和表面粗糙度有何区别？多数情况下图样上标注哪一项？
5. 机床上常用的刀具材料有哪些？
6. 游标卡尺和千分尺测量准确度是多少？怎样正确使用？能否测量铸件毛坯？

第 4 章　车　　削

【目的与要求】

1. 了解车床的型号、组成、运动和用途。
2. 了解常用车刀的组成和结构，了解常用车刀的种类和材料。
3. 了解车外圆、车端面、车槽、切断、钻孔、车孔等车削方法。
4. 了解卧式车床的操作技能，能按零件的加工要求正确使用刀具、夹具、量具，独立完成简单零件的车削加工。
5. 熟悉车削安全操作技术规程。

4.1　概述

车削是指在车床上利用工件的旋转运动和刀具的移动来改变毛坯形状和尺寸，将其加工成所需零件或毛坯的一种加工方法。其中工件的旋转运动为主运动，车刀相对工件的移动为进给运动。

车削主要用于加工零件上的回转型表面，如内外圆柱面、内外圆锥面、内外螺纹、成形面、沟槽、滚花以及端面等，如图 4-1 所示。车削可以完成上述表面的粗加工、半精加工和精加工，所用刀具主要是车刀，还可以用钻头、铰刀、丝锥、滚花刀等。车削加工的尺寸公差等级可达 IT7 ~ IT8，表面粗糙度值可达 $Ra1.6\mu m$。车削不仅可以加工金属材料，还可以加工木材、塑料、橡胶、尼龙等非金属材料。

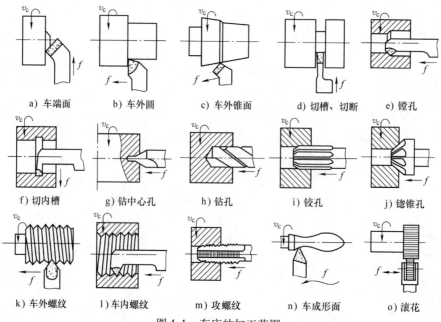

a) 车端面　　b) 车外圆　　c) 车外锥面　　d) 切槽、切断　　e) 镗孔

f) 切内槽　　g) 钻中心孔　　h) 钻孔　　i) 铰孔　　j) 锪锥孔

k) 车外螺纹　　l) 车内螺纹　　m) 攻螺纹　　n) 车成形面　　o) 滚花

图 4-1　车床的加工范围

车床的种类很多，主要有卧式车床、立式车床、转塔车床、自动及半自动车床、仪表车床、仿形车床、数控车床等。车床适合加工轴类、套类、盘类等回转体零件，如图 4-2 所示。在机械制造工业中，车床是应用很广泛的金属切削机床之一，其中大部分为卧式车床。

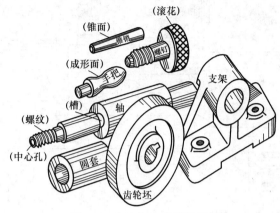

图 4-2　车床加工的零件举例

4.2　卧式车床及其基本操作

车床种类繁多，工程训练中常用的是应用范围最广的卧式车床，下面以 CA6136 型卧式车床为例来学习和认识车床。

4.2.1　CA6136 型卧式车床的型号

按照 GB/T 15375—2008《金属切削机床　型号编制方法》规定，机床型号由汉语拼音字母和阿拉伯数字按一定的规律组合而成。其含义为：

C——类代号：车床类。

A——结构特性代号：在同类机床中起区分机床结构、性能不同的作用，表示 CA6136型卧式车床与 C6136 型卧式车床主参数值相同而结构、性能不同。

6——组代号：落地及卧式车床组。

1——系代号：卧式车床系。

36——主参数代号：表示在床身上工件最大回转直径为 360mm。

4.2.2　CA6136 型卧式车床的组成

主要组成部分有主轴箱、交换齿轮箱、进给箱、光杠、丝杠、溜板箱、刀架、尾座、床身，如图 4-3 所示。其用途分述如下：

1. 主轴箱

主轴箱内部装有主轴和变速传动机构，用于支撑主轴并将动力经变速传动机构传给主轴。通过改变变换箱外手柄的位置，可改变箱内齿轮的啮合关系，使主轴得到不同的转速，主轴通过卡盘带动工件旋转，以实现主运动。

主轴是空心轴，以便装夹细长棒料和用顶杠卸下顶尖。主轴右端的外锥面用以安装卡盘、花盘等夹具，内锥孔用以安装顶尖。

2. 交换齿轮箱

用于将主轴的旋转运动传给进给箱。调换箱内的齿轮，并与进给箱配合，可以车削各种

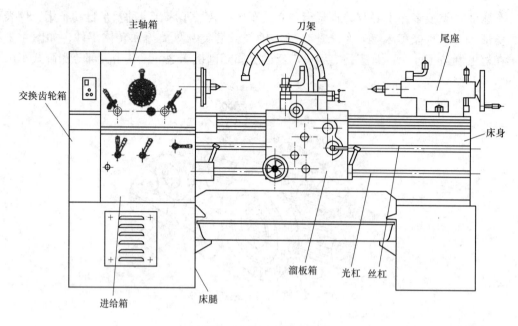

图 4-3　CA6136 型卧式车床

不同螺距的螺纹。

3. 进给箱

进给箱内部装有进给运动的齿轮变速机构，用于将主轴经交换齿轮机构传来的旋转运动传给光杠或丝杠。变换箱外手柄的位置，可改变箱内齿轮的啮合关系，使光杠或丝杠得到各种不同的转速，从而使刀具获得不同的进给量或螺距。

4. 光杠

用于将进给箱的运动传给溜板箱，通过溜板箱带动刀架上的刀具作直线进给运动。

5. 丝杠

丝杠通过开合螺母带动溜板箱，使主轴的旋转运动与刀架上的刀具的移动有严格的比例关系，用于车削各种螺纹。

6. 溜板箱

溜板箱是车床进给运动的操纵箱，上面与刀架相连。它可以将光杠传来的旋转运动，转变为刀架的纵向或横向直线运动，也可以将丝杠传来的旋转运动，通过开合螺母转变为车螺纹时刀架的纵向直线运动，还可以实现刀架的快速移动。

7. 刀架

刀架用以装夹刀具，可带动刀具作纵向、横向或斜向直线进给运动，如图 4-4 所示。刀架由床鞍、中滑板（也称横刀架）、转盘、小滑板（也称小刀架）和方刀架组成。

（1）床鞍　床鞍与溜板箱连接，可带动刀架

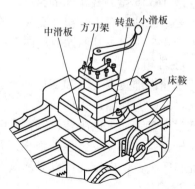

图 4-4　刀架的组成

沿床身导轨作纵向移动。

（2）中滑板　中滑板可带动小滑板沿床鞍上面的导轨作横向移动。

（3）转盘　转盘与中滑板用螺栓紧固，松开螺母，便可在水平面内扳转任意角度。

（4）小滑板　小滑板可沿转盘上面的导轨作短距离移动。将转盘扳转一定角度后，小滑板带动车刀可作相应的斜向移动，以便加工锥面。

（5）方刀架　用于装夹和转换刀具，最多可同时安装4把车刀。

8. 尾座

尾座安装在床身导轨上并可调节纵向位置，在尾座套筒内安装顶尖可支撑工件，也可以安装钻头、铰刀等刀具进行孔的加工，如图4-5所示。

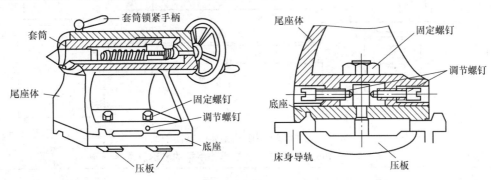

图4-5　尾座

9. 床身

床身是车床的基础零件，用以支撑和连接各主要部件并保证各部件之间有正确的相对位置。床身上面有内、外两组平行的导轨（三角导轨和平面导轨），外侧的导轨用以床鞍的运动导向和定位，内侧的导轨用以尾座的运动导向和定位。床身背部装有电器箱。床身的左右两端分别支撑在左右床腿上，左床腿内安放电动机和装润滑油，右床腿内装切削液。如图4-6所示。

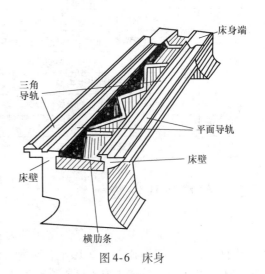

图4-6　床身

4.2.3　CA6136型卧式车床的操作系统

在使用车床前，必须了解各个操纵手柄的用途以免损坏机床，操纵机床时应当注意下列事项：

1）主轴箱手柄只许在停机时扳动。

2）进给箱手柄只许在低速或停车时扳动。

3）起动前检查各手柄位置是否正确。

4）装卸工件或离开机床时必须停止电动机转动。

CA6136型卧式车床的操作手柄如图4-7所示，操作手柄的名称及用途见表4-1。

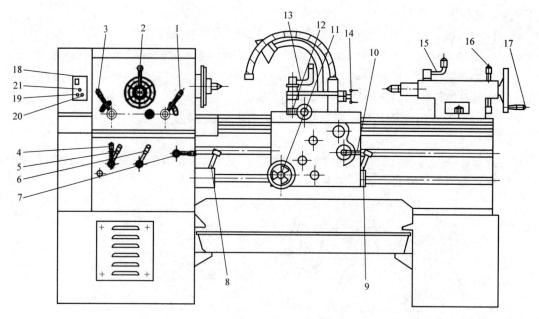

图 4-7　CA6136 型卧式车床的操作手柄

表 4-1　CA6136 型卧式车床的操作手柄的名称及用途

图 4-7 上编号	名称及用途	图 4-7 上编号	名称及用途
1	主轴高、低档手柄	14	小滑板移动手柄
2	主轴变速手柄	15	尾座顶尖套筒固定手柄
3	纵向正、反进给手柄	16	尾座快速紧固手柄
4、5、6、7	螺距及进给量调整手柄、丝杠光杠变换手柄	17	尾座顶尖套筒移动手轮
8、9	主轴正、反转操纵手柄	18	电源总开关
10	开合螺母操纵手柄	19	急停按钮
11	床鞍纵向移动手轮	20	点击控制按钮
12	中滑板横向移动手柄	21	冷却泵按钮
13	方刀架转位、固定手柄		

4.3　车刀及其安装

在金属切削加工中，车刀是最常用的刀具之一，同时也是研究刨刀、铣刀、钻头等切削刀具的基础。车刀用在各种车床上，可加工外圆、内孔、端面、螺纹，也用于切槽或切断等。现在以常用的外圆车刀为例来介绍车刀。

4.3.1　车刀的组成

车刀由刀头（或刀片）和刀体两部分组成，刀头为切削部分，刀体为固定夹持部分，如图 4-8 所示。刀头一般由三面两刃一尖组成，分别是：

1. 三面

（1）前面　刀具上切屑流过的表面。

（2）主后面　切削时与工件过渡表面相对的表面。

（3）副后面　切削时与工件已加工表面相对的表面。

2. 两刃

（1）主切削刃　前面与主后面相交形成的切削刃，担负主要切削任务。

（2）副切削刃　前面与副后面相交形成的切削刃，担负少量切削任务，起一定修光作用。

3. 一尖

刀尖为主切削刃和副切削刃连接处的一段切削刃，可以是小的直线段或圆弧。刀尖又称过渡刃。

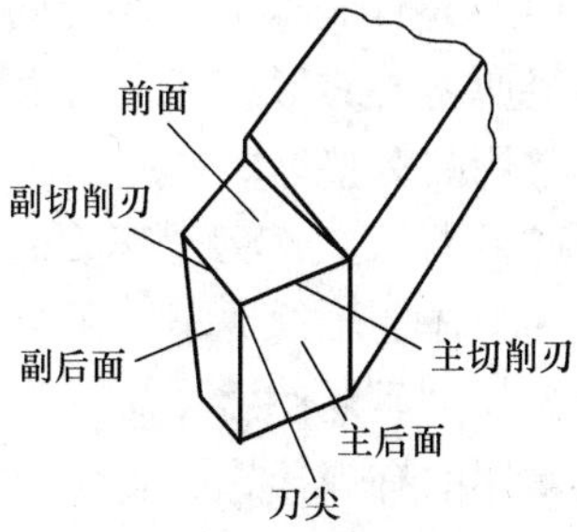

图 4-8　外圆车刀的组成

4.3.2　刀具材料

刀具材料通常是指刀具切削部分的材料，目前最常用的车刀刀具材料是硬质合金和高速钢。

1. 硬质合金

硬质合金是用高硬度、高熔点的金属碳化物（如 WC、TiC、TaC、NbC 等）微米数量级的粉末和金属黏合剂（如 Co、Ni 等）在高压下成形后，经高温烧结而成的粉末冶金材料。

硬质合金具有很高的硬度（74～82HRC）、耐磨性和耐热性（850～1000℃），切削速度远远超过高速钢，但抗弯强度远比高速钢低，脆性大，抗振动和抗冲击性能差。

2. 高速钢

高速钢是以钨、钼、铬、钒为主要合金元素的高合金工具钢。

高速钢具有较高的硬度（62～67HRC）、耐磨性和耐热性（550～600℃）。虽然高速钢的硬度、耐热性及允许的切削速度远不及硬质合金，但它的抗弯强度、冲击韧度比硬质合金高，抗弯强度为一般硬质合金的 2～3 倍。高速钢可以加工从有色金属到高温合金的范围广泛的材料。

同时高速钢具有制造工艺简单、容易磨成锋利的切削刃、能锻造和热处理等优点，所以常用来制造形状复杂的刀具，如钻头、拉刀、铣刀、齿轮刀具及成形刀具等。

常用的高速钢牌号有 W18Cr4V 和 W6Mo5V2 等。

4.3.3　车刀的分类

1. 按其结构型式分类

车刀按其结构型式的不同通常可分为整体式车刀、焊接式车刀、机械夹固式车刀，如图 4-9 所示。

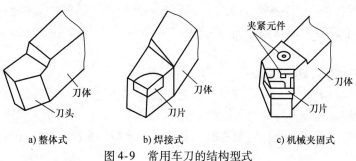

a) 整体式　　　　b) 焊接式　　　　c) 机械夹固式

图 4-9　常用车刀的结构型式

（1）整体式车刀　车刀的切削部分与夹持部分是用同一种材料制成的，根据不同用途刃磨成所需的形状和几何角度，可多次刃磨。

常用的有整体式高速钢车刀。

（2）焊接式车刀　车刀的切削部分与夹持部分材料完全不同，切削部分多以刀片形式焊接在刀体上。这类车刀可节省贵重的刀具材料，结构简单、紧凑，抗振性能好，制造方便，刀体可反复使用。

常用的有焊接式硬质合金车刀，这种车刀是用黄铜、纯铜或其他钎料将一定形状的硬质合金刀片钎焊到普通结构钢刀体上而制成的。

（3）机械夹固式车刀　它是将刀片用机械夹固的方式装夹在刀体上的一种车刀，刀体和刀片均为标准件，刀体可重复使用。

机械夹固式车刀又分为机夹车刀和可转位车刀。机夹车刀的刀片只有一条切削刃，用钝后必须刃磨，而且可多次刃磨。可转位车刀也是机夹车刀一类，它与普通机夹车刀的不同点在于刀片为多边形，每一边都可作切削刃，用钝后只需将刀片转位，即可使新的切削刃投入工作。

常用的有机械夹固式硬质合金车刀。

2. 按其用途分类

车刀按其用途的不同通常可分为切断刀、90°左偏刀、90°右偏刀、弯头车刀、直头车刀、成形车刀、宽刃精车刀、外螺纹车刀、端面车刀、内螺纹车刀、内切槽车刀、内孔镗刀。

4.3.4　车刀的装夹

车刀使用时必须正确装夹，卧式车床上车刀的装夹如图4-10所示，其基本要求如下：

1）车刀刀尖应与车床的主轴轴线等高。一般采用安装在车床尾座上的后顶尖高度作为找正刀尖高度的基准，通过调整刀体下面的垫片数量来校准高度。还可采用试车工件端面的方法，若端面中心无残留台，则安装合适，反之应调整刀尖高度。垫片安放要平整，数量不宜过多，一般不超过3片。

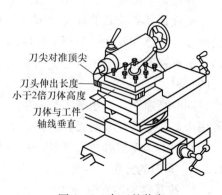

图4-10　车刀的装夹

2）车刀刀体应与车床主轴的轴线垂直。

3）车刀刀头应尽可能伸出短些，一般伸出长度不超过刀体厚度的2倍。刀头若伸出过长将导致刀体刚性减弱，切削时易产生振动。

4）车刀位置找正后，应拧紧刀架紧固螺钉，一般用两个螺钉并交替逐个拧紧。

5）装好工件和车刀后，进行加工极限位置检查，以免产生干涉或碰撞，然后锁紧刀架。

4.3.5　车刀和工件的冷却及润滑

切削时所消耗的能量绝大部分转变为热能，使得刀头、工件以及切屑具有很高的温度。为了改善散热条件，延长刀具的使用寿命，防止工件热变形而影响加工精度，避免灼热的切屑飞出伤人，通常使用切削液。切削液的主要作用是冷却和润滑，此外还具有清洗和防锈的作用。

常用的切削液主要有乳化液和切削油，乳化液主要起冷却作用，切削油主要起润滑作用。

硬质合金刀具耐热性较好，一般不用切削液。

高速钢刀具耐热性较差，一般选用冷却性能为主的切削液。

4.4 车床夹具

车床适合加工工件上的回转表面，由于工件的形状、大小和数量不同，必须采用不同的装夹方法。装夹工件必须保证工件待加工表面的回转轴线与车床主轴的轴线重合。车床常用的夹具有自定心卡盘、单动卡盘、花盘、心轴、顶尖等。

4.4.1 自定心卡盘

自定心卡盘是车床上最常用的通用夹具，其结构如图 4-11 所示。当用卡盘扳手转动任何一个小锥齿轮时，大锥齿轮都将随之转动，从而带动三个卡爪在卡盘体的径向槽内同时作向心或离心运动，以夹紧或松开工件。自定心卡盘主要用来装夹截面为圆形、正六边形的中小型轴类、盘套类零件。

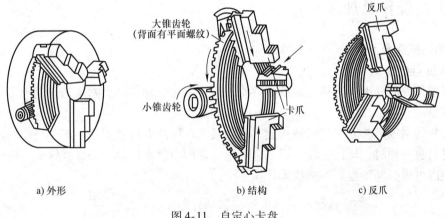

a) 外形　　　　　　　　b) 结构　　　　　　　　c) 反爪

图 4-11　自定心卡盘

4.4.2 顶尖

比较长的工件，若用自定心卡盘进行一端装夹时，若刚性不足，可采用顶尖装夹。顶尖装夹包含"一夹一顶"装夹法（见图 4-12）和双顶尖装夹法（见图 4-13）。

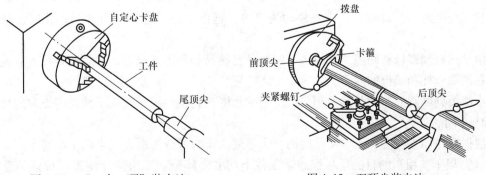

图 4-12　"一夹一顶"装夹法　　　　　　图 4-13　双顶尖装夹法

用顶尖安装工件，必须先车平端面，并用中心钻在端面上钻出中心孔，中心孔是工件在顶尖上装夹时的定位基准。

1）"一夹一顶"装夹法是指工件的前端采用卡盘装夹，后端采用顶尖支顶的装夹方法，多用于粗加工、半加工或加工较重的工件。

2）双顶尖装夹法是指工件的前后端均采用顶尖支顶的装夹方法，多用于精加工。

顶尖分固定顶尖和回转顶尖，如图 4-14 所示。生产中应根据不同的加工要求来选择前、后顶尖。

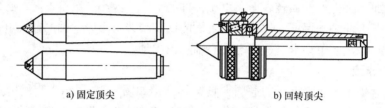

a) 固定顶尖　　　　　　　　　　b) 回转顶尖

图 4-14　常用顶尖的种类

4.5　车削操作及加工

4.5.1　车削操作要点

1. 刻度盘的使用

在车削工件时要准确、迅速地掌握背吃刀量及工件尺寸，必须熟练地使用中滑板和小滑板的刻度盘。

中滑板的刻度盘紧固在丝杠轴头上，中滑板和丝杠的螺母紧固在一起。当中滑板的手柄带动刻度盘转一周时，丝杠也转一周，这时螺母带动中滑板移动一个丝杠螺距，所以中滑板移动的距离可根据刻度盘上的格数来计算

$$刻度盘每转一格中滑板移动的距离 = \frac{丝杠螺距}{刻度盘格数}$$

CA6136 型卧式车床中滑板丝杠螺距为 5mm，中滑板刻度盘等分为 250 格，所以刻度盘每转一格中滑板移动的距离为 5mm/250 = 0.02mm，即刻度盘每转一格，中滑板带动车刀移动 0.02mm。由于工件是旋转的，所以工件径向被切下的部分是车刀移动距离（背吃刀量）的两倍。

加工外圆时，车刀向工件中心移动为进刀，远离中心为退刀；而加工内孔时，则正好相反。

由于丝杠和螺母有间隙，如果进刀时刻度盘转动超程需要退刀，必须向相反方向退回半周左右消除丝杠和螺母的间隙，再转至所需位置。

小滑板刻度盘的原理及其使用与中滑板的相同，它主要用于控制工件长度方向的尺寸。

2. 车削的分类

根据零件加工精度和表面粗糙度的要求不同，车削可分为粗车、半精车和精车。

（1）粗车　粗车的目的是尽快地从工件上切去大部分加工余量，使工件接近最后的形状和尺寸，以提高生产率。粗车要给半精车和精车留有适当的加工余量，其加工精度和表面

粗糙度要求较低。粗车应优先选用较大的背吃刀量 a_p，其次应尽可能选用较大的进给量 f，切削速度多采用中等或中等偏低的速度。

粗车铸件时，因工件表面有硬皮，如果背吃刀量很小，刀尖容易被硬皮碰坏或磨损，因此第一刀的背吃刀量应大于硬皮厚度。

（2）半精车　半精车的目的是加工较高精度的表面时，作为精车或磨削前的预加工。其背吃刀量 a_p 和进给量 f 均较粗车时小。尺寸公差等级为 IT9 ~ IT10，表面粗糙度值为 $Ra3.2 ~ 6.3\mu m$。

（3）精车　精车的目的是保证零件获得所要求的加工精度和表面粗糙度值。尺寸公差等级可达 IT7 ~ IT8，表面粗糙度值可达 $Ra1.6\mu m$。精车应选用较小的背吃刀量 a_p 和进给量 f，切削速度应根据情况选用高速（$v_c \geqslant 100m/min$）或低速（$v_c < 5m/min$）。

3. 试切的方法与步骤

因为刻度盘和丝杠的导程都存在误差，在半精车或精车时，单靠用刻度盘来调整背吃刀量往往不能保证所要求的尺寸公差，需要用试切的方法来准确控制尺寸公差，达到尺寸精度的要求。如图 4-15 所示，下面以车外圆为例说明试切的方法与步骤：

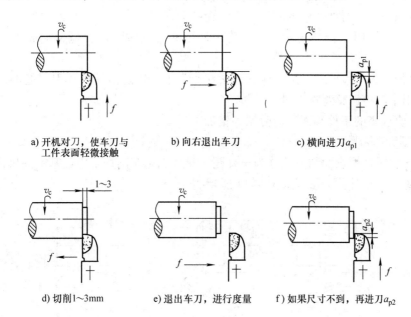

a) 开机对刀，使车刀与　　　b) 向右退出车刀　　　c) 横向进刀 a_{p1}
工件表面轻微接触

d) 切削1~3mm　　　e) 退出车刀，进行度量　　　f) 如果尺寸不到，再进刀 a_{p2}

图 4-15　车外圆的试切方法与步骤

1）开机对零点，即确定刀具与工件的接触点，作为背吃刀量的起点。对零点时必须开机，这样不仅可以找到刀具与工件的最高处接触点，而且也不易损坏车刀。

2）沿进给反方向移出车刀。

3）进刀。

4）走刀切削。

5）如需再切削，可使车刀沿进给反方向移出，再加背吃刀量进行切削。如不再切削，则应先将车刀沿进刀反方向退出，脱离工件，再沿进给反方向退出车刀。

4.5.2 各种表面的车削加工

1. 车端面

轴、套、盘类工件的端面经常用来作轴向定位、测量的基准，车削加工时，一般都先将端面车出。端面的车削方法及所用车刀如图 4-16 所示。

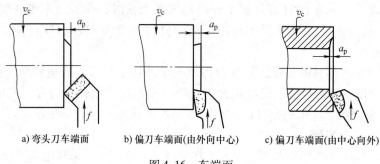

a) 弯头刀车端面　　b) 偏刀车端面(由外向中心)　　c) 偏刀车端面(由中心向外)

图 4-16　车端面

车端面时应注意以下几点：

1）车刀的刀尖应对准工件的回转中心，否则会在端面中心留下凸台。

2）车端面应选用比较高的转速，因为工件中心处的线速度较低，端面表面质量不易保证。

3）车直径较大的端面时，应将床鞍锁紧在床身上，以防由床鞍让刀引起的端面外凸或内凹。此时用小滑板调整背吃刀量。

4）精度要求高的工件端面，应分粗、精加工。

2. 车外圆和车台阶

将工件车成圆柱形表面的方法称为车外圆。车外圆是车削加工中最基本的操作方法，常见的几种外圆车刀车外圆的形式如图 4-17 所示。

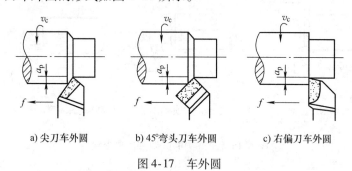

a) 尖刀车外圆　　b) 45°弯头刀车外圆　　c) 右偏刀车外圆

图 4-17　车外圆

车台阶实际上是车外圆和车端面的组合，其加工方法和车外圆没有什么显著区别，只需兼顾外圆的尺寸和台阶的位置。

高度小于 5mm 的低台阶，可根据台阶的形式选用合适的车刀一次车出。高度大于 5mm 的高台阶，应分层进行切削，最后一刀应横向退出，以平整台阶端面，如图 4-18 所示。

3. 孔加工

车床上孔的加工方法有钻孔、扩孔、铰孔、镗孔和钻中心孔。

（1）钻中心孔　中心孔是工件在顶尖上装夹时的定位基准，常用的中心孔有 A、B 两种类型，如图 4-19 所示。

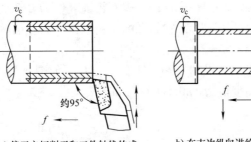

a) 偏刀主切削刃和工件轴线约成
95°，分多次纵向进给车削

b) 在末次纵向进给后，车刀
横向退出，车出90°台阶

图 4-18　车台阶

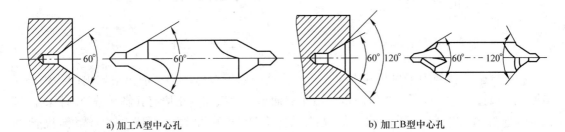

a) 加工A型中心孔

b) 加工B型中心孔

图 4-19　中心孔与中心钻

A 型中心孔由 60°锥孔和里端的小圆柱孔构成。60°锥孔与顶尖的 60°锥面相配合，小圆柱孔用以保证锥孔与顶尖锥面配合贴切，并可储存少量润滑油。

B 型中心孔的外端比 A 型多一个 120°的锥面，以保证 60°锥孔的外圆不被碰坏，也便于在顶尖上精车轴的端面。

因中心孔直径小，钻孔时应选择较高的转速，并缓慢进给，待钻到尺寸后让中心钻稍做停留，以降低中心孔的表面粗糙度值，如图 4-20 所示。

（2）钻孔　用钻头在实心材料上加工孔称为钻孔，其尺寸公差等级为 IT11～IT12，表面粗糙度值为 $Ra12.5～25\mu m$，属于内孔粗加工。在车床上钻孔如图 4-21 所示，钻头装在尾座套筒内，工件旋转为主运动，摇动尾座手柄使钻头纵向移动为进给运动。为便于钻头定心，防止钻偏，钻孔前应先将工件端面车平，最好用中心钻钻出中心孔或车出小坑作为钻头的定位孔。钻比较深的孔时须经常退出钻头以便排出切屑。在钢件上钻孔时应加注切削液，以降低切削温度，提高钻头的使用寿命。

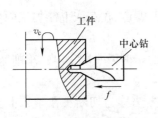

图 4-20　钻中心孔

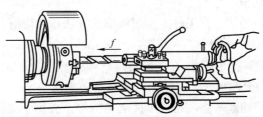

图 4-21　在车床上钻孔

（3）扩孔　用扩孔钻对已有孔（铸出、锻出或钻出的孔）进行扩大加工称为扩孔，如图 4-22 所示。扩孔的尺寸公差等级 IT9~IT10，表面粗糙度值为 $Ra3.2~6.3\mu m$。

扩孔可作为铰孔或磨孔前的预加工，它是孔的半精加工。当孔的精度要求不高时，扩孔也可作为孔加工的最后加工。

（4）铰孔　用铰刀对钻孔、扩孔进行精加工称为铰孔，如图 4-23 所示。铰孔的尺寸公差等级为 IT7~IT8，表面粗糙度值为 $Ra0.8~1.6\mu m$。

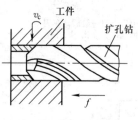

图 4-22　在车床上扩孔

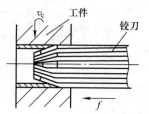

图 4-23　在车床上铰孔

（5）镗孔　用镗刀车内孔称为镗孔。镗孔是用镗刀对已铸出、锻出或钻出的孔作进一步加工，以达到扩大孔径、提高精度、减小表面粗糙度值和纠正原有孔轴线偏斜的目的。镗孔可分为粗镗、半精镗和精镗。精镗的尺寸公差等级为 IT7~IT8，表面粗糙度值为 $Ra0.8~1.6\mu m$。

镗刀分为两种，一种是通孔用镗刀，其主偏角小于 90°，用于镗削通孔；一种是不通孔用镗刀，其主偏角大于 90°，用于镗削不通孔和台阶孔。镗孔及所用的镗刀如图 4-24 所示。

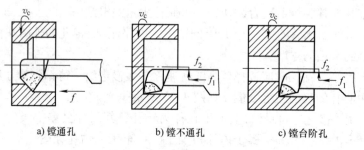

a) 镗通孔　　　　　　　b) 镗不通孔　　　　　　c) 镗台阶孔

图 4-24　在车床上镗孔

镗刀杆应尽可能粗些。安装镗刀时，刀杆中心线应大致平行于工件轴线，伸出刀架的长度应尽可能短，刀尖要略高于孔轴线，以减小振动、避免扎刀和镗刀下部碰伤孔壁。

4. 切槽与切断

（1）切槽　在工件上车削沟槽的方法称为切槽（又称车槽）。在车床上能加工的槽有外槽、内槽和端面槽等，如图 4-25 所示。

车削宽度小于 5mm 的窄槽时，可用主切削刃与槽等宽的切槽刀一次车出；车削宽槽时，先沿纵向分段粗车，再精车出槽宽及槽深。

（2）切断　把坯料或工件从夹持端上分离下来的切削方法称为切断。在车床上主要用于圆棒料、管料的下料或把加工完的工件从坯料上分离下来。

切断的过程与切槽相似，只是刀具要切到工件的回转中心，并且切断刀的刀头较切槽刀

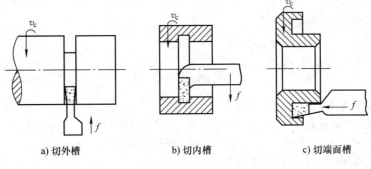

a) 切外槽	b) 切内槽	c) 切端面槽

图 4-25 切槽

的刀头更窄长一些，如图 4-26 所示。切断短工件时一般采用卡盘装夹，而对悬伸较长的工件要用顶尖顶住或用中心架支撑，以增加工件的刚度。

切断时应注意以下几点：

1）切断时刀尖必须与工件等高，否则切断处会留有凸台，也容易损坏刀具。

2）切断处应靠近卡盘，以增加工件刚度，减小切削时的振动。

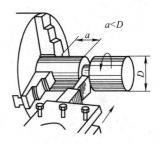

图 4-26 在自定心卡盘上切断

3）切断刀伸出不宜过长，以增强刀具刚度。

4）减小刀架各滑动部分的间隙，提高刀架刚度，减少切削加工过程中的变形与振动。

5）切断时切削速度要低，采用缓慢均匀的手动进给，以防进给量太大造成刀头折断。

4.6 车削安全操作技术规程

1）保持车床和周围地区的清洁、整齐。

2）在开机前，应检查润滑油面标高、卡盘旋转方向。更换磨损和损坏的螺母、螺钉，装好所有防护罩。给所有润滑点注油。使送进机构确实地处在中间空档位置。

3）检查所有刀具和工具。不得使用有裂纹或损坏的刀具、工具和没有把柄的锉刀或刮刀。应使用尺寸适宜的扳手、量具。夹紧工件后，必须及时拿下卡盘扳手。

4）在使用机床前，必须了解操纵手柄的用途、机床的性能，否则不得开动机床。

5）先学会停机、再开动机床。先开机、后进给，先停进给、后停机。主轴箱和变速箱手柄只许在停机时扳动，进给箱手柄只许在停机或低速时扳动。

6）时刻注意刀架部分的行程极限，刀架纵向移动时防止碰撞卡盘和尾座；方刀架横向移动时，向前不超过主轴轴线，向后中滑板不超过导轨面。

7）主轴的制动由正反车手柄操纵制动机构来实现，当手柄扳到停止位置时，机构就使主轴受到制动。不能用手柄瞬时改变方向的操作来代替制动。

8）工作完毕，机床停稳前，不得打开防护罩，不得关掉机床总电源。三靠后：中滑板逆时针旋转靠后，床鞍、尾座靠到床尾。

9）装卸工件或附件时，应采用有安全工作载荷的吊重装置，并在使用前检查吊重装置，确保其没有过度磨损或损坏，应注意工件上的毛刺和锐利刃口。不得用手提举过重工件和机床附件，不得在切削液中洗手。

10）事故无论大小，一律立即报告。

复习思考题

1. 卧式车床由哪几部分组成？各有何功用？

2. 主轴的转速是否就是切削速度？主轴转速提高，刀架移动就加快，这是否就指进给量加大？

3. 车削时工件和刀具须作哪些运动？切削用量包括哪些内容？用什么单位表示？

4. 试切的目的是什么？试切的步骤有哪些？

5. 用中滑板手柄进刀时，如果刻度盘的刻度多转了 3 格，能否直接退回 3 格？为什么？应如何处理？

第 5 章　铣刨磨加工

【目的与要求】

1. 了解铣削、刨削、磨削加工和镗削、齿轮加工的基本知识。
2. 熟悉常用铣刀的种类和材料。
3. 了解铣削加工工件装夹方法。
4. 了解铣削加工的加工范围和典型表面的加工。
5. 了解铣床、刨床、磨床和镗床的组成和用途。
6. 了解常用刨刀的种类和用途。
7. 了解刨削零件的水平面和垂直面的加工方法。
8. 了解砂轮的特性。
9. 了解齿轮的加工方法。
10. 了解铣削、刨削、磨削加工的安全操作技术规程。

5.1　铣削加工

零件从毛坯制造成合格的零件，有很多种加工方法。比如蔬菜加工：要把萝卜（相当于零件毛坯）加工成萝卜丝、萝卜片、萝卜块（相当于零件）的加工方法就不同。铣削加工是机械制造中最常用的一种切削加工方法。铣削加工是利用铣刀对工件进行切削加工，通常在铣床上进行（蔬菜加工是利用菜刀对蔬菜进行加工，通常在菜板上进行）。铣削加工的主运动是铣刀的旋转运动（蔬菜加工时可把菜刀的起落理解为主运动）；进给运动是工件作直线（或曲线）移动（蔬菜加工时菜刀或蔬菜的移动可理解为进给运动）。

铣削的加工范围有：铣削平面、铣削台阶面、铣削沟槽、铣削角度面、铣削成形面及切断等，如图 5-1 所示为铣削加工范围。使用附件和工具还可以铣削齿轮、花键、螺旋槽、凸轮和离合器等复杂零件，也可以进行钻孔、镗孔或铰孔。

铣削加工的尺寸公差等级一般可达 IT8 ~ IT10，表面粗糙度可达 $Ra1.6 ~ 6.3\mu m$。

铣削加工有以下特点：铣刀是一种多齿多刃刀具，铣削时，有几条刀齿同时参加切削，铣削有较高的生产率；铣刀上的每个刀齿是间歇地参加工作的，因而使得刀齿的冷却条件好，刀具寿命长；铣刀刀齿是断续工作的，铣削加工不平稳。

5.1.1　铣床

任何一种金属切削加工方法都离不开机床，铣削加工也不例外。铣削加工用的是铣床。

铣床的种类很多，最常见的是卧式（万能）铣床和立式铣床。两者区别在于前者主轴水平设置，后者竖直设置。

X6125 型卧式万能升降台铣床的主要组成部分如图 5-2 所示，X6325T 型摇臂万能铣床的主要组成部分如图 5-3 所示。

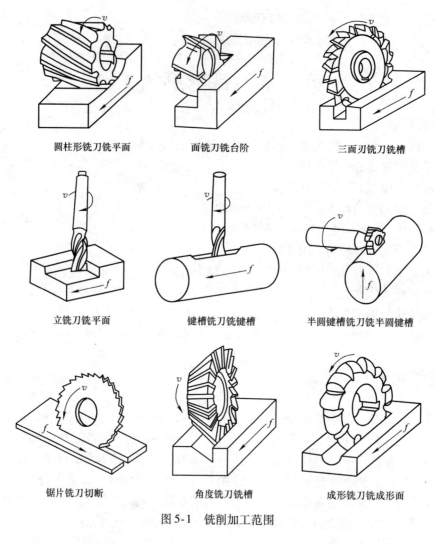

圆柱形铣刀铣平面　　　　面铣刀铣台阶　　　　三面刃铣刀铣槽

立铣刀铣平面　　　　键槽铣刀铣键槽　　　　半圆键槽铣刀铣半圆键槽

锯片铣刀切断　　　　角度铣刀铣槽　　　　成形铣刀铣成形面

图 5-1　铣削加工范围

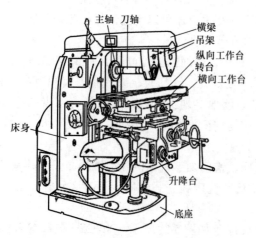

图 5-2　X6125 型卧式万能升降台铣床

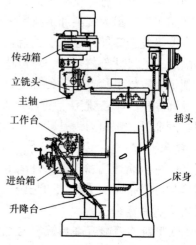

图 5-3　X6325T 型摇臂万能铣床

主要组成部分及作用如下：

（1）主轴　主轴是空心的，前端有7：24（或 R8）的锥孔，用来装夹铣刀（铣刀直接或通过刀杆、夹头过渡安装在锥孔里）。主轴旋转带动铣刀旋转来完成主运动。

（2）工作台　工作台是用来装夹工件的。工件可通过通用夹具如机用虎钳、专用夹具和压板等安装在工作台上，工作台可作纵向（左右）、横向（前后）移动来完成纵向、横向进给运动。

（3）升降台　升降台带动工作台沿床身上的导轨上下移动，以调整铣刀与工作台（工件）的距离并作垂直（上下）进给运动。

5.1.2　铣刀及其材料

任何一种金属切削加工方法都离不开刀具，铣削加工也不例外。铣削加工用的是铣刀。

1. 铣刀的种类

铣刀是一种多齿多刃刀具，其刀齿分布在圆柱形铣刀的外圆柱表面或面铣刀的端面上。根据要加工的零件表面形状不同，所需要的铣刀种类也不同。铣刀的种类很多，按其安装方法可分为带柄铣刀和带孔铣刀两大类。

（1）带柄铣刀　带柄铣刀有直柄和锥柄之分。这种铣刀多用于立式铣床，如图 5-4 所示。

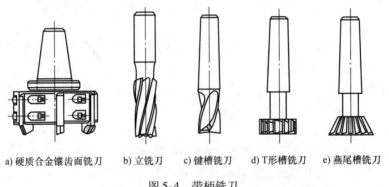

a) 硬质合金镶齿面铣刀　　b) 立铣刀　　c) 键槽铣刀　　d) T形槽铣刀　　e) 燕尾槽铣刀

图 5-4　带柄铣刀

1）硬质合金镶齿面铣刀：用于加工较大的平面。

2）立铣刀：多用于加工沟槽、小平面、台阶面等。立铣刀有直柄和锥柄之分。

3）键槽铣刀：用于加工键槽。

4）T 形槽铣刀：用于加工 T 形槽。

5）燕尾槽铣刀：用于加工燕尾槽。

（2）带孔铣刀　带孔铣刀适用于卧式铣床加工，能加工各种表面，应用范围较广。用于各种表面加工的带孔铣刀如图 5-5 所示。

1）圆柱形铣刀：刀齿分布在圆柱表面上，通常分为直齿和斜齿两种，用于加工中小平面。

2）三面刃铣刀：用于加工直槽、小平面、小台阶面。

3）锯片铣刀：用于加工窄缝和切断。

4）模数铣刀：用于在铣床上加工齿轮。

5）角度铣刀：用于加工角度槽和斜面。

6）圆弧铣刀：用于加工与切削刃形状相对应的成形面。

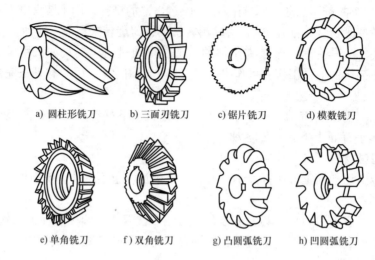

a) 圆柱形铣刀　　b) 三面刃铣刀　　c) 锯片铣刀　　d) 模数铣刀

e) 单角铣刀　　f) 双角铣刀　　g) 凸圆弧铣刀　　h) 凹圆弧铣刀

图 5-5　带孔铣刀

2. 铣刀常用材料

铣刀材料指铣刀切削部分的材料，常用的有高速钢和硬质合金两大类。

3. 铣刀的安装

（1）直柄铣刀的安装　直柄铣刀常用弹簧夹头来安装。安装时，旋紧螺母，使弹簧套进行径向收缩而将铣刀的柱柄夹紧。

（2）锥柄铣刀的安装　当铣刀锥柄尺寸与主轴端部锥孔相同时，可直接装入锥孔，并用拉杆拉紧，否则要用过渡锥套进行安装。

5.1.3　工件的装夹

要想在铣床上加工工件，首先要把工件安装在铣床工作台上，这就是装夹。在铣床上装夹工件，一是定位、二是夹紧，主要目的是保证工件的加工精度。

1）定位：使工件在装夹过程中能占有正确的位置。

2）夹紧：使工件在加工中能承受切削并保证正确位置。

工件在铣床上的装夹方法归纳起来有三类：

1. 使用通用夹具装夹工件

在铣床上装夹工件，最常用的是机用虎钳装夹如图 5-6 所示。铣床所用机用虎钳的钳口本身精度及其相对于底座底面的位置精度均较高。底座下面还有定位键，以便装夹时以工作台上的 T 形槽定位。

2. 使用压板装夹工件

对于较大或形状特殊的工件，可用压板、螺栓直接装夹在铣床的工作台上，如图 5-7 所示。

3. 使用专用夹具装夹工件

利用各种简易和专用夹具装夹工件，如图 5-8 所示，可提高生产效率和加工精度。

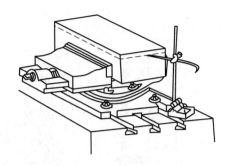

图5-6 机用虎钳装夹工件

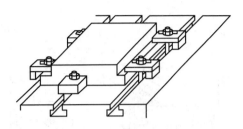

图5-7 压板装夹工件

5.1.4 铣削典型表面

在铣床上利用各种附件和使用不同的铣刀，可以铣削平面、沟槽、成形面、螺旋槽、钻孔和镗孔等。

1. 铣水平面和垂直面

在铣床上用圆柱形铣刀、立铣刀和面铣刀都可进行水平面加工。用面铣刀和立铣刀可进行垂直平面的加工。图5-9是用面铣刀加工水平面和垂直面。

2. 铣斜面

铣斜面可用以下几种方法：

图5-8 专用夹具装夹工件

（1）把工件倾斜所需角度 此法是装夹工件时将倾斜面转到水平位置，然后按铣水平面的方法来加工此斜面，如图5-10所示。

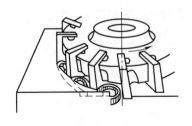

a) 在立铣床上铣平面

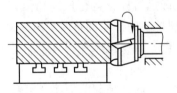

b) 在卧铣床上铣垂直平面

图5-9 面铣刀铣平面

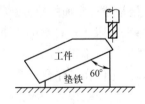

图5-10 倾斜装夹工件铣斜面

（2）把铣刀倾斜所需角度 在立式铣床或有万能立式铣头的卧式铣床上进行，使用面铣刀或立铣刀，刀轴转过相应角度。加工时工作台须带动工件作横向进给，如图5-11所示。

（3）用角度铣刀铣斜面 用与工件角度相符的角度铣刀直接铣斜面，如图5-12所示。

3. 铣沟槽

在铣床上可铣各种沟槽。

（1）铣直角沟槽 直角沟槽有敞开式、半封闭式和封闭式三种，可用三面刃铣刀、立铣刀和键槽铣刀进行加工，如图5-13所示。

（2）铣T形槽和燕尾槽 铣T形槽或燕尾槽用T形槽铣刀或燕尾槽铣刀加工，如

图 5-14 所示。

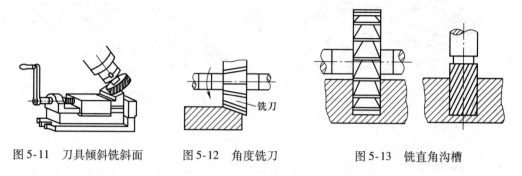

图 5-11　刀具倾斜铣斜面　　　图 5-12　角度铣刀　　　图 5-13　铣直角沟槽

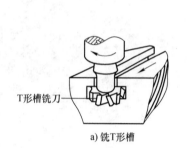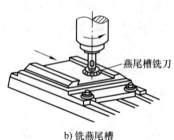

a) 铣T形槽　　　　　　　　　b) 铣燕尾槽

图 5-14　铣 T 形槽及燕尾槽

5.1.5　铣削安全操作技术规程

1）开机前检查刀具、工件、夹具装夹是否牢固可靠，应清除机床上工具和其他物品，以免在机床开动时发生意外事故。

2）开机前检查所有手柄、开关、控制按钮是否处于正确位置。

3）加工工件前先手动或空载运行检查运行长度和位置是否正确、工件与机床各部、刀具等处是否有碰撞的地方。特别是使用快速调整时更应注意。

4）机床运转时不得装卸工件、调整机床和刀具、测量工件和擅离工作岗位。

5）铣刀不得使用反转。

6）工件在工作台上要轻放、轻起；吊起前应将夹紧螺钉全部松开。

7）工作结束后，应关闭电动机和切断电源，将所有手柄和控制旋钮都扳到空档位置，然后清理切屑，打扫场地，并将机床擦拭干净，加好润滑油。

8）操作人员必须穿工作服、佩戴防护眼镜和帽子及必要的防护用品，以防发生人身事故。

5.2　刨削加工

刨削加工是在刨床上利用刨刀进行的切削加工。主要用来加工平面、各种沟槽及成形表面等。刨床上能加工的典型表面如图 5-15 所示。刨削加工的尺寸公差等级一般为 IT8 ~ IT10，表面粗糙度值一般为 $Ra1.6 \sim 6.3 \mu m$。

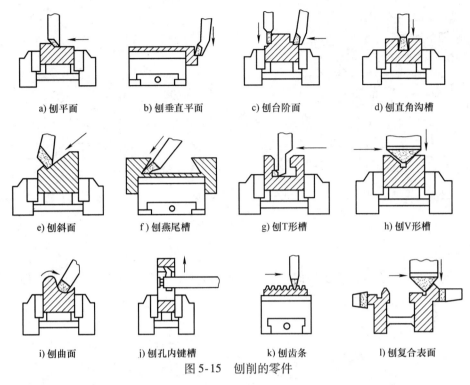

a) 刨平面　　b) 刨垂直平面　　c) 刨台阶面　　d) 刨直角沟槽

e) 刨斜面　　f) 刨燕尾槽　　g) 刨T形槽　　h) 刨V形槽

i) 刨曲面　　j) 刨孔内键槽　　k) 刨齿条　　l) 刨复合表面

图 5-15　刨削的零件

5.2.1　牛头刨床

牛头刨床是刨削类机床中应用较广的一种。它适合刨削长度不超过 1000mm 的中、小型零件。图 5-16 所示牛头刨床的主要组成部分及作用如下：

（1）床身　床身用于支撑和连接刨床的各部件。

（2）滑枕　滑枕带动刨刀作直线往复运动（即主运动），前端装有刀架。

（3）刀架　如图 5-17 所示，刀架用以夹持刨刀，并可作垂直或斜向进给。

（4）工作台　工作台用于装夹工件。

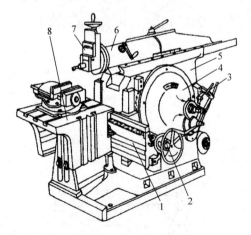

图 5-16　B6065 牛头刨床

1—横梁　2—进给机构　3—变速机构　4—摆杆机构
5—床身　6—滑枕　7—刀架　8—工作台

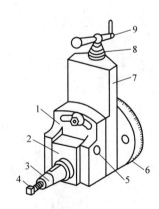

图 5-17　刀架

1—刀座　2—抬刀板　3—刀夹　4—紧固螺钉
5—轴　6—刻度转盘　7—滑板　8—刻度环　9—手柄

5.2.2 刨刀和工件的装夹

1. 刨刀的种类

常用刨刀的形状及应用如图 5-18 所示。

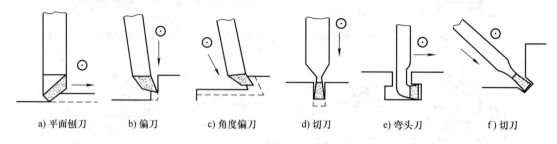

a) 平面刨刀 　b) 偏刀 　c) 角度偏刀 　d) 切刀 　e) 弯头刀 　f) 切刀

图 5-18 常用刨刀的形状及应用

2. 工件的装夹

常用机用虎钳装夹工件。机用虎钳是一种通用夹具，一般用来装夹中小型工件。装夹方法如图 5-19 所示。

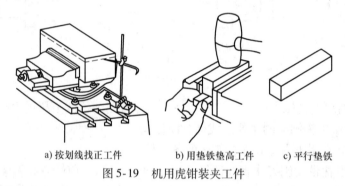

a) 按划线找正工件 　　b) 用垫铁垫高工件 　　c) 平行垫铁

图 5-19 机用虎钳装夹工件

5.2.3 刨削典型表面

1. 刨水平面

刨水平面采用平面刨刀，为使工件表面光整，在刨刀返回时，可用手掀起刀座上的抬刀扳，以防刀尖刮伤已加工表面。

2. 刨垂直面和斜面

刨垂直面和斜面均采用偏刀，如图 5-20 和图 5-21 所示。

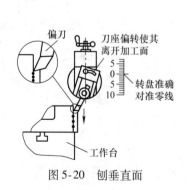

图 5-20 刨垂直面

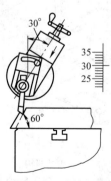

图 5-21 刨斜面

5.2.4 刨削安全操作技术规程

1）操作者应穿工作服，长头发应塞入工作帽内，以防发生人身事故。

2）多人共同使用一台牛头刨床时，只能一人操作，并应注意他人的安全。

3）工件和刀具必须装夹牢固，以防发生事故。

4）调整工作台位置和滑枕行程时，不可超过极限位置，以防发生人身和设备事故。

5）开动刨床后，不能开机测量工件，不能在滑枕前方站人，防止工件或刀具飞出伤人。

5.3 磨削加工

磨削是用磨具（如砂轮、砂带、磨石、研磨剂等）以较高的线速度对工件表面进行的切削加工。磨削加工是零件精加工的主要方法之一。磨削加工的尺寸公差等级一般为 IT5 ~ IT6，表面粗糙度值一般为 $Ra0.32 \sim 1.25 \mu m$。

5.3.1 磨削加工类型

图 5-22 为常见的几种磨削加工类型。

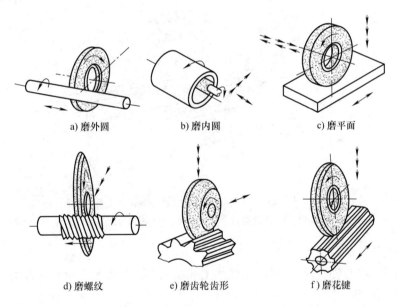

a) 磨外圆　　　　b) 磨内圆　　　　c) 磨平面

d) 磨螺纹　　　e) 磨齿轮齿形　　　f) 磨花键

图 5-22　磨削加工类型

5.3.2 磨削的工艺特点

虽然从本质上来说，磨削加工是一种切削加工（工艺），但和通常的切削加工相比有以下特点：

1）磨削加工适应的材料范围广。

2）磨削速度大，砂轮圆周速度达 2000 ~ 3000m/min，一般为 35m/s 左右。

3）加工精度高。

5.3.3 砂轮的特性

砂轮是由许多细小而坚硬的磨粒用结合剂粘接而成的多孔物体，是磨削加工的切削工具。磨粒、结合剂和空隙是构成砂轮的三要素，如图 5-23 所示。

砂轮的特性对工件的加工精度、表面粗糙度和生产率影响很大。砂轮的特性包括磨料、粒度、结合剂、硬度、组织、形状和尺寸等方面。

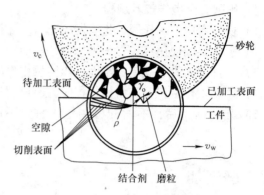

图 5-23 磨削原理及砂轮

5.3.4 磨床

磨床主要分为外圆磨床、内圆磨床、平面磨床和工具磨床等。

1. 外圆磨床

外圆磨床分为普通外圆磨床和万能外圆磨床。在普通外圆磨床上可磨削各种轴类和套筒类工件的外圆柱面、外圆锥面以及台阶轴端面等。M1432A 型磨床是万能外圆磨床，如图 5-24 所示，可用于内外圆柱表面、内外圆锥表面的精加工。

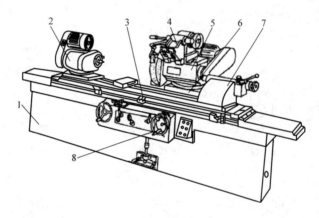

图 5-24 M1432A 型万能外圆磨床外观图

1—床身 2—头架 3—工作台 4—内圆磨具 5—砂轮架 6—滑鞍及横向进给机构 7—尾座 8—手轮

2. 平面磨床

表面质量要求较高的各种平面的半精加工和精加工，常采用平面磨削方法。平面磨削常用的机床是平面磨床。

（1）平面磨床结构　平面磨床按结构分类，根据主轴布局及工作台形状的组合，可分为图 5-25 所示四类：

（2）卧轴矩台式平面磨床　卧轴矩台式平面磨床如图 5-26 所示。

5.3.5 磨削安全操作技术规程

1）操作者必须戴安全帽，长发塞入帽内，以防发生人身事故。

2）检查砂轮是否松动，有无裂纹，防护罩是否牢固、可靠，发现问题时不准开机。

3）砂轮开动后，必须慢慢引向工件，严禁突然接触撞击工件；切削深度也不能过大，防止背向力过大将工件顶飞或炸裂砂轮。

4）当干磨或修整砂轮时，一定要戴防护眼镜。

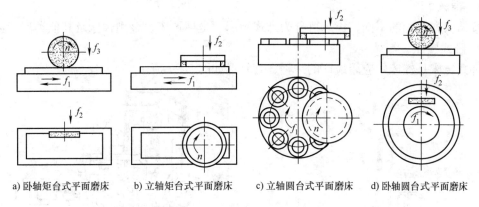

a) 卧轴矩台式平面磨床　　b) 立轴矩台式平面磨床　　c) 立轴圆台式平面磨床　　d) 卧轴圆台式平面磨床

图 5-25　平面磨床的加工示意图

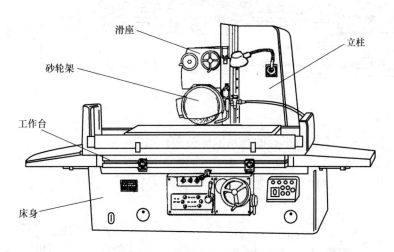

图 5-26　卧轴矩台式平面磨床

　　5）操作者应站在砂轮的侧面，砂轮的正面不准站人。

　　6）砂轮转速不准超限，进给前要选择合理的吃刀量，要缓慢进给，以防砂轮破碎飞出。

　　7）砂轮未退离工作时，应保持砂轮继续转动不得停止砂轮转动。

　　8）用金刚石修整砂轮时，要使用固定架将金刚石衔住，禁止手持金刚石修整砂轮。

　　9）干磨工件不准中途加切削液，湿式磨床切削液停止时应立即停止磨削。工作完毕应将砂轮空转 5min，将砂轮上的切削液甩掉。

　　10）多人共用一台磨床时，只能一人操作，并注意他人的安全。

5.4　镗削加工

　　镗削加工主要是用镗刀加工直径较大的孔及各种形状复杂和大型工件上的精密的、相互平行和垂直的孔系。镗削加工的尺寸公差等级一般为 IT9 ～ IT7，表面粗糙度值一般为 $Ra0.8 \sim 3.2\mu m$。

5.4.1 镗床

按结构和用途的不同，镗床可分为卧式镗床、坐标镗床、金刚镗床及其他类型镗床等。

1. 卧式镗床

卧式镗床是镗床中应用最广的一种，其外形如图 5-27 所示。

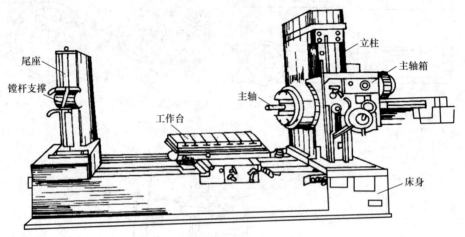

图 5-27　卧式镗床

2. 坐标镗床

坐标镗床多用来加工轴线平行的直角坐标精密孔系。

5.4.2 镗床加工范围

镗床上能进行的主要加工范围如图 5-28 所示。

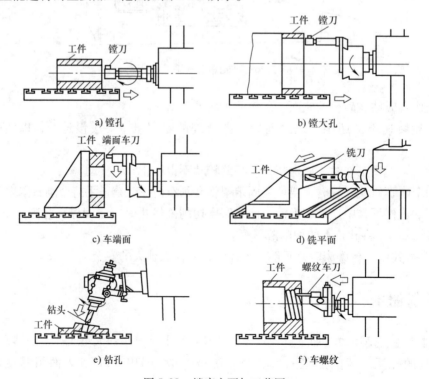

图 5-28　镗床主要加工范围

5.5 齿轮加工

齿轮传动是机械传动中比较常见的一种传动机构，那么齿轮是怎么加工的呢？

齿轮齿形的加工，按加工原理可分为成形法和展成法两大类。

5.5.1 成形法加工齿轮

成形法是采用与被切齿轮齿槽相符的成形刀具加工齿形的方法。用齿轮铣刀（又称模数铣刀）在铣床上加工齿轮的方法属于成形法。加工精度较低，尺寸公差等级为IT11～IT9。

5.5.2 展成法加工齿轮

展成法就是利用齿轮刀具与被切齿坯作啮合运动而切出齿形的方法。最常用的方法是插齿加工和滚齿加工。尺寸公差等级一般为 IT7～IT8，表面粗糙度值一般为 $Ra1.6～3.2\mu m$。

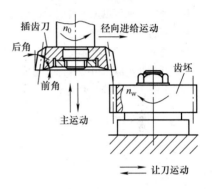

图 5-29　插齿加工原理

1. 插齿加工

插齿加工在插齿机上进行，是相当于一个齿轮的插齿刀与齿坯按一对齿轮作啮合运动而把齿形切成的。插齿加工原理如图 5-29 所示。

2. 滚齿加工

滚齿加工是用滚齿刀在滚齿机上加工齿轮的方法。滚齿加工原理是滚齿刀和齿坯模拟一对螺旋齿轮作啮合运动。滚齿加工原理如图 5-30 所示。

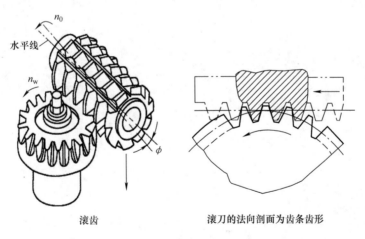

滚齿　　　　　　　滚刀的法向剖面为齿条齿形

图 5-30　滚齿加工原理

复习思考题

1. 什么是铣削加工？
2. 什么是铣削的主运动和进给运动？
3. 铣削的主要加工范围是什么？

4. 常用铣床可分为哪两大类？

5. 铣刀按装夹方式可分为哪两大类？

6. 铣刀常用材料有哪两大类？

7. 铣削斜面的常用方法有哪几种？

8. 铣削加工时，工件的装夹方法有哪些？

9. 工件装夹应注意哪两个问题？

10. 与车削相比，刨削运动有何特点？

11. 为什么刨刀通常制成弯头的？

12. 牛头刨床由哪几部分组成？各有何功用？

13. 刨削加工的工艺特点是什么？

14. 卧式镗床可以加工哪些类型的孔？

15. 磨削加工的特点是什么？

16. 磨削加工类型有哪些？

17. 万能外圆磨床由哪几部分组成？

18. 平面磨床有哪几种类型？

第 6 章 钳 工

【目的与要求】
1. 了解钳工工作在机械制造及机械维修中的作用。
2. 了解钳工常用设备、工具、量具的使用方法。
3. 熟悉划线、锉削、锯削、钻孔等操作。
4. 掌握钳工工作安全操作技术规程。

6.1 概述

半个世纪以来，随着科学技术的飞速发展，机械制造业发生了巨大变革。从半自动化的机械设备到现在的各种高精度数控设备，大大提高了加工的速度和质量，减轻了劳动强度，同时也使传统的手工操作受到很大冲击，而钳工又是一个以手工操作为主的工种，那么在当今的情况下它还有存在的必要吗？

钳工主要是手持工具对夹紧在台虎钳上的工件进行切削加工的方法。钳工操作的劳动强度大、生产效率低、对工人技术水平要求较高。但是由于钳工所用工具简单，加工多样灵活、操作方便，适应面广，故有很多工作仍需要由钳工来完成。例如对于不适合机械加工的情况，如机器的组装、调整和维修等，或者加工前的准备工作，如清理毛坯，毛坯或半成品工件上的划线等，以及单件或精密零件的制作，锉削样板和制作模具等。因此钳工在机械制造及机械维修中有着不可替代的作用。

钳工的基本操作技能包括划线、锯削、锉削、钻孔、扩孔、铰孔、攻螺纹、套螺纹、刮削、装配、调试、修理等。钳工的操作范围如此广泛，以致形成了钳工的专业分工，如普通钳工、划线钳工、模具钳工、装配钳工和机修钳工等。

6.2 钳工常用设备

钳工常用设备有台虎钳、钳台（钳桌）、砂轮机、钻床等。

6.2.1 台虎钳

台虎钳装在钳台上，用来夹持工件。台虎钳有固定式和回转式两种，如图 6-1 所示。台虎钳的规格以钳口的宽度表示，有 100mm、125mm、150mm 等几种。

使用台虎钳时，应注意：

1）工件尽可能夹在钳口的中部，使钳口受力均匀，夹紧工件时要松紧适当，只允许依靠手的力量来扳动手柄，不允许借助其他工具加力，以免丝杠、螺母或钳身损坏。

2）只能在钳口前面的砧面上敲击工件。

3）夹持精密工件或加工后表面时，应在钳口处加软垫（如铜皮），以防夹伤工件表面。

4）使用回转式台虎钳时，必须将固定钳身锁紧后方能夹持工件进行加工。

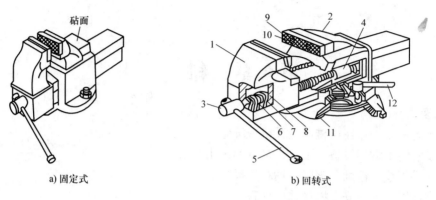

图6-1 台虎钳

1—活动钳身 2—固定钳身 3—丝杠 4—螺母 5、12—手柄 6—弹簧
7—挡圈 8—销 9—钢质钳口 10—螺钉 11—转座

6.2.2 钳台（钳桌）

钳台用来安装台虎钳、放置工具和工件等，如图6-2所示。

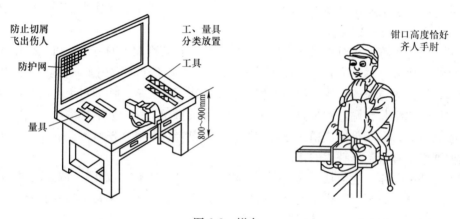

图6-2 钳台

6.2.3 砂轮机

砂轮机主要是用来刃磨錾子、钻头等刀具或其他工具等的设备，结构如图6-3所示。使用砂轮机应注意安全，要严防发生砂轮碎裂和人身事故。操作时一般应注意：

1）砂轮的旋转方向应正确，使磨屑向下方飞离砂轮。

2）砂轮机起动前，人站立在砂轮侧面，等待砂轮旋转平稳后才能进行磨削。

6.2.4 钻床

钳工常用的钻床有台式钻床、立式钻床和摇臂钻床，其规格以可加工孔的最大直径表示。

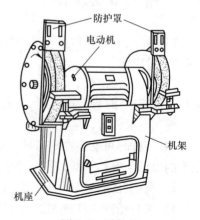

图6-3 砂轮机

（1）台式钻床　台式钻床简称台钻，结构如图 6-4 所示。台钻小巧灵活、结构简单、操作方便，主要用来加工 $\phi12mm$ 以下的孔，但其自动化程度低。

（2）立式钻床　立式钻床简称立钻，结构如图 6-5 所示。立式钻床比台式钻床刚性好、功率大，可以自动进给，所以生产率较高，加工精度也较高。但是立钻的主轴只能上下移动，主轴相对工作台的位置是固定的，因此加工时需要移动工件来定位孔心位置，所以立钻主要用于加工孔径在 $\phi50mm$ 以下的中小型工件上的孔。

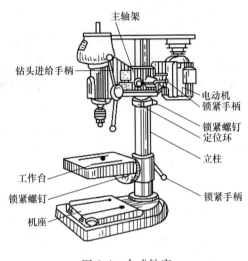

图 6-4　台式钻床

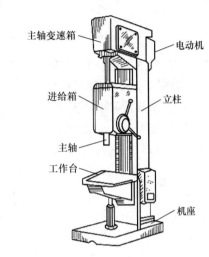

图 6-5　立式钻床

（3）摇臂钻床　摇臂钻床如图 6-6 所示，结构比较复杂；但操纵灵活。摇臂钻床上的主轴箱装在可以绕垂直立柱回转的摇臂上，主轴箱又可沿摇臂的水平导轨移动，同时，摇臂还可沿立柱上下移动。所以，操作时能很方便地调整钻头位置，使钻头对准被加工孔的中心，而不需要移动工件。因此，摇臂钻床主要用于大型工件的孔加工，特别是多孔工件的加工。

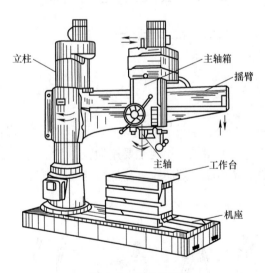

图 6-6　摇臂钻床

6.3　划线

划线是利用划线工具，根据图样或实物的要求，准确地在毛坯或半成品上划出加工界线，或划出作为基准的点、线的操作。

6.3.1　划线的分类及作用

划线分平面划线和立体划线。在工件的一个表面上划线称为平面划线，如图 6-7 所示；在工件的几个互成不同角度（一般是互相垂直）表面上进行划线，也就是在长、宽、高三个方向上划线称为立体划线，如图 6-8 所示。

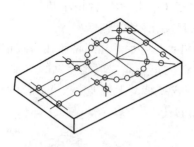

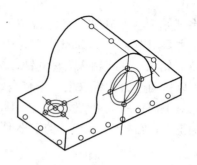

图 6-7　平面划线　　　　　　　　图 6-8　立体划线

工件在加工的过程中，划线主要作用有：确定工件的加工余量；便于工件的装夹；及时发现不合格的毛坯；合理调整加工余量（即借料划线）；按线下料，使材料得到合理使用。

6.3.2　划线工具及其使用方法

1. 基准工具——划线平板

图 6-9 为划线平板，它是划线的基准平面，要求非常平直和光洁，由铸制而成。

2. 绘划工具

（1）划针　划线时，要使线条清晰、准确。划针及其使用方法如图 6-10 所示。

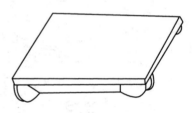

图 6-9　划线平板

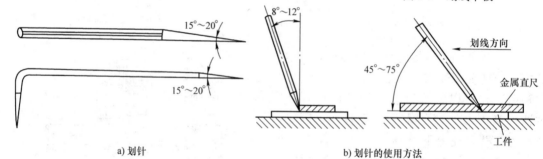

a) 划针　　　　　　　　　　　b) 划针的使用方法

图 6-10　划针及其使用方法

（2）划规　划规主要用途是画圆，把金属直尺上量取的尺寸用划规移到工件上划分线段、做角度、划曲线、测量两点间距离等。常用的划规及其使用方法如图 6-11 所示。

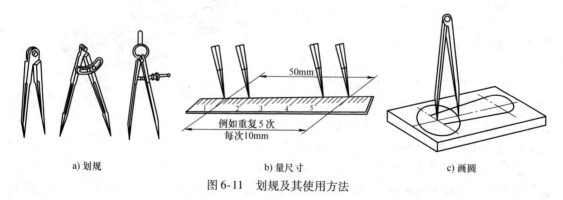

a) 划规　　　　　　　　b) 量尺寸　　　　　　　c) 画圆

图 6-11　划规及其使用方法

（3）单脚划规　单脚划规用来确定轴和孔的中心；以已加工边为基准边，划平行线等，如图 6-12 所示。

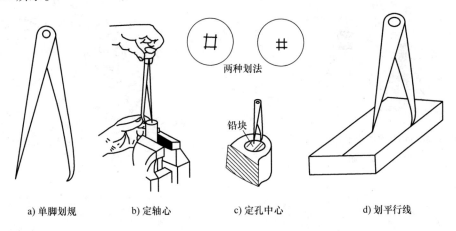

两种划法

铅块

a) 单脚划规　　　b) 定轴心　　　c) 定孔中心　　　d) 划平行线

图 6-12　单脚划规及其使用方法

（4）划针盘　划针盘的直针尖用来划与基准面平行的直线，弯头是找正工件位置的，如图 6-13 所示。

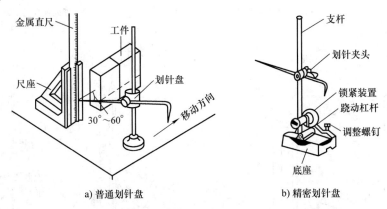

金属直尺　　工件　　　　　　　　　　支杆

　　　　　　　　　　划针夹头

尺座　　　　　　　　划针盘　　　　　锁紧装置

　　　　　　　　移动方向　　　　　　跷动杠杆

30°～60°　　　　　　　　　　　　　调整螺钉

　　　　　　　　　　　　　　　　　底座

a) 普通划针盘　　　　　　　　　b) 精密划针盘

图 6-13　划针盘及其使用

（5）样冲　在加工过程中，有些工件上已划好的线可能被擦掉。为了便于看清所划的线，划线后要用样冲在线条上打出小而均匀的冲眼作标记。样冲及其使用方法如图 6-14，在钻孔时使用方法如图 6-15 所示。

3. 量具

（1）金属直尺　金属直尺主要用来量取尺寸和测量工件，也可作为划直线时的导向工具，如图 6-16 所示。

（2）直角尺　直角尺可用来划平行线和垂直线，还可用来找正工件在划线平板上的垂直位置，并可检验工件两平面的垂直度或单个平面的平面度，如图 6-17 所示。

（3）高度尺　图 6-18a 为普通高度尺，用以给划线盘量取高度尺寸，其使用如图 6-13a 所示；图 6-18b 为游标高度尺，它附有划针脚，能直接表示出高度尺寸，可作为精密划线工具。

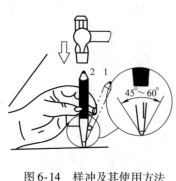

图 6-14　样冲及其使用方法

1—对准位置　2—冲眼

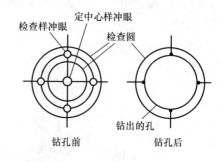

图 6-15　样冲在钻孔时的使用方法

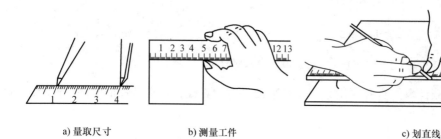

a) 量取尺寸　　　　b) 测量工件　　　　c) 划直线

图 6-16　金属直尺的使用

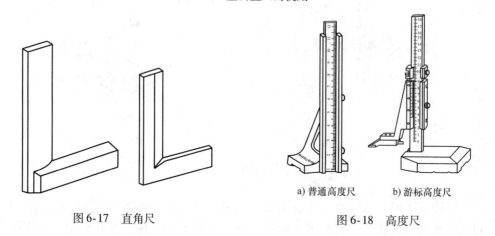

图 6-17　直角尺　　　　　　图 6-18　高度尺

4. 支撑工具

（1）V 形铁　V 形铁通常用来支撑圆柱形工件，以便找中心线或中心，如图 6-19 所示。

（2）千斤顶　千斤顶用于支撑不规则或较大工件时的划线找正，如图 6-20 所示。

（3）方箱　方箱是用铸铁制成的空心立方体，方箱上相邻平面互相垂直，相对平面互相平行，并都经过精加工而成，一面上有 V 形槽和压紧装置，如图 6-21 所示。

6.3.3　划线基准的选择

基准是确定零件的各要素间的尺寸和位置关系的点、线、面。设计图样上所选用的基准为设计基准；在工件上划线时所选用的基准为划线基准。选择划线基准时，应尽量使划线基准与设计基准相重合。常见的划线基准有 3 种类型：以两个互相垂直的平面为基准，如

图 6-22a 所示；以两条中心线为基准，如图 6-22b 所示；以一个平面和一个中心线为基准，如图 6-22c 所示。

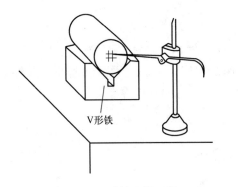

图 6-19 V 形铁支撑工件

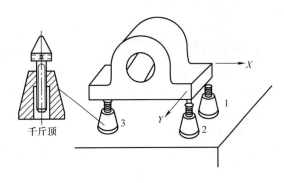

图 6-20 千斤顶支撑工件

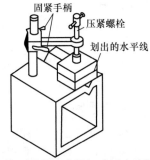

a) 将工件压紧在方箱上，划出水平线

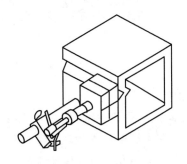

b) 方箱翻转90°，划出垂直线

图 6-21 方箱夹持工件划线

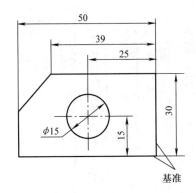

a) 两个互相垂直平面为基准

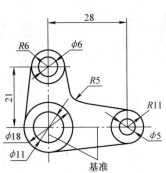

b) 两条中心线为基准

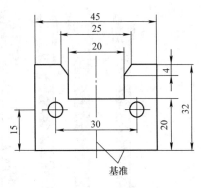

c) 一个平面和一个中心线为基准

图 6-22 划线基准

6.3.4 划线操作的注意事项

1）工件支撑夹持要稳定，以防滑倒或移动。

2）在一次支撑找正后，应把需要划出的线划全，以免再次支撑补划造成误差。

3）应正确使用划线所用工具和量具，以免产生误差。

4）线条要清晰均匀，尺寸准确。

6.4 锉削

锉削就是用锉刀从工件表面上锉掉多余的金属，使工件达到图样上要求的尺寸、形状、位置和表面粗糙度的加工方法。锉削加工简便，工作范围广，可加工平面和曲面、内外表面、沟槽、孔眼和各种形状相配合的表面，以及装配时对工件的修理等。

6.4.1 锉刀

1. 锉刀的结构

锉刀结构如图 6-23 所示。锉刀面是锉削的主要工作面。

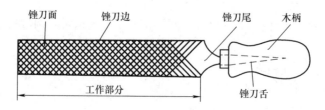

图 6-23　锉刀结构

2. 锉刀的种类

锉刀按用途不同分为普通锉刀、整形锉刀和特种锉刀 3 种。

1）普通锉刀在生产中应用最多，常以其断面形状分为扁锉、方锉、三角锉、半圆锉和圆锉，如图 6-24 所示。方锉刀的尺寸规格以方形尺寸表示，圆锉刀的规格用直径表示，其他锉刀则以锉身长度表示。

2）整形锉刀（什锦锉、组锉）主要修整工件细小部分的表面，如图 6-25 所示。

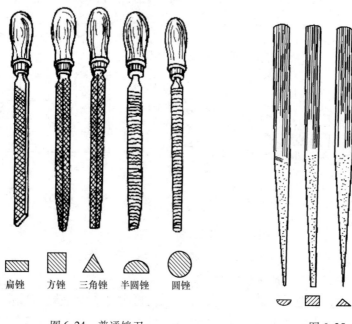

图 6-24　普通锉刀　　　　图 6-25　整形锉刀

3）特种锉刀用于锉削工件上特殊的表面，有刀形锉、菱形锉、扁三角锉、椭圆锉等。

合理选用锉刀有利于保证加工质量，提高工作效率和延长锉刀使用寿命。

锉刀的选用原则：根据加工的形状和加工面大小选择锉刀的形状和规格大小；根据工件材料性质、加工余量、精度和表面粗糙度的要求选择锉刀齿纹的粗细。

3. 锉刀的握法

锉刀的种类很多，根据它的大小不同，其使用的地方也不同，所以锉刀的握法也有几种，如图6-26所示。图6-26a是大锉刀的握法，右手心抵着锉刀柄的端头，大拇指放在锉刀柄的上面，其余四指放在下面配合大拇指捏住锉刀柄；左手掌部鱼际肌压在锉刀尖上面，拇指自然伸直，其余四指弯向手心，用食指、中指捏住锉刀前端。图6-26b是中锉刀的握法，右手握法和上面一样，左手采用半扶法，即用拇指、食指、中指轻握即可。图6-26c是小锉刀的握法，通常一只手握住即可。

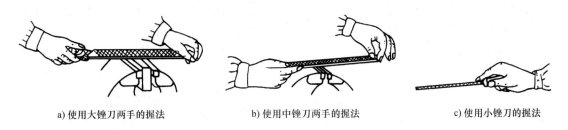

a) 使用大锉刀两手的握法   b) 使用中锉刀两手的握法   c) 使用小锉刀的握法

图6-26　锉刀的握法

6.4.2　锉削姿势

正确的锉削姿势和动作，能减少疲劳，提高工作效率，保证锉削质量。只有勤学苦练，才能逐步掌握这项技能。锉削姿势与使用的锉刀大小有关，用大锉锉平面时，正确姿势如下：

（1）站立姿势（位置）　两脚立正面向台虎钳，站在台虎钳中心线左侧，与台虎钳的距离按大小臂垂直、端平锉刀、锉刀尖部能搭放在工件上来掌握。然后迈出左脚，迈出距离从右脚尖到左脚跟约等锉刀长，左脚与虎钳中线约成30°角，右脚与虎钳中线约成75°角，如图6-27所示。

（2）锉削姿势　锉削时如图6-28所示，左腿弯曲，右腿伸直，身体重心落在左脚上。两脚始终站稳不动，靠左腿的屈伸作往复运动。手臂和身体的运动要互相配合。锉削时要使锉刀的全长充分利用。开始锉时身体要向前倾斜10°左右，左肘弯曲，右肘向后，但不可太大，如图6-28a所示；锉刀推到三分之一时，身体向前倾斜15°左右，使左腿稍弯曲，左肘稍直，右臂前推，如图6-28b所示；锉刀继续推到2/3时，身体逐渐倾斜到18°左右，使左腿继续弯曲，左肘渐直，右臂向前推进，如图6-28c所示；锉刀继续向前推，把锉刀全长推尽，身体随着锉刀的反作用退回到15°位置，如图6-28d所示。推锉终止时，两手按住锉刀，身体恢复原来位置，不给锉刀压力或略提起锉刀把它拉回。

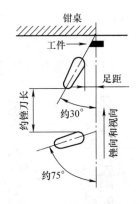

图6-27　锉削时足的位置

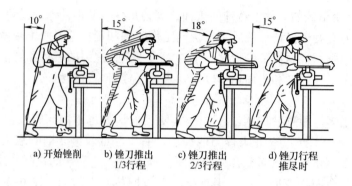

a) 开始锉削 b) 锉刀推出 1/3行程 c) 锉刀推出 2/3行程 d) 锉刀行程推尽时

图 6-28 锉削时的姿势

6.4.3 平面锉削操作要点

锉削时，要使锉刀两端的力矩相等，保持锉刀的水平直线运动，才可锉出平直的表面，并且回程时不加压力，如图 6-29 所示；锉削往复速度一般以 30 ~ 60 次/min 为宜。推出时稍慢，回程时稍快，动作要自然协调。

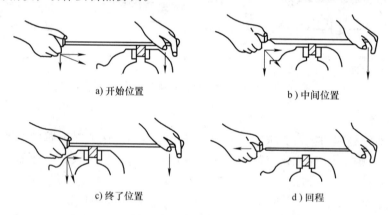

a) 开始位置 b) 中间位置

c) 终了位置 d) 回程

图 6-29 锉削力矩的平衡

平面的锉削基本方法有顺向锉法、交叉锉法和推锉法 3 种，如图 6-30 所示。

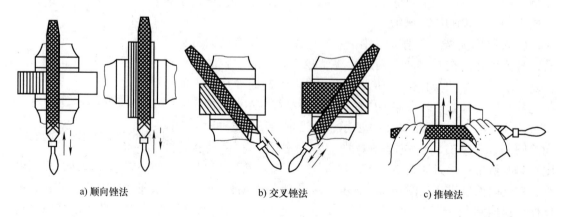

a) 顺向锉法 b) 交叉锉法 c) 推锉法

图 6-30 锉削的基本方法

1. 顺向锉法

顺向锉法是指锉刀运动方向与工件夹持方向一致的锉削方法。顺向锉的锉纹整齐一致，比较美观。小平面、最后的锉光和锉平，常采用顺向锉法。

2. 交叉锉法

交叉锉法是指锉刀的运动方向与工件夹持方向约成35°，且第一遍锉削和第二遍交叉进行的锉削方法。交叉锉时锉刀与工件的接触面积增大，锉刀容易掌握，且从锉痕可以判断平面的高低，易锉平。一般用于较大平面、较大余量的粗锉。

3. 推锉法

推锉法 一般用来锉削狭长平面，不能用顺向锉法加工时采用。推锉法效率不高，只适用加工余量较小和修整尺寸。

锉削时，工件的尺寸可用金属直尺和卡钳或卡尺检查。工件的平面度可利用透光法，用金属直尺和刀口形直尺检查。检查时，要在被检查表面的纵向、横向和对角线方向多处逐一进行。如果检查工具与被检查表面间透光均匀，则该表面的平面度较好，如图6-31所示。工件的垂直度，可利用透光法，用直角尺检查，如图6-32所示。注意：直角尺不可倾斜。

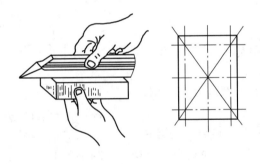　　　　

图6-31　平面度检查　　　　　　　图6-32　垂直度检查

6.4.4　锉削的注意事项

1）工件要牢固的装夹在台虎钳钳口中部，且伸出钳口不要太高，以免锉削时产生振动。

2）锉刀必须装柄使用，以免刺伤手心。

3）不要用手摸锉削的表面和锉刀工作面，以免再锉时打滑。

4）锉刀被锉屑堵塞后，应用钢刷顺锉纹方向刷去切屑。

5）清理锉屑应用毛刷清除，不要用嘴吹，以免钢屑末进入眼睛。

6）锉刀放置时，不要伸出工作台台面，以免碰落摔断或砸伤脚。

6.5　锯削

锯削就是用锯将材料分割成几部分或在工件上锯槽，以及锯掉工件上的多余部分。

6.5.1　手锯

手锯是锯削使用的工具，由锯弓和锯条两部分组成。生产中常用可调式手锯，如图6-33所示。锯条规格是以两端安装孔间的距离表示，常用的规格为长300mm，其宽为

12mm，厚为 0.8mm。

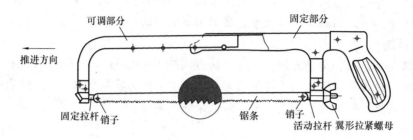

图 6-33　手锯

锯条的许多锯齿在制造时按一定的规则左右错开，排列成一定的形状称锯路。一般粗齿锯条的锯路为交叉式，细齿锯条的锯路为波浪式。锯路使工件的锯口宽度略大于锯条背部的厚度，防止卡锯，并减少了锯条与锯缝摩擦阻力，锯条不致摩擦过热而加快磨损，如图 6-34 所示。

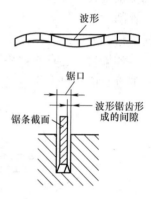

图 6-34　锯口与锯路

6.5.2　锯削操作要点

锯削姿势与锉削基本相似，其速度以 40 次/min 左右为宜。

安装锯条时，齿尖应背向手柄，与手锯推进方向一致，如图 6-33 所示。

起锯有远起锯和近起锯两种，一般采用远起锯。起锯时锯弓往复行程应短，压力要轻，锯条应与工件表面垂直，起锯角 θ 约小于 15°，并用左手大拇指靠住锯条，引导锯条切入，如图 6-35 所示。当整条锯口形成后，锯弓应改作水平直线往复运动，如图 6-36 所示，向前推时加压要均匀，返回时锯条从工件上轻轻滑过，不应加压和摆动。当工件快锯断时用力要轻，行程要短，速度要放慢，以免碰伤手和折断锯条。

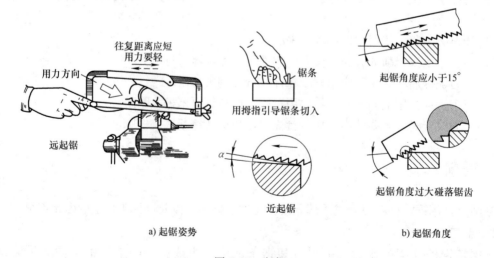

a) 起锯姿势　　　　　　　　b) 起锯角度

图 6-35　起锯

6.5.3 锯削的注意事项

1）工件尽可能装夹在台虎钳的左侧，锯割线应与钳口垂直，且伸出钳口不要太高，以免锯削时产生振动。

2）要充分利用锯条的全部锯齿。

3）锯条折断，换上新锯条时可从反方向重新开始锯割。如不能反方向锯割，就应小心地把原先的锯缝锯宽些，使新锯条能顺利地通过。

4）必要时在锯割中可加些切削液，这不仅能提高锯条的寿命，也可减少摩擦，使锯割出的表面更平整。

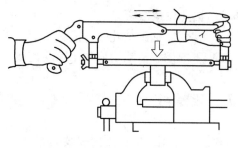

图 6-36　锯削方法

6.6　钻孔

钻孔是用钻头在实体材料上加工孔的操作，如图 6-37 所示。

6.6.1　麻花钻

麻花钻是钻孔用的主要刀具，是由工作部分、空刀、柄部组成，如图 6-38 所示。

（1）柄部　钻头的夹持部分，用来传递转矩和轴向力。按其形状不同，柄部可分为直柄和锥柄两种。钻头直径在 12mm 以下时，柄部做成直柄；在 12mm 以上时做成锥柄。

（2）空刀　柄部和工作部分的连接部分，用于退刀，刻有钻头的规格和商标。

工作部分包括导向部分和切削部分，切削部分起着主要切削工作；导向部分是切削部分的备用段，由螺旋槽和棱边组成，在钻孔时起引导钻头、排屑和修光孔壁等作用。

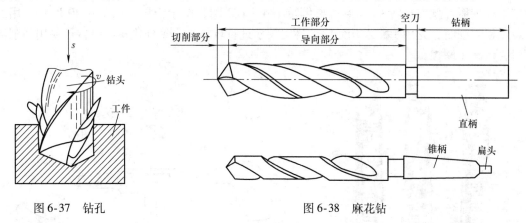

图 6-37　钻孔

图 6-38　麻花钻

6.6.2　钻孔操作要点

钻孔前对孔心进行划线定位，划出孔位的十字中心线，并在十字线交点上打出中心样冲眼。

钻削时，先按打好的样冲眼钻一浅坑，检查其是否与所画圆同心。钻削深孔时，要经常退出钻头以排出切屑和进行冷却，否则可能使切屑堵塞或钻头过热磨损甚至折断，并影响加工质量。钻削通孔时，当孔将被钻透时，要减小进给量，避免钻头在钻穿时的瞬间抖动，出现"啃刀"现象，影响加工质量，损伤钻头，甚至发生事故。

6.6.3 钻孔注意事项

1）在使用钻床钻孔时不准戴手套，手中不允许拿棉纱头和抹布。

2）不准用手清除切屑和用嘴吹切屑，应使用钩子和刷子，并尽量在停机时清除切屑。

6.7 攻螺纹

攻螺纹是用丝锥加工内螺纹的方法。

6.7.1 丝锥

丝锥是专门用来攻螺纹的刀具，一般采用合金工具钢（如 9SiCr）和碳素工具钢（如 T12A）制造，并经热处理淬硬。丝锥分手用丝锥和机用丝锥两种。手用丝锥须成组使用，每种尺寸的丝锥一般由两支或三支组成，称为初锥、二锥或三锥，它们的区别在于切削部分的锥角和长度不同，如图 6-39 所示。初锥切削部分的前端有 5~7 个不完整的切削刃，二锥有 1~2 个不完整的切削刃。因此攻螺纹时，可以将整个切削工作量分配给几支丝锥，如两支一组的丝锥按 7.5:2.5 分配切削量，从而减小切削力，延长丝锥寿命。机用丝锥一般一支一组。

丝锥由柄部和工作部分组成。柄部用来传递转矩；工作部分由切削部分和校准部分组成，切削部分起切削作用，校准部分用以校准和修光切出的螺纹，并引导丝锥沿轴向运动。

6.7.2 攻螺纹操作要点

攻螺纹前，在工件上先钻一个直径稍大于螺纹内径的光孔，叫螺纹底孔。螺纹底孔的孔口要倒角，通孔孔口两端都要倒角，以便丝锥切入。开始攻螺纹时，应把丝锥放正，用目测或角尺找正丝锥的位置，完后施加适当压力并转动铰杠，丝锥切削部分切入底孔后，则转动铰杠不再加压。丝锥每转 1~2 圈后再倒转 1/4~1/2 圈，便于断屑，如图 6-40 所示。用二锥或三锥切削时，先用手旋入几牙后，再用铰杠进行攻螺纹。另外攻螺纹时，还要用切削液润滑，以减小摩擦。

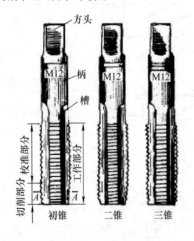

图 6-39　丝锥及其组成部分

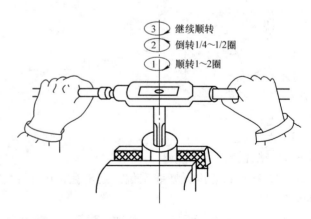

图 6-40　攻螺纹

6.8　钳工安全操作技术规程

在做好工作的同时，必须要保证安全，所以在操作时必须按照安全操作技术规程进行。

1）操作前应根据所用工具的需要和有关规定穿戴好防护用品，女同学必须把长发塞入帽内。

2）操作室严禁喧哗，打闹。

3）所用工具必须齐备、完好可靠，才能开始工作。严禁使用有裂纹、带毛刺、无手柄或手柄松动等不符合安全要求的工具，并严格遵守常用工具安全操作技术规程。

4）工具或量具应放在工作台的适当位置，以防掉下损坏工、量具或伤人。

5）应正确使用划线所用工具和量具，以免产生误差。

6）清理切屑应用毛刷，不要用嘴吹，以免切屑沫进入眼睛。

7）锯削时用力要均匀，不得重压或强扭。零件快断时，减小用力、缓慢锯削。

8）钻孔时不准戴手套，手中不允许拿棉纱头和抹布。

9）攻螺纹时不要用力过猛，以免折断丝锥。

10）操作结束后，清点工具并整齐地摆放到工具箱内，并清扫场地。

复习思考题

1. 简述钳工的特点及其在现代化生产中的应用。

2. 简述钳工的主要设备及其作用。

3. 钳工的基本操作有哪些？

4. 什么叫划线？划线有哪些类型？

5. 什么叫锉削？锉刀是如何分类的？

6. 平面锉削的基本方法有哪几种？

7. 什么叫锯削？什么叫锯路？锯路的作用是什么？

8. 安装锯条应注意什么？起锯的操作要领有哪些？

9. 通孔将要钻透时，应该注意什么？

10. 手用丝锥为什么成组使用？

第7章　数控加工技术

【目的与要求】

1. 了解数控与数控机床工作原理、数控机床的组成与分类和加工特点。
2. 了解数控加工的一般过程与方法，初步建立现代制造技术的思想。
3. 熟悉数控机床的手工编程方法，独立编制简单零件的数控加工程序。
4. 掌握数控车床或铣床的基本操作方法，独立完成简单零件的数控加工。

7.1　概述

7.1.1　机床数控技术的发展简史及发展趋势

1. 数控系统发展简史

1946 年诞生了世界上第一台电子计算机，这表明人类创造了可增强和部分代替脑力劳动的工具。它与人类在农业、工业社会中创造的那些只是增强体力劳动的工具相比，起了质的飞跃，为人类进入信息社会奠定了基础。

6 年后，即在 1952 年，计算机技术应用到了机床上，在美国诞生了第一台数控机床。从此，传统机床产生了质的变化。近半个世纪以来，数控系统经历了两个阶段和六代的发展。

（1）数控（NC）阶段（1952～1970 年）　早期计算机的运算速度低，对当时的科学计算和数据处理影响还不大，但不能适应机床实时控制的要求。人们不得不采用数字逻辑电路"搭"成一台机床专用计算机作为数控系统，被称为硬件连接数控（HARD‑WIRED NC），简称为数控（NC）。随着元器件的发展，这个阶段历经了三代，即 1952 年的第一代——电子管；1959 年的第二代——晶体管；1965 年的第三代——小规模集成电路。

（2）计算机数控（CNC）阶段（1970 年～现在）　到 1970 年，通用小型计算机业已出现并成批生产。于是被移植过来作为数控系统的核心部件，从此进入了计算机数控（CNC）阶段（把计算机前面应有的"通用"两个字省略了）。到 1971 年，美国 INTEL 公司在世界上第一次将计算机的两个最核心的部件——运算器和控制器，采用大规模集成电路技术集成在一块芯片上，称之为微处理器（MICROPROCESSOR），又可称为中央处理单元（简称 CPU）。

到 1974 年微处理器被应用于数控系统。这是因为小型计算机功能太强，控制一台机床能力有富余（故当时曾用于控制多台机床，称之为群控），不如采用微处理器经济合理。而且当时的小型机可靠性也不理想。早期的微处理器速度和功能虽还不够高，但可以通过多处理器结构来解决。由于微处理器是通用计算机的核心部件，故仍称为计算机数控。

到了 1990 年，计算机的性能已发展到很高的阶段，可以满足作为数控系统核心部件的要求。数控系统从此进入了基于 PC 的阶段。

总之，计算机数控阶段也经历了三代。即 1970 年的第四代——小型计算机；1974 年的第五代——微处理器和1990年的第六代——基于PC。

还要指出的是，虽然国外早已改称为计算机数控（即CNC），而我国仍习惯称数控（NC）。所以我们日常讲的"数控"，实质上已是指"计算机数控"了。

（3）我国数控机床的发展情况　我国从20世纪50年代后期开始研究数控技术，一直到60年代中期一直处于研制、开发时期。当时，一些高校和科研单位研制出了试验性样机，1965年，国内开始研制晶体管数控系统，而国际上已进入了小规模集成电路NC阶段（第三代NC）。

"六五"期间国家支持引进数控技术产品；"七五"国家支持组织"科技攻关"及实施"数控机床引进消化吸收一条龙"项目，在消化吸收的基础上诞生了一批数控产品；"八五"期间国家又组织了近百个单位进行以发展自主版权为目标的"数控技术攻关"，从而为数控技术产业化建立了基础。目前，我国数控机床生产企业有100多家，年产量增加到两万多台，品种满足率达80%，并在有些企业实施了FMS（柔性制造系统）和CIMS（计算机集成制造系统）工程。目前，我国自主开发的比较成功的数控系统有华中Ⅰ型、中华Ⅰ型、航天Ⅰ型和蓝天Ⅰ型四个数控系统平台。近年来，我国机床行业已向航天工业、造船业、大型发电设备制造、冶金设备制造、机车车辆制造等用户，提供了一批高质量的数控机床和柔性制造单元。

2. 机床数控技术的发展趋势

（1）继续向开放式、基于PC的第六代方向发展　基于PC所具有的开放性、低成本、高可靠性、软硬件资源丰富等特点，更多的数控系统生产厂家会走上这条道路。至少采用PC机作为它的前端机，来处理人机界面、编程、联网通信等问题，由原有的系统承担数控的任务。PC机所具有的友好的人机界面，将普及到所有的数控系统。远程通信、远程诊断和维修将更加普遍。

（2）向高速化和高精度化发展　机械配件产品制造的精度决定了加工产品的质量，这也是机械数控技术发展的本质性要求。机械数控技术发展过程中，对其速度和精度的技术性研究一直在进行，近些年对于机械产品的要求也在不断提升，精加工已经成为当前机械制造业的普遍要求。高速、精加工的实现，是保证产品质量、生产效率的重要条件，这是决定了产品的质量、生产周期、产品市场竞争力。

（3）向智能化方向发展　随着人工智能在计算机领域的不断渗透和发展，数控系统的智能化程度将不断提高。

1）应用自适应控制技术，数控系统能检测过程中一些重要信息，并自动调整系统的有关参数，达到改进系统运行状态的目的。

2）引入专家系统指导加工，将熟练工人和专家的经验，加工的一般规律和特殊规律存入系统中，以工艺参数数据库为支撑，建立具有人工智能的专家系统。

3）引入故障诊断专家系统。

4）智能化数字伺服驱动装置，可以通过自动识别负载，而自动调整参数，使驱动系统获得最佳的运行效率。

7.1.2　数控机床的工作原理与应用特点

1. 数控机床的工作原理

数控机床的加工，首先要将被加工零件图上的几何信息和工艺信息数字化，按规定的代码和格式编制加工程序。信息数字化就是把刀具与工件的运动坐标分割成一些最小位移量，数控系统按照程序的要求，进行信息处理、分配，使坐标移动若干个最小位移量，实现刀具与工件的相对运动，完成零件的加工。例如，在如图 7-1a 所示钻削加工中，是使刀具中心在一定的时间内从 P 点移动到 Q 点，即刀具在 X 坐标，Y 坐标移动规定量的最小位移量，合成量即为 P 点和 Q 点之间的距离。也可以两个坐标以相同的速度，使刀具移动到 K 点，然后沿 X 坐标移动到 Q 点。在轮廓加工中如图 7-1b 所示，任意曲线 L，要求刀具 T 沿曲线轨迹运动，进行加工。可以将曲线 L 分割为：l_0、l_1、l_2、$\cdots$、l_i 等线段。用直线（或圆弧）代替（逼近）这些线段，当逼近误差 δ 相当小时，这些折线段之和就接近了曲线。

操作者根据数控工作要求编制数控程序并将数控程序记录在控制介质（如 U 盘、磁带、磁盘等）上。数控程序经数控设备的输入输出接口输入到数控设备中，控制系统按数控程序控制该设备执行机构的各种动作或运动轨迹，达到规定的结果。

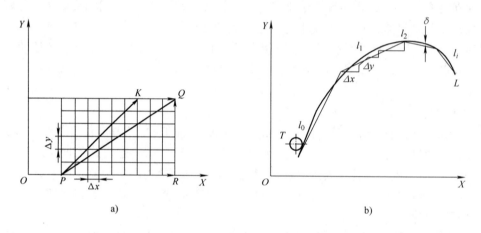

图 7-1　用单位运动来合成任意运动

2. 数控机床的应用特点

（1）生产率高　数控机床可有效地减少零件的加工时间和辅助时间，数控机床的主轴转速和进给量的范围大，允许机床进行大切削量的强力切削，数控机床目前正进入高速加工时代，数控机床移动部件的快速移动和定位及高速切削加工，减少了半成品的工序间周转时间，提高了生产效率。

（2）减轻劳动强度，改善劳动环境　数控机床加工前经调整好后，输入程序并启动，机床就能自动连续地进行加工，直至加工结束。操作者主要进行程序的输入、编辑、装卸零件、刀具准备、加工状态的观测，零件的检验等工作，劳动强度极大降低，机床操作者的劳动趋于智力型工作。另外，机床一般是封闭式加工，既清洁，又安全。

（3）稳定产品质量，精度高　数控机床本身的精度较高，还可以利用软件进行精度校正和补偿，数控加工是按数控程序自动进行的，可以避免人为的误差。因此，数控机床可以获得比普通机床更高的加工精度和重复定位精度。

（4）不需要专用夹具　采用普通的通用夹具就能满足数控加工的要求。

（5）适应性强　在数控机床上更换加工零件时，只需重新编写或更换程序就能实现对新零件的加工。从而对于结构复杂的单件、中小批量生产和新产品试制提供了极大方便。

7.1.3 数控加工过程

利用数控机床完成零件数控加工的过程如图7-2所示，主要内容如下：

1）根据零件加工图样进行工艺分析、确定加工方案、工艺参数和位移数据。

2）用规定的程序代码和格式编写零件加工程序单；或用自动编程软件进行CAD/CAM工作，直接生成零件的加工程序文件。

3）程序的输入或传输，由手工编写的程序可以通过数控机床的操作面板输入程序；由编程软件生成的程序，通过计算机的串行通信接口直接传输到数控机床的数控单元（MCU）。

4）将输入/输出到数控单元的加工程序进行试运行、刀具路径模拟等。

5）通过对机床的正确操作来运行程序，完成零件的加工。

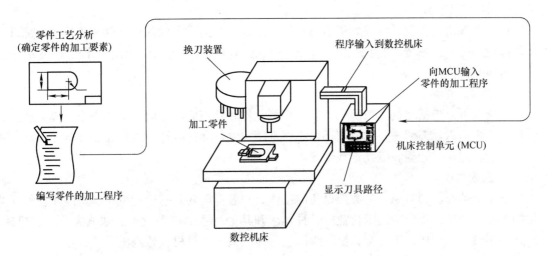

图7-2 数控加工过程

7.2 数控机床的组成与分类

7.2.1 数控机床的组成

数控机床的基本组成框图如图7-3所示。

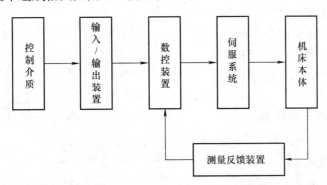

图7-3 数控机床的基本组成框图

1. 控制介质（程序载体）

控制介质是存储数控加工所需要的全部动作和被加工零件的全部几何信息、工艺参数以及机床辅助操作，以信息代码的形式记载着零件的加工程序。

2. 输入/输出装置

输入/输出装置主要用于零件数控程序的编译和存储。它将控制介质上的代码信息转换成相应的电脉冲信号，送入数控装置的内存储器。

3. 数控装置

它是数控设备的核心，它接收输入装置发出的电脉冲信号，根据输入的程序和数据，经过数控装置的系统软件或逻辑电路进行编译、运算和逻辑处理后，输出各种信号和指令，来控制数控机床的执行机构的动作。

4. 伺服系统

伺服系统由伺服驱动电路和伺服驱动装置组成，并与设备的执行部件和机械传动部件组成数控设备的进给系统。它根据数控装置发来的速度和位移指令，控制执行部件的进给速度、方向和位移。

5. 测量反馈装置

该装置可以包括在伺服系统中，它由检测元件和相应的电路组成，其作用是检测速度和位移，并将信息反馈回来，构成闭环控制。常用的测量元件有脉冲编码器、旋转变压器、感应同步器、磁尺、光栅和激光干涉仪等。

6. 机床本体

它是指被控制的对象，是数控设备的主体，一般都需要对它进行位移、角度和各种开关量的控制。受控设备包括机床行业的各种机床和其他行业的许多设备，如电火花加工机床、激光切割机、火焰切割机、弯管机、绘图机、冲剪机、测量机、雕刻机等。

7.2.2 数控机床的分类

1. 按控制运动的方式分类

（1）点位控制数控机床　这类机床的数控装置只控制机床运动部件从一个坐标点到另一个坐标点的定位精度，在移动过程当中不进行切削，对两点间的移动速度和运动轨迹不进行严格控制。

（2）点位直线控制数控机床　这类数控机床在工作时，不仅要求精确地控制两相关点之间的位置，而且要求从一点到另一点之间按直线运动进行切削加工。

（3）轮廓控制数控机床　这类数控机床又称为连续控制或多坐标联动数控机床。机床的数控装置能够同时连续控制两个或两个以上的坐标轴，具有插补功能。

2. 按伺服系统的类型分类

（1）开环控制系统　机床传动控制系统没有位移测量元件，机床工作台的位移不检测，通常由步进电动机驱动，如图7-4所示。

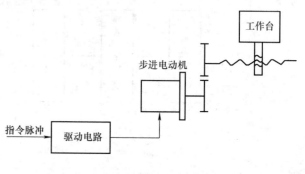

图7-4　开环控制系统

（2）半闭环控制系统　如果测量原件装在机床传动控制系统中间元件上，则构成半闭环控制，如装在传动丝杠端部或电动机轴上，如图7-5所示。

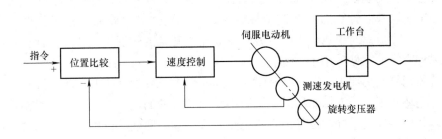

图7-5　半闭环控制系统

（3）闭环控制系统　机床传动控制系统装有测量元件，检测机床工作台的实际位移，并反馈给数控装置，与理论位移值进行比较，及时发出位置补偿命令，使工作台精确到达指令位置。测量元件一般装在传动系统末端元件上，如工作台上，如图7-6所示。机床闭环传动控制系统由伺服电动机驱动。

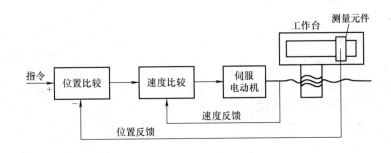

图7-6　闭环控制系统

3. 按工艺用途分类

1）金属切削类数控机床。

2）金属成形类数控机床。

3）特种加工及其他类型数控机床。

4. 按照功能水平分类

（1）高档数控机床　分辨率为0.1μm，进给速度为5～100m/min。

（2）中档数控机床　分辨率为1μm，进给速度为15～24m/min。

（3）低档数控机床　分辨率为10μm，进给速度为8～15m/min。

7.3　数控加工编程

7.3.1　数控加工编程方法

根据被加工零件的图样和技术要求、工艺要求等切削加工的必要信息，按数控系统所规定的指令和格式编制成加工程序文件，这个过程称为零件数控加工程序编制，简称数控编程。

数控编程方法可以分为两类：一类是手工编程，另一类是自动编程。

手工编程是指编制零件数控加工程序的各个步骤，即从零件图样分析、工艺决策、确定加工路线和工艺参数、计算刀位轨迹坐标数据、编写零件的数控加工程序单直至程序的检验，均由人工来完成。对于点位加工或几何形状不太复杂的轮廓加工，几何计算较简单，程序段少，编程容易的零件采用手工编程比较经济、快捷。

自动编程则是利用如：NX、MasterCAM、SolidCAM 等通用 CAM 软件对目标零件创建相应的刀具、毛坯及工序，根据相应的工艺路线编写出零件的加工刀路，然后根据软件生成的刀位文件，利用事先配置好的后处理器进行后处理操作，即能生成机床所需的数控代码，而将刀位文件转化成数控代码的过程即为自动编程。

7.3.2 数控机床坐标系

为了方便编程，不考虑数控机床具体的运动形式，一律假定刀具相对静止的工件运动，编程时只需根据零件图样编程。标准中规定机床坐标系采用右手直角笛卡儿坐标系，基本坐标轴为 X、Y、Z 直角坐标系，相应每个坐标轴的旋转坐标分别为 A、B、C，如图 7-7 所示。

1. 机床坐标系和机床原点

机床坐标系是机床上的一个固定的坐标系，其位置是由机床制造厂商确定的，一般不允许用户改变。机床坐标系的零点称为机床原点，机床原点通常设在机床主轴端面中心点或主轴中心线与工作台的交点上。机床坐标系是用来确定工件位置和机床运动部件位置的基本坐标系。

2. 工件坐标系和编程原点

工件坐标系是用于定义刀具相对工件运动关系的坐标系，又称编程坐标系。工件坐标系的零点称为程序零点或工件原点。

3. 机床参考点

机床参考点一般设置在机床各轴靠

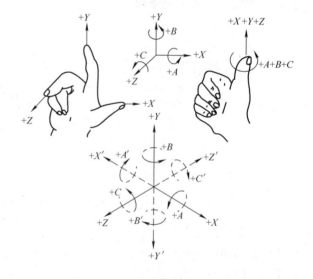

图 7-7　右手直角笛卡儿坐标系

近正向极限的位置，通过行程开关粗定位，由零位点脉冲精确定位。数控机床接通电源后，一般需要做回参考点（回零）操作，使刀具或工作台回到机床参考点。当返回参考点操作完成后，显示器显示的坐标值即为机床参考点在机床坐标系中的坐标值，表明机床坐标系已经建立。

图 7-8 为卧式数控车床坐标系，图 7-9 为立式数控铣床坐标系。

7.3.3 程序编制的内容和步骤

程序编制是数控加工的一项重要工作，理想的加工程序不仅应该保证加工出符合图样要求的合格工件，同时应该能使数控机床的功能得到合理的应用与充分的发挥，以使数控机床安全可靠及高效地工作，如图 7-10 所示，其具体步骤与要求如下：

1. 分析零件图样

首先要分析零件图样，根据零件的材料、形状、尺寸、精度、毛坯形状和热处理要求等确定加工方案，选择合适的数控机床

2. 工艺处理

工艺处理需要考虑和涉及的问题很多，首先要先确定加工方案，要按照能充分发挥数控机床功能的原则，使用合适的数控机床，确定合理的加工方法。

3. 数学处理（数值计算）

一般的数控系统都具有直线插补和圆弧插补功能及刀具补偿功能。这里有两个非常重要的基本概念需

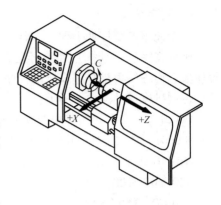

图 7-8　卧式数控车床坐标系

要明确，一个是基点、一个是节点。对于加工由直线和圆弧组成的较简单的平面零件，需要计算出零件轮廓的相邻几何元素的交点或切点的坐标值，这个点称之为基点。对于比较复杂的零件或零件的几何形状与数控系统的插补功能不一致时，就需要进行复杂的数值计算。例如非圆曲线，需要用直线段或圆弧段来逼近，在满足精度的条件下，计算出相邻逼近直线或圆弧的交点或切点的坐标值，这个点称之为节点。对于自由曲线、自由曲面和组合曲面的程序编制，数学处理更为复杂，一般需要计算机辅助计算。

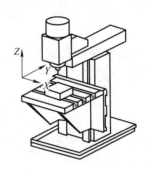

图 7-9　立式数控铣床坐标系

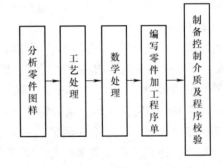

图 7-10　程序编制的内容和步骤

4. 编写零件加工程序单

在完成工艺处理和数值计算工作以后，就可以编写零件加工程序单了，编程人员根据所使用的数控系统指令、程序段格式，逐段编写件加工程序。

5. 制备控制介质及程序校验

完成程序编制工作以后，接下来要制作控制介质。控制介质有磁带、软磁盘、硬磁盘及U盘等。

按照编写好的程序，制备完成控制介质，还需要经过检测后才可以用于正式加工。一般采用空走刀检测、空运转画图检测、在CRT显示屏上模拟加工过程的轨迹和图形显示检测，以及采用铝件、塑料或石蜡等易切材料进行试切方法检验程序。通过检验和试切不仅可以确认程序是否正确，还可以知道加工精度是否符合要求。如果发现问题，可及时采取补偿措施或修改程序。

7.3.4 程序结构

一个完整的零件加工程序由若干程序段组成，每个程序段又由若干个代码组成，每个代码字则由文字（地址符）和数字组成。字母、数字和符号通称为字符。程序主要由程序号、程序段、程序结束指令组成。以程序号开始，以 M02 或 M30 程序结束指令结束，中间的程序段控制机床运动。如下所示：

O0001　　　　　　　　其中 O 为程序名

%0001　　　　　　　　其中 % 为程序起始符号

N10 T0101 ;

N20 M03 S700 ;

N30 G00 X50 Z50 ;

N40 G94 X – 1.0 Z0.0 F0.3 ;

N50 G00 X100 ;

N60 Z100 ;

N70 M30 ;　　　　　　M02 或 M30 为程序结束符号

1. 程序号

程序号是程序的标识，以区别其他程序。程序号由字符及 1~9999 范围内的任意整数组成，不同的数控系统的程序号字符是不同的。如华中数控系统用英文字母"N"、FANUC 系统用英文字母"O"等。编程时应按照数控机床说明书的规定书写，否则数控系统报错。

2. 程序段格式

数控机床程序由若干个"程序段"组成，每个程序段由按照一定顺序和规定排列的"字"组成。字是由表示地址的英文字母、特殊文字和数字集合而成。字表示某一功能的一组代码符号。如 X1000 为一个字，表示 *X* 向尺寸为 1000mm；F150 为一个字，表示进给速度为 150（具体值由规定的代码方法决定）。由这个例子可以看出，每一个程序段由顺序号字、准备功能字、尺寸字、进给功能字、主轴功能字、刀具功能字、辅助功能字和程序段结束符组成。此外，还有插补参数字。每个字都由字母开头，称为"地址"。

3. 数控编程常用的功能字

一般程序段由下列功能字组成：

N__ 　G__ 　X__Y__Z__ 　F__ 　S__ 　T__ 　M__ 　; /

程序号 准备功能 准备值 　　进给速度 主轴速度 刀具 辅助功能 程序段结束符号

（1）准备功能　准备功能字 G 代码，用来规定刀具和工件的相对运动轨迹、机床坐标系、坐标平面、刀具补偿、坐标偏置等多种加工操作。表 7-1 为华中世纪星数控系统常用的准备功能指令。

（2）坐标功能字　坐标功能字（又称尺寸字）用来设定机床各坐标的位移量。它一般使用 X、Y、Z、U、V、W、P、Q、R、A、B、C、D、E 等地址符为首，在地址符后紧跟"+"（正）或"–"（负）及一串数字，该数字一般以系统脉冲当量（数控装置每发出一个脉冲信号，机床工作台的移动量）为单位。

（3）进给功能字　指定进给速度，由地址符 F 和其后面的数字组成，其单位一般为 mm/min。

（4）主轴功能字　该功能字用来指定主轴速度，单位为 r/min，它以地址符"S"为首，后跟一串数字。

（5）刀具功能字 当系统具有换刀功能时，刀具功能字用以选择替换的刀具。它以地址符"T"为首，其后一般跟两位数字，代表刀具的编号。

以上 F 功能、T 功能、S 功能均为模态代码。

（6）辅助功能字 M M 代码用来指令数控机床辅助装置的接通和断开。常用的 M 代码见表 7-2。

表 7-1 常用准备功能 G 指令

代　码	意　义	代　码	意　义
G00	快速进给、定位	G21	米制输入
G01	直线插补	G40	刀具补偿取消
G02	圆弧插补（顺时针）	G41	左刀补
G03	圆弧插补（逆时针）	G42	右刀补
G04	暂停	G43	刀具长度补偿
G17	选择 XY 平面	G49	撤销刀具长度补偿
G18	选择 YZ 平面	G54 ~ G59	坐标系选择
G19	选择 ZX 平面	G90	绝对编程
G20	英制输入	G91	相对编程

表 7-2 M 代码及功能

代　码	功能说明	代　码	功能说明
M00	程序暂停	M03	主轴正转
M02	程序结束	M04	主轴反转
M30	程序结束 并返回程序开始	M05	主轴停止
		M07	切削液开
M98	调用子程序	M08	切削液开
M99	子程序结束	M09	切削液关

1）程序暂停 M00。当执行到 M00 指令时，将暂停执行当前程序，以方便操作者进行刀具和工件的尺寸测量、工件调头、手动变速等操作。

2）程序结束 M02。M02 一般放在主程序的最后一个程序段中。当执行到 M02 指令时，机床的主轴、进给、切削液全部停止，加工结束。

3）程序结束并返回到零件程序头 M30。M30 和 M02 功能基本相同，只是 M30 指令还兼有控制返回到零件程序头（%）的作用。

4）主轴控制 M03、M04、M05。M03 启动主轴以程序中编制的主轴速度顺时针方向（从 Z 轴正向朝 Z 轴负向看）旋转。M04 启动主轴以程序中编制的主轴速度逆时针方向旋转。M05 使主轴停止旋转。

5）切削液打开、停止指令 M07、M08、M09。M07、M08 指令将打开切削液管道。M09 指令将关闭切削液管道。

7.4 数控车床

数控技术发展至今，不仅在宇航、造船、军工等领域广泛使用，而且也进入了汽车、机床、模具等机械制造行业。在机械行业中，单件、小批量的零件所占的比例越来越大，而且零件的精度和质量也在不断地提高。所以，普通机床越来越难以满足加工精密零件的需要。由于计算机技术的迅速发展，计算机软件的不断更新，使数控机床在机械行业中的使用已很普遍，其中数控车床是数控加工中应用最多的加工设备之一。

数控车床，即用计算机数字控制的车床。主要用于对各种形状不同的轴类或盘类回转表面进行车削加工。在数控车床上可以进行钻中心孔、车内外圆柱面、车圆锥面、车端面、钻孔、镗孔、铰孔、切槽、车螺纹、滚花、车成形面、攻螺纹以及高精度的曲面及端面螺纹等的加工。

7.4.1 数控车床概述

1. 数控车床的类型

数控车床品种繁多，按数控系统的功能和机械构成可分为简易数控车床（经济型数控车床）、多功能数控车床和车削中心。

（1）简易数控车床　简易数控车床是低档次数控车床，一般是用单片机进行控制，机械部分是在普通车床的基础上改进设计的。

（2）经济型数控车床　经济型数控车床是中档数控车床，一般采用步进电动机驱动的开环伺服系统。此类车床结构简单，价格低廉，缺点是没有刀尖圆弧半径自动补偿和恒线速切削功能。

（3）多功能数控车床　多功能数控车床也称全功能数控车床，一般采用闭环或半闭环控制系统，可以进行多个坐标轴的控制，具备数控车床的各种结构特点。

（4）车削中心　车削中心是在全功能数控车床基础上发展而来的，它的主体是全功能数控车床，并配置刀库、换刀装置、分度装置、铣削动力头和机械手等。可实现多工序的车、铣复合加工，从而缩短了加工周期，提高了机床的生产效率和加工精度。

2. 数控车床的特点

数控车床与普通车床相比有以下特点：

1）能完成复杂型面轴类、套类、盘类的零件加工。

2）可以提高零件的加工精度，稳定产品质量。由于数控机床是按照预定的程序自动加工，加工过程不需要人工干预，而且加工精度还可以利用软件来进行校正和修补，因此可以获得比机床本身精度还要高的加工精度及重复精度。

3）可以提高生产率。一般一台数控车床比一台普通车床可提高效率2～3倍。

4）大大减轻了工人的劳动强度，特别是在加工螺纹时。

3. 典型数控车床简介

（1）型号及其含义　CAK6136数控车床型号含义如下：

C：车床类；A：结构特征代号；K：数控；6：组别代号，落地及卧式车床组；1：系别代号，卧式车床系；36：床身上工件所能回转的最大直径的1/10（单位为 mm）。

（2）数控车床的构成和主要部件　CAK6136的外形图如图7-11所示，主要床身、主轴箱、刀架、液压系统、冷却、润滑系统等部分组成。采用华中世纪星 HNC-21M 系统，主轴电动机采用伺服电动机，配置四工位电动刀架、液压卡盘、液压尾座等。

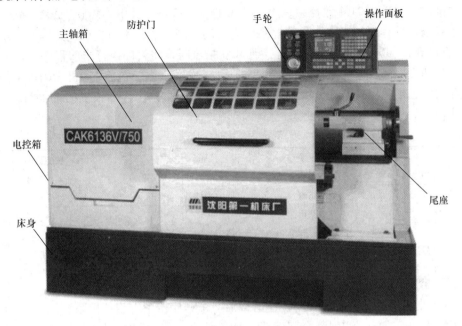

图 7-11　CAK6136 数控车床

1）床身：床身为卧式平床身，整体布局合理，采用 HT300 高强度铸件，刚性大，不易变形。底座为整个机床的支撑基础，要求稳定并兼有吸收振动的功能，一般为铸铁件。

2）主轴箱：主轴采用单主轴结构，转速高。通过强力窄 V 带带动主轴旋转。

3）刀架：固定在床鞍上。为电动四工位刀架，用于安装刀具，能通过自动转位实现换刀的功能。

4）液压系统：用于控制液压卡盘。特殊要求可带有手动换向阀，实现液压卡盘的正、反转。

5）液压卡盘：可根据用户需求配置液压卡盘，以提高机床的自动控制程度。

6）操作面板：安装有显示器、操作按钮等。完成数据输入、输出和机床控制等。

4. 数控车床编程基础

（1）直径编程和半径编程　所谓直径编程和半径编程就是编程中的 X 值（或变量）是按直径值编程还是半径值编程。数控车床加工的零件通常为轴类零件，轴类零件的标注、测量一般都按直径来处理，用直径编程可使程序简化，不易出错，故通常的编程都按直径编程方式。

（2）编程单位　工程图样中的尺寸标注有米制和英制两种形式。数控系统可根据所设定的形态，利用代码把所有的几何值转换为米制尺寸或英制尺寸（刀具补偿值和可设定零点偏置值也作为几何尺寸），同样进给速度的单位也分别为 mm/min（in/min）或 mm/r（in/r）。该指令为续效指令，系统上电后，机床处在米制状态。

5. 数控车床的指令

辅助功能由地址字 M 和其后的一或两位数字组成，主要用于控制零件程序的走向，以及机床各种辅助功能的开关动作。

M 功能有非模态 M 功能和模态 M 功能两种形式。

① 非模态 M 功能（当段有效代码）：只在有该代码的程序段中有效。

② 模态 M 功能（续效代码）：一组可相互注销的 M 功能，这些功能在被同一组的另一

个功能注销前一直有效。

华中世纪星 HNC –21M 数控系统 M 指令功能见表 7-3。其中：M00、M02、M30、M98、M99 用于控制零件程序的走向，是数控系统内定的辅助功能，不由机床制造商设计决定。

1）程序暂停 M00。当数控系统执行到 M00 指令时，将暂停执行当前程序，以方便操作者进行刀具和工件的尺寸测量、工件调头、手动变速等操作。暂停时，机床的进给停止，而全部现存的模态信息保持不变，欲继续执行后续程序，重按操作面板上的"循环启动"键。M00 为非模态后作用 M 功能。

表 7-3　M 指令功能

代码	模态	功能说明	代码	模态	功能说明
M00	非模态	程序停止	M03	模态	主轴正转起动
M02	非模态	程序结束	M04	模态	主轴反转起动
M30	非模态	程序结束 并返回程序起点	M05	模态	主轴停止转动
			M07	模态	切削液打开
M98	非模态	调用子程序	M08	模态	切削液打开
M99	非模态	子程序结束	M09	模态	切削液停止

2）程序结束。M02 一般放在主程序的最后一个程序段中。当数控系统执行到 M02 指令时，机床的主轴、进给、切削液全部停止，加工结束。使用 M02 的程序结束后，若要重新执行该程序，就得重新调用该程序，或在自动加工子菜单下按子菜单 F4 键，然后再按操作面板上的"循环启动"键。

3）程序结束并返回到零件程序头 M30。M30 和 M02 功能基本相同，只是 M30 指令还兼有控制返回到零件程序头（%）的作用。使用 M30 的程序结束后，若要重新执行该程序，只需再次按操作面板上的"循环启动"键。

4）子程序调用 M98 及从子程序返回 M99。M98 用来调用子程序。

M99 表示子程序结束，执行 M99 使控制返回到主程序。

子程序的格式

%＊＊＊＊

……

M99

在子程序开头，必须规定子程序号，以作为调用入口地址。在子程序的结尾用 M99，以控制执行完该子程序后返回主程序。

调用子程序的格式：

M98 P_ L_

P：被调用的子程序号

L：重复调用次数

> 注：可以带参数调用子程序。

7.4.2　数控车床操作

1. 数控系统的标准面板

机床控制面板用于直接控制机床的动作或加工过程，如图 7-12 所示。

标准机床控制面板的大部分按键（除"急停"按钮外）位于操作台的下部。"急停"按钮位于操作台的右上角。

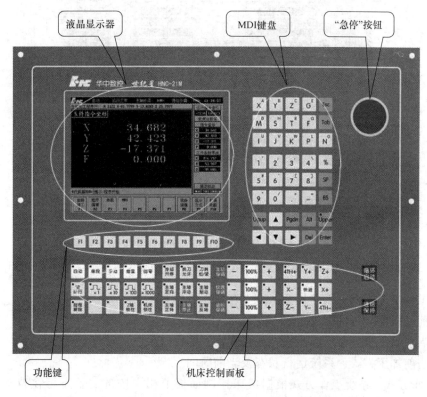

图 7-12　华中世纪星车床数控装置操作台

2. MPG 手持单元

MPG 手持单元由手摇脉冲发生器坐标轴选择开关组成，用于手摇方式增量进给坐标轴。MPG 手持单元的结构如图 7-13 所示。

3. 软件操作界面

HNC–21T 的软件操作界面如图 7-14 所示，其界面由如下几个部分组成：

（1）图形显示窗口　可以根据需要用功能键 F9 设置窗口的显示。

（2）菜单命令条　通过菜单命令条中的功能键 F1 ～ F10 来完成系统功能的操作。

（3）运行程序索引　自动加工中的程序名和当前程序段行号。

（4）选定坐标系下的坐标值　坐标系可在机床坐标系/工件坐标系/相对坐标系之间切换；显示值可在指令位置/实际位置/剩余进给/跟踪误差/负载电流/补偿值

图 7-13　MPG 手持单元结构

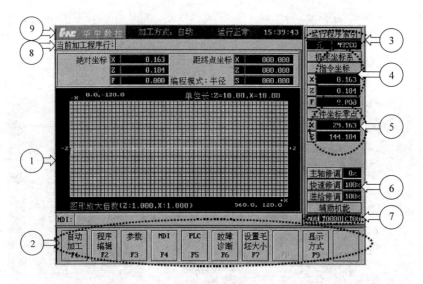

图 7-14 HNC - 21T 的软件操作界面

之间切换。

（5）工件坐标零点 工件坐标系零点在机床坐标系下的坐标。

（6）辅助机能 自动加工中的 M、S、T 代码。

（7）当前加工程序行 当前正在或将要加工的程序段。

（8）当前加工方式、系统运行状态及当前时间

1）工作方式：系统工作方式根据机床控制面板上相应按键的状态可在自动（运行）、单段（运行）、手动（运行）、增量（运行）、回零、急停、复位等之间切换。

2）运行状态：系统工作状态在"运行正常"和"出错"间切换。

（9）机床坐标、剩余进给

1）机床坐标：刀具当前位置在机床坐标系下的坐标。

2）剩余进给：当前程序段的终点与实际位置之差。

（10）直径/半径编程、米制/英制编程、每分进给/每转进给、快速修调、进给修调、主轴修调

操作界面中最重要的是菜单命令条系统功能键，主要通过菜单命令条中的功能键 F1 ~ F10 来完成。由于每个功能包括不同的操作，菜单采用层次结构，即在主菜单下选择一个菜单项后，数控装置会显示该功能下的子菜单，用户可根据该子菜单的内容选择所需的操作，如图 7-15 所示。

当要返回主菜单时按子菜单下的"F10"键即可。

4. 回参考点操作

在程序运行前，必须先对机床进行参考点返回操作，以建立机床坐标系。方法如下：

1）选择机床上面的回零按钮。

2）按机床上面的" + X"或" - X"按钮，X 轴回到参考点后，" + X"或" - X"按钮内的指示灯亮。

3）X 轴回零后，按" + Z"或" - Z"使 Z 轴回参考点，所有轴回参考点后，即建立了

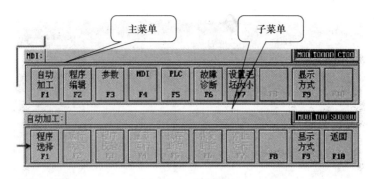

图 7-15　菜单层次

机床坐标系。

机床手动操作主要由手持单元和机床控制面板共同完成，机床控制面板如图 7-16 所示。

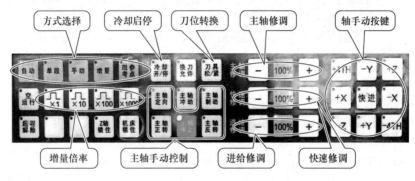

图 7-16　机床控制面板

5. 手动数据输入（MDI）运行（F4 – F6）

在系统主菜单下按"F4"键进入 MDI 功能子菜单，命令行与菜单条的显示如图 7-17 所示。

图 7-17　MDI 功能子菜单

在 MDI 功能子菜单下按"F6"键进入 MDI 运行方式命令行的底色变成了白色，并且有光标在闪烁，如图 7-18 所示，这时可以从数控键盘输入并执行一个 G 代码指令，即 MDI 运行。

6. 自动运行

1）先将机床归零。

2）在系统主菜单下按"F1"键进入自动加工子菜单，再按"F1"选择要运行的程序。

3）按"循环起动"键（指示灯亮），自动加工开始。

7. 中断运行

在程序运行的过程中，可根据需要暂停、停止、急停和重新运行。

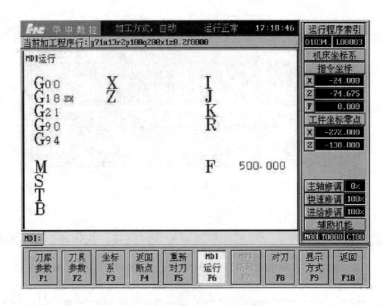

图 7-18　MDI 运行

1）数控程序在运行时，按"F6"键，按"N"键则暂停程序运行，并保留当前运行程序的模态信息。

按"Y"键则停止程序运行，并卸载当前运行程序的模态信息。

2）数控程序在运行时，按"F7"键，按"N"键则取消重新运行。

按"Y"键则光标返回程序头，再按机床控制面板上的"循环起动"键，从程序头首行开始重新运行当前加工程序。

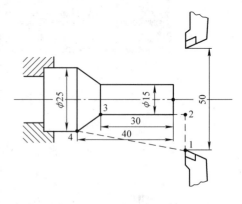

图 7-19　G90/G91 编程

7.4.3　数控车削加工示例

如图 7-19 所示，使用 G90/G91 编程：要求刀具由原点按顺序移动到 1、2、3、4 点，然后回 1 点。三种编程方式见表 7-4。

表 7-4　三种编程方式

绝对编程	相对编程	混合编程
%1105	%1105	%1105
N01 T0101	N01 T0101	N01 T0101
N02 M03 S460	N02 M03 S460	N02 M03 S460
N03 G00 X50 Z2	N03 G91 M03 S460	N03 G00 X50 Z2
N04 G01 X15（Z2）	N04 G01 X35	N04 G01 X15
N05 X15 Z－30	N05 X0 Z－32	N05 Z－30
N06 X25 Z－40	N06 X10 Z－10	N06 U10 Z－40
N07 X50 Z2	N07 X25 Z42	N07 X50 W42
N08 M30	N08 M30	N08 M30

7.5 数控铣床

7.5.1 数控铣床概述

数控铣床是出现和使用最早的数控机床，在各种数控机床中，数控铣床和加工中心所占的比重最大，应用也最广泛，在航天航空、军工、汽车制造、模具制造以及一般机械加工中得到广泛的应用。数控铣床是机械加工中最常用和最重要的加工方法之一。可以对工件进行钻、扩、铰、锪和镗削加工与攻螺纹等。但它主要还是被用来对工件进行铣削加工，适用于加工各种材料如黑色金属、有色金属及非金属的多品种小批量平面轮廓零件、空间曲面零件、孔加工及螺纹加工等。

1. 数控铣床的类型

数控铣床可分为数控立式铣床、数控卧式铣床和数控龙门铣床等。

（1）数控立式铣床 数控立式铣床的主轴与机床工作台面垂直，工件可方便地安装在机床的工作台上，加工时便于观察，但不便于排屑。

（2）数控卧式铣床 数控卧式铣床的主轴与机床的工作台面平行，加工时不便观察，但排屑畅通。一般配有数控回转工作台，便于加工零件的不同侧面。

（3）数控龙门铣床 对于大多数的数控铣床，一般采用对称的双立柱结构保证机床的整体刚性和强度。数控龙门铣床有工作台移动式和龙门架式两种形式。

2. 数控铣床的主要加工对象

数控铣床是机械加工中最常用和最重要的加工方法之一。通过手动换刀，数控铣床可以对工件进行钻、扩、铰、锪和镗削加工与攻螺纹等。但它主要还是被用来对工件进行铣削加工，适用于加工各种材料如黑色金属、有色金属及非金属的多品种小批量平面轮廓零件、空间曲面零件、孔加工及螺纹加工等。

（1）平面轮廓零件 加工面平行、垂直于水平面或其加工面与水平面的夹角为定角的零件称为平面类零件，这类零件的加工面是平面或可以展开为平面，如各种复杂曲线的凸轮、样板、弧形槽、各种盖板及飞机整体结构中的框、肋等。

（2）曲面类（立体类）零件 加工面为空间曲面的零件称为立体曲面类零件，这类零件的加工面为不能展开为平面的空间曲面，在各类模具中比较常见。一般使用球头立铣刀切削，加工面与铣刀始终为点接触，如若采用其他刀具加工，易产生干涉而铣伤邻近表面。

3. 典型数控铣床

（1）型号及其含义 XK6325B 数控铣床型号含义如下：

XK：数控铣床；6：组别代号，卧式组；3：万能摇臂系列；25：工作台宽度的 1/10（单位为 mm）；B：经过两次重大改进。

（2）数控铣床的构成 XK6325B 数控摇臂铣床，配用武汉华中数控有限公司生产的 HNC-21M 型数控系统，对主轴套筒和工作台纵横向移动进行数字控制。可按照加工零件的加工尺寸和工艺要求，先编制加工程序，通过键盘输入控制器，经驱动器放大功率后，分别驱动 X、Y、Z 三轴的伺服电动机，实现铣床的三轴联动功能，完成各种复杂形状的加工。本机床适用于多品种小批量生产的零件，对各种复杂曲线的凸轮、样板、弧形槽等零件的加工效能尤为显著。机床的定位精度和重复定位精度较高，不需要模具就能确保零件的加工精度。空行程可采用快速，减少辅助时间，提高劳动生产率。

（3）机床的结构特点　图 7-20 所示机床共分为六个主要部分：床身部分，铣头、变速箱部分，工作台部分、横进给部分，升降台部分，冷却、润滑及电气部分。铣头装于摇臂上，能在垂直面内作纵、横两个方向的回转。纵向可向左右各回转 90°，横向可向前向后各回转 45°，摇臂能前、后移动并在水平面内作 360°回转，因而加工零件尺寸允许大于工作台面。

图 7-20　数控铣床外形图

4. XK6325B 数控摇臂铣床实训操作流程

（1）开机操作

1）机床上电（使蓝色电器箱上旋钮在"ON"的位置）。

2）数控系统上电（按下操作面板侧面绿色按钮），等待界面稳定，最上方蓝色行显示"急停"及"运行正常"状态。

3）伺服系统上电　旋开操作面板右上方黄色急停按钮，按下操作面板左下方"超程解除"键），此时"急停"转换为"复位"状态，复位状态下不能进行任何操作，直到显示"手动"状态为止。

（2）坐标轴移动

1）手动操作。按下屏幕下方"手动"键，使最上方蓝色行显示"手动"加工方式，分别按压右下方面板"－X""＋X""－Y""＋Y""－Z""＋Z"键，各坐标轴分别向其正向或向连续移动，如果同时按压 XY 坐标轴键，可实现两轴联动，Z 轴必须小心并单独操作，若同时按坐标轴键及中间"快进"键，则可实现坐标轴快速进给。

> 注意：开机后，默认进给及快速修调均为 10% 状态，进给速度很慢，如果按下控制面板的三个 100% 键则使移动速度变为正常，也可根据需要按其侧面"＋""－"键，每按一次增加或减少修调倍率的 10%。

2）步进手轮操作。按下屏幕下方"增量"键，当手持单元的坐标轴选择开关置于"OFF"时，最上方蓝色行显示"步进"加工方式。以 X 轴为例，按下"＋X"或"－X"键，只向正向或负向移动一个增量值，增量值倍率选择位于"增量"键下方，有"×1""×10""×100""×1000"键四种方式。

> 注意：各坐标轴正方向安全行程均只到 +5，负向安全行程为 X 轴 −670，Y 轴 −260，Z 轴 −75。操作时请在安全行程范围内操作，如遇超程情况须反向操作解除超程。

（3）回参考点操作（建立机床坐标系）

1）按 F9"显示切换"键，切换到四坐标界面，看左下角的机床实际坐标值是否都为负值，不为负值调为负值，安全状态是 Z 轴 −5 左右，X 轴和 Y 轴 −10 左右。

2）按"回参考点"键，使最上方蓝色行显示"回零"加工方式。顺序是先按"＋Z"，再按"＋X"或"＋Y"。

开机回零后，"回参考点"键将不被使用，因为在此方式下不能进行任何其他操作。

3）在"手动"或"手摇"加工方式下，把工作台移动到目测中心位置，防止工作台重心偏移。

（4）关机操作

1）伺服系统断电。按下"急停"按钮。

2）数控系统断电。按下操作面板侧面红色按钮。

3）机床断电。使电器箱上旋钮在"OFF"的位置。

4）在关机时，使工作台必须在目测中心位置，显示屏在任意状态下均可关机。

（5）编辑程序

在系统主菜单下，按 F1"程序"键，进入其功能子菜单。

1）选择程序。按 F1"选择程序"键，可用"↑""↓"键选择所需程序，按"Enter"键进入选择程序状态。

2）新建程序。按 F2"编辑程序"键，再按 F3"新建程序"键，系统提示输入新建文件名，输入文件名后，按"Enter"键进入编辑程序界面。即可输入程序名及已编辑好的程序，完成后按 F4"保存程序"键，"PgUp"键、"PgDown"键为上下翻页键，"Backspace"键为删除前一字符。

> 注意：文件名开头必须为字母 O，后可加多位数字及字母，例如：Ojx080301。程序名开头必须为%，后加小于或等于 4 位数字，但数字不能全为 0，例如：%0112。

（6）程序校验

1）在手动加工方式下，按"机床锁住"键，使机床处于安全状态。

2）使加工方式在"自动"或"单段"状态。

3）按 F9"显示切换"键使界面处在图形界面状态。

4）选择原有程序或编辑一个新程序。

5）按 F5"程序校验"键。

6）按面板最右侧绿色"循环启动"键。

> 注意：校验后，可根据图形或下方提示行所给信息，在编辑程序下修改程序，若想修改红色行，按 F6"停止运行"键，再回到编辑界面即可进行修改。"重新运行"键，是再一次加工，并非重新校验。

7.5.2　数控铣削加工示例

编制图 7-21 所示零件的程序，材料为铝合金，加工深度为 2mm，刀具直径为 φ6mm。

```
O1234
%1234
G54 G00 X0 Y0 Z20
M03 F100 S800
G00    X-35    Y-20
G01    Z-1
G01    X-35    Y15
G02    X-15    Y35    R20
G01    X20    Y35
```

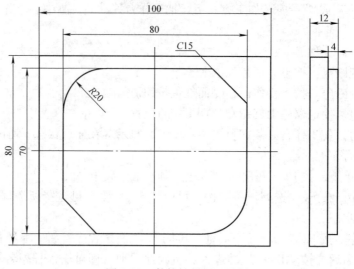

图 7-21 数控铣削加工示例

G01　X35　Y20
G01　X35　Y－15
G02　X15　Y－35　R20
G01　X－20　Y－35
G01　X－35　Y－20
G00　Z20
M05
M30

7.6 加工中心

一、加工中心概述

一般把带刀库和自动换刀装置的数控镗铣床称为加工中心。

加工中心是目前世界上产量最高、应用最广泛的数控机床之一。它的综合加工能力较强，工件一次装夹后能完成较多的加工内容，加工精度较高，就中等加工难度的批量工件，其效率是普通设备的 5～10 倍，特别是它能完成许多普通设备不能完成的加工，对形状较复杂，精度要求较高的单件加工或中小批量多品种生产更为适用。

二、加工中心的分类与结构特点

1. 按机床形态分类

（1）立式加工中心　其主轴中心线为垂直状态设置，有固定立柱式和移动立柱式等结构形态，多采用固定式立柱式结构。它适合加工高度方向相对较小板类、盘类、模具及小型壳体类复杂零件。

（2）卧式加工中心　其主轴中心线为水平状态设置，卧式加工中心适合加工箱体类零件，多采用移动式立柱结构，通常都带有可进行回转运动的正方形分度工作台，一般具有 3～5 个运动坐标，常见的是三个直线运动坐标加一个回转坐标（回转工作台），它能够使工件在一次装夹后完成除安装面和顶面以外的其余四个面的加工。

（3）龙门加工中心　其形状与龙门铣床相似，主轴多为垂直放置，除自动换刀装置以外，还带有可更换的主轴头附件，数控装置的软件功能也比较齐全，能够一机多用，尤其适用于大型或形状复杂的工件，如汽车模具、飞机的梁、框、壁板等整体结构件。

2. 按运动坐标数和同时控制的坐标数分类

加工中心可分为三轴两联动、三轴三联动、四轴三联动、五轴四联动、六轴五联动等。

3. 按工作台数量和功能分类

加工中心可分为单工作台加工中心、双工作台加工中心和多工作台加工中心。

三、加工中心的主要功能

加工中心是一种功能比较齐全的数控机床，具有多种工艺手段，加工中心的刀库存放着不同数量的各种刀具或检具，在加工过程中由程序控制自动选用和更换。这是它与数控机铣床、数控镗床的主要区别。

加工中心与同类数控机床相比，结构简单，控制系统功能较多，加工中心最少有三个运动坐标，多的达十几个；其控制功能最少可实现三轴联动控制、多的可实现五轴联动、六轴联动，可使刀具进行更复杂的运动；具有直线插补、圆弧插补功能，有些还具有螺旋线插补和 NURBS 曲线插补功能。

加工中心还具有不同的辅助功能，如加工固定循环、中心冷却、自动对刀、刀具破损检测报警、刀具寿命管理、过载和超行程自动保护、丝杠螺距误差补偿、丝杠间隙补偿、故障自动诊断、工件与加工图形显示、人机对话、工件在线检测和加工自动补偿、离线编程等，这对于提高机床的加工效率，保证产品的加工精度和质量都是普通加工设备无法相比的。

四、加工中心的主要加工对象

加工中心适用于复杂、工序多、精度要求较高、需用多种类型普通机床和繁多刀具、工装，经过多次装夹和调试才能完成加工的零件。其主要加工对象有以下四种：

1. 箱体类零件

箱体类零件一般是指具有多个孔系，内部有型腔或空腔，在长、宽、高方向有一定比例的零件。这类零件在机床、汽车、飞机等行业较多，如汽车的发动机缸体、变速箱体、机床的主轴箱和主轴箱、柴油机缸体、齿轮泵壳体等。

2. 复杂曲面

同数控铣床一样，加工中心也适合加工复杂曲面，如飞机、汽车零件型面、叶轮、螺旋桨、各种曲面成型模具等。

就加工的可能性而言，在不出现加工过切或加工盲区时，复杂曲面一般可以采用球头立铣刀进行三坐标联动加工，加工精度高，但效率较低。如果工件存在加工过切或加工盲区，如整体叶轮等，就必须考虑采用四轴或五轴联动机床。

3. 异形件

异形件是外形不规则的零件，大多数需要进行点、线、面多工位混合加工，如支架、基座、样板、靠模等。异形件的刚性一般较差，夹压及切屑变形难以控制，加工精度也难以保证。这时可充分发挥加工中心工序集中的特点，采用合理的工艺措施，一次或两次装夹，完成多道工序或全部的加工内容。

经验表明，加工异形件时，形状越复杂，精度要求越高，使用加工中心就越能显示其优势。

4. 盘、套、板类零件

带有键槽或径向孔，或端面有分布孔系以及有曲面的盘套或轴类零件，如带法兰的轴套、带有键槽或方头的轴类零件等；具有较多孔加工的板类零件，如各种电动机盖等。

五、XH716E 立式加工中心

（1）功能特点 图 7-22 所示机床是一台中型立式加工中心，工件在一次装夹后可连续完成铣、钻、镗、铰等多种工序的加工，该机床适用于板件、盘类件、箱壳体、模具等复杂零件的加工。

图 7-22 XH716E 加工中心

（2）机床的主要规格和精度

1）工作台。

工作台面积（宽×长）：650×1400mm

工作台纵向行程（X 轴）：1200mm

工作台横向行程（Y 轴）：630mm

主轴箱上下行程（Z 轴）：700mm

T 形槽数及宽度：4×22mm

工作台允许最大承重：1500kg

2）主轴。

主轴转速范围：50—6000r/min

主轴孔锥度：ISONo. 50（BT50）

主轴驱动电动机：11/15kW

主轴端面至工作台面高度：150~850mm

3）进给速度。

铣削进给速度范围（X 轴 \ Y 轴 \ Z 轴）：1~6m/min

快速移动速度：

X 轴、Y 轴、Z 轴：20m/min

4）精度。

分辨率：0.001mm

定位精度

  X 轴：0.02mm

  Y 轴、Z 轴：0.016mm

重复定位精度

  X 轴：0.012mm

  Y 轴、Z 轴：0.010mm

5）其他。

刀具形式：MAS403（日本 BT50 标准）

最大刀具重量：15kg

滚珠丝杠尺寸：ϕ40mm × 10mm

气源：500 ~ 1000（300L/min）

数控系统：SIEMENS802D

同时控制轴数：3

刀库形式：圆盘式 24 把

换刀方式：机械手换刀

总之，加工中心是从一个侧面判断企业技术能力和工艺水平高低的标志。加工中心适用于零件形状比较复杂、精度要求较高、产品更换频繁的中小批量生产。

7.7　数控机床加工操作

1. 接通电源、机床回零

接通机床电源后，机床各轴进行回零操作，带有绝对位置测量传感器的机床不用回零操作。详见机床操作说明书。

2. 装夹工件

将工件正确安装在机用虎钳、卡盘或其他夹具上，并进行夹紧。

3. 对刀

所谓对刀是使刀位点与工件原点重合的操作，并且找到工件原点在机床坐标系里的坐标。刀位点是刀具的基准点，一般为刀具上的某一特定的点，如车刀的刀位点是假想的刀尖点或刀尖圆弧的中心点；立铣刀的刀位点为铣刀端面与轴线的交点。数控车床和数控铣床的对刀方法不同，且对刀的方法有多种，这里分别介绍数控车床和数控铣床的试切法对刀。

（1）数控车床试切法对刀步骤

1）将手轮上"方式选择"旋钮置于"MDI"状态，输入转速，例如：S500　M03。

2）摇动手轮移动 Z 轴，使刀具切入工件的右端面 2 ~ 3mm，产生新的端面。

3）在机床面板上按"刀补"键，通过上下光标找到当前刀具对应的刀补号，例如：T0101 相对应的 01 号刀的刀补为 01，则在 01 号刀具补偿界面输入 Z 向当前刀位点在机床坐标系中的坐标值（Z 向偏移距离），如图 7-23 所示，以工件的右端面回转中心为工件坐标系的基准点 O。

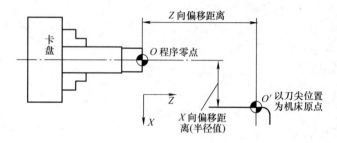

图 7-23　数控车床对刀

4）摇动手轮移动 X 轴和 Z 轴，使刀具切入工件 2～3mm，车削出长 5～10mm 的圆柱面，Z 向退出，X 向保持不变，测量工件直径。

5）停主轴，刀具沿 Z 向退出，X 向不动。

6）在机床数控面板上输入当前 X 向的刀具偏置值，即在 01 号刀具补偿界面输入 X 向当前刀位点在机床坐标系中的坐标值（X 向偏移距离）。

（2）数控铣床试切法对刀步骤

1）将手轮上"方式选择"旋钮置于"MDI"状态下，输入转速使刀具旋转，例如：S300 M03。

2）用手轮控制刀具靠近工件 X 向一侧，并与工件相切，把相对坐标系中 X 值清零。

3）抬起刀具，用手轮控制刀具移动至 X 向另一侧，并与工件相切，记住此时相对坐标系 X 值。

4）抬起刀具，用手轮控制刀具移动至 X 值 1/2 处，即得到 X 轴工件坐标原点位置。

5）同样方法确定 Y 轴工件坐标原点位置。

6）用手轮控制刀具移动，让刀具端面与工件上表面相切，即得 Z 轴工件坐标原点位置。

7）用 G54 设定当前坐标器的原点位置。

4. 输入程序、图形模拟

程序输入后进行图形模拟，如果模拟的结果不正确，在编辑状态下修改程序，并再次进行模拟直到正确为止。

5. 启动自动加工

6. 加工结束后清理机床，关机

7.8　数控机床安全操作规程

1）操作前按规定穿戴好劳动防护用品（工作服、安全鞋、防护镜），扎好袖口，严禁戴围巾、手套、领带或敞开衣服操作机床。

2）检查数控机床各部件机构是否完好、各按钮是否能自动复位，查明电气控制是否正常，各开关、手柄位置是否在规定位置上。

3）上机操作前应熟悉数控机床的操作流程，数控机床的开机、关机顺序，一定要按照机床流程的规范操作。

4）在每次电源接通后，必须先完成各轴的返回参考点操作，然后再进入其他运行方式，以确保各轴坐标的正确性；机床开机后要有预热，时间不得少于3min。当确定无异常情况后，方可开始操作。

5）禁止多人同时操作一台机床、不允许任何人在机床运转时打开电器柜；不要在数控机床周围放置障碍物，工作空间应足够大。

6）输入程序操作时机床必须锁住，按动按键时用力应适度，不得用力拍打键盘和显示器。

7）特别注意工件装夹时要夹牢，以免工件飞出造成事故，完成装夹后，要注意将卡盘扳手及其他调整工具取出拿开，以免主轴旋转后甩出造成事故。

8）手动对刀时，戴好防护镜并注意选择合适的进给速度；手动换刀时，使用的刀具应与机床允许的规格相符，刀架距工件要有足够的转位距离不至于发生碰撞。

9）操作者在工作时更换刀具、工件、调整工件或离开机床时必须停机。

10）必须经过指导教师的同意方能加工工件，必须进行加工模拟或试运行，严格检查刀具零点、刀具参数、加工参数、运动轨迹，并且要将工件清理干净。

11）禁止用手接触刀尖和切屑，切屑必须要用铁钩子或毛刷来清理，如出现长切屑时，不准用手清除切屑。

12）禁止用手或其他任何方式接触正在旋转的主轴、工件或其他运动部位。

13）禁止加工过程中测量工件、主轴变速，更不能用棉纱擦拭工件，也不能清扫机床。

14）机床运转中，操作者不得离开岗位，并经常注意车床运行情况，如有异音、异状或传动系统有故障时，应立即急停，及时向指导教师报告。

15）加工过程中，发生不正常现象或故障时，应立即停机，如出现异常危机情况可按下"急停"按钮，以确保人身和设备的安全。

16）操作完成后，刀具，量具整理归类放置、清除切屑、擦拭机床，不要弄脏、刮伤和弄掉字迹、图案，使机床与环境保持清洁状态。

复习思考题

1. 数控加工有哪些特点？
2. 数控机床的发展趋势是什么？
3. 数控机床的加工过程是什么？
4. 数控机床由哪些部件组成？
5. 数控机床的坐标系是怎样规定的？
6. 数控编程的内容和步骤有哪些？
7. G00 与 G01 的区别是什么？
8. CAK6136 是什么意思？
9. XK6325B 是什么意思？

第8章　现代加工方法

【目的与要求】

1. 了解现代加工方法的产生、分类、特点及应用。
2. 了解电火花加工的基本原理、分类、特点及应用；了解电火花线切割加工的基本原理、加工特点及应用；了解数控电火花线切割机床的分类和组成；了解电火花成形和电火花高速小孔加工的基本原理、设备组成和应用。
3. 了解激光加工的原理；了解数控激光雕刻切割机的组成和应用。
4. 了解超声加工的原理；了解超声波加工机床的组成和应用。
5. 了解快速成形技术的原理和应用。

8.1　概述

8.1.1　现代加工方法的产生与特点

现代加工方法是指传统的切削加工以外的新的加工方法。传统的切削加工是利用刀具和工件作相对运动，从毛坯（铸件、锻件或型材坯料等）上切去多余的金属，以获得尺寸精度、形状精度、位置精度和表面粗糙度完全符合图样要求的机器零件，如车削、钻削、铣削、刨削、磨削等。切削加工的本质和特点为：一是靠刀具材料比工件更硬；二是靠机械能把工件上多余的材料切除。

20世纪50年代以来，随着生产发展和科学实验的需要，很多工业部门，要求尖端科学技术产品向高精度、高速度、高温、高压、大功率、小型化等方向发展，它们所使用的材料愈来愈难加工，零件形状愈来愈复杂，表面精度、表面粗糙度和某些特殊要求也愈来愈高，对机械制造部门提出了下列新的要求：

1）解决各种难切削材料的加工问题。如硬质合金、钛合金、耐热钢、不锈钢、淬火钢、金刚石、宝石、石英以及锗、硅等各种高硬度、高强度、高韧性、高脆性的金属及非金属的加工。

2）解决各种特殊复杂表面的加工问题。如喷气涡轮机叶片、整体涡轮、发动机机匣和锻压模、注射模的立体成型表面，各种冲模、冷拔模上特殊截面的型孔，炮管内腔线，喷油嘴、栅网、喷丝头上的小孔、窄缝等的加工。

3）解决各种超精、光整或具有特殊要求的零件的加工问题。如对表面质量和精度要求很高的航天航空陀螺仪以及细长轴、薄壁零件、弹性元件等低刚度零件的加工。

要解决这一系列工艺问题，仅仅依靠传统的切削加工方法就很难实现，甚至根本无法实现，人们相继探索研究新的加工方法，现代加工方法就是在这种前提条件下产生和发展起来的。比如，当工件材料非常硬，传统的切削工具根本无法完成加工的时候怎么办？于是人们开始探索能否用软的工具加工硬的材料？能否采用电、化学、光、声、热等能量来进行加工？到目前为止，已经找到了多种这一类的加工方法。为了区别现有的金属切削加工，这类新加工方法统称为现代加工方法或现代加工方法工艺。它们与切削加工的不同点是：

1）不是主要依靠机械能，而是主要用其他能量（如电、化学、光、声、热等）去除金属材料。

2）工具材料的硬度可以低于被加工材料的硬度。

3）加工过程中工具与工件之间不存在显著的机械切削力。

正因为现代加工方法具有上述特点，所以就总体而言，现代加工方法可以加工任何硬度、强度、韧性、脆性的金属或非金属材料，且专长于加工复杂、微细表面和低刚度零件。同时，有些方法还可用以进行超精加工、镜面光整加工和纳米级（原子级）加工。

8.1.2 现代加工方法的分类

现代加工方法的分类还没有明确的规定，一般按照能量来源和作用形式以及加工原理可分为表8-1所示的形式。

表8-1　常用现代加工方法分类表

现代加工方法		能量来源及形式	作用原理	英文缩写
电火花加工	电火花成形加工	电能、热能	熔化、汽化	EDM
	电火花线切割加工	电能、热能	熔化、汽化	WEDM
电化学加工	电解加工	电化学能	金属离子阳极溶解	ECM（ELM）
	电解磨削	电化学能、机械能	阳极溶解、磨削	EGM（ECG）
	电解研磨	电化学能、机械能	阳极溶解、研磨	ECH
	电铸	电化学能	金属离子阴极沉积	EFM
	涂镀	电化学能	金属离子阴极沉积	EPM
激光加工	激光切割、打孔	光能、热能	熔化、汽化	LBM
	激光打标记	光能、热能	熔化、汽化	LBM
	激光处理、表面改性	光能、热能	熔化、相变	LBT
电子束加工	切割、打孔、焊接	电能、热能	熔化、汽化	EBM
离子束加工	蚀刻、镀覆、注入	电能、动能	原子撞击	IBM
等离子体加工	切割（喷镀）	电能、热能	熔化、汽化（涂覆）	PAM
超声加工	切割、打孔、雕刻	声能、机械能	磨料高频撞击	USM
化学加工	化学铣削	化学能	腐蚀	CHM
	化学抛光	化学能	腐蚀	CHP
	光刻	光能、化学能	光化学腐蚀	PCM
快速成形	液相固化法	光能、化学能	增材法加工	SLA
	粉末烧结法			SLS
	纸片叠层法	光、机械能		LOM
	熔丝堆积法	电、热、机械能		FDM

8.2　电火花加工

电火花加工又称放电加工，于20世纪40年代开始研究并逐步应用于生产。它是在加工过程中，使工具和工件之间不断产生脉冲性的火花放电，靠放电时局部、瞬时产生的高温把金属蚀除下来。因放电过程中可见到火花，故称之为电火花加工，在日本、英国、美国称之为放电加工，在俄罗斯也称电蚀加工。

8.2.1 电火花加工的基本原理和设备组成

1. 电火花加工的基本原理

电火花加工的原理是基于工具和工件（正、负电极）之间脉冲性火花放电时的电腐蚀现象来蚀除多余的金属，已达到对零件的尺寸、形状及表面质量预定的加工要求。电腐蚀现象早在 19 世纪初就被人们发现了，例如在插头或电器开关触点开、闭时，往往产生火花而把接触表面烧毛、腐蚀成粗糙不平的凹坑而逐渐损坏。研究结果表明，电腐蚀产生的主要原因是：电火花放电时火花通道中瞬时产生大量的热，达到很高的温度，足以使任何金属材料局部熔化、汽化而被蚀除掉，形成放电凹坑。

要利用电腐蚀现象对金属材料进行尺寸加工，必须具备以下三个条件：

1）必须使工具电极和工件被加工表面之间经常保持一定的放电间隙，这一间隙随加工条件而定，通常约为几微米至几百微米。如果间隙过大，极间电压不能击穿极间介质，因而不会产生火花放电；如果间隙过小，很容易形成短路接触，同样也不能产生火花放电。为此，在电火花加工过程中必须具有工具电极的自动进给和调节装置，使和工件保持某一放电间隙。

2）火花放电必须是瞬时的脉冲性放电，放电延续一段时间后，需停歇一段时间，放电延续时间一般为 $1 \sim 1000 \mu s$。这样才能使放电所产生的热量来不及传导扩散到其余部分，把每一次的放电蚀除点分别局限在很小的范围内；否则，像持续电弧放电那样，会使表面烧伤而无法用于尺寸加工。为此，电火花加工必须采用脉冲电源。图 8-1 为脉冲电源的空载电压波形，图中 t_i 为脉冲宽度，t_o 为脉冲间隔，t_p 为脉冲周期，u_i 为脉冲峰值电压或空载电压。

3）火花放电必须在有一定绝缘性能的液体介质中进行，例如煤油、皂化液或去离子水等。液体介质又称工作液，它们必须具有较高的绝缘强度（$10^3 \sim 10^7 \Omega \cdot cm$），以有利于产生脉冲性的火花放电；同时，液体介质还能把电火花加工过程中产生的金属小屑、炭黑等电蚀产物从放电间隙中悬浮排除出去，并且对电极和工件表面有较好的冷却作用。

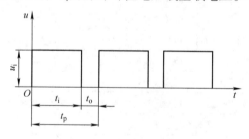

图 8-1 脉冲电源的电压波形

图 8-2 为电火花加工原理示意图。工件和工具分别与脉冲电源的两输出端相连接。自动进给调节装置使工具和工件之间经常保持一个很小的放电间隙，当脉冲电压加到两极之间，便在当时条件下某一间隙最小处或绝缘强度最低处击穿介质，在该局部产生火花放电，瞬时高温使工具和工件表面都蚀除掉一小部分金属，形成一个小凹坑，如图 8-3 所示。其中图 8-3a 表示单个脉冲放电后的电蚀坑，图 8-3b 表示多次脉冲放电后的电极表面。脉冲放电结束后，经过一段间隔时间（即脉冲间隔 t_o），工作液恢复绝缘后，第二个脉冲电压又加到两极上，随之会在当时极间距离相对最近或绝缘强度最弱处击穿放电，又电蚀出一个小凹坑，这样随着相当高的频率、连续不断地重复放电，工具电极不断地向工件进给，就可将工具的形状复制在工件上，加工出所需要的零件，整个加工表面是由无数个小凹坑组成的。

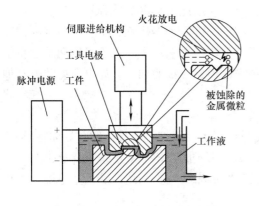

图 8-2 电火花加工原理示意图

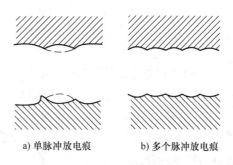

a) 单脉冲放电痕   b) 多个脉冲放电痕

图 8-3 电火花加工表面局部放大图

2. 电火花加工设备的组成

电火花加工机床一般由机床本体、脉冲电源、自动进给调节装置、工作液净化及循环系统四个部分组成。图 8-4 为电火花加工机床的结构示意图。

（1）机床本体 用来固定装卡工件和工具电极，实现工具与工件之间精确的相对运动，机床本体包括床身、工作台、主轴头、立柱等部分。

（2）脉冲电源 周期性地利用电容器缓慢充电并在极短时间内快速放电，把直流或整流后的电流转换成具有一定频率的重复脉冲电流。它是产生脉冲放电实现蚀除加工的供能装置。

（3）自动进给调节装置 脉冲放电必须在一定的间隙下才能产生，这一间隙依

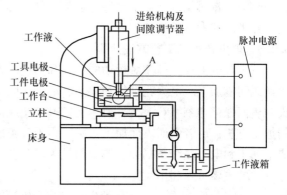

图 8-4 电火花加工机床的结构示意图

据加工条件而定。放电间隙的大小对蚀除效果有一个最佳值，加工时应将放电间隙控制在最佳值附近。采用自动进给调节系统控制工具电极的进给，自动调节工具电极与工件之间的合理的放电间隙，使得放电加工能顺利进行。自动进给调节装置常采用的传动方式有两种，即液压传动方式和电机传动方式。由于数控电火花机床的发展，已广泛采用宽调速力矩电动机并配以码盘作为数控电火花加工机床的自动进给调节装置。

（4）工作液净化及循环系统 为使电蚀产物及时排出，一般采用强迫循环方式，并经过滤以保持工作液的清洁，防止因工作液中电蚀产物过多而引起短路或电弧放电。

8.2.2 电火花加工的特点及其应用

1. 电火花加工的主要优点

1）适合于任何难切削材料的加工。由于加工中材料的去除是靠放电时的电热作用实现的，材料的可加工性主要取决于材料的导电性及其热学特性，如熔点、沸点、比热容、电导率、电阻率等，而几乎与其力学性能（硬度、强度等）无关。这样可以突破传统切削加工对刀具的限制，可以实现用软的工具加工硬韧的工件，甚至可以加工像聚晶金刚石、立方氮

化硼一类的超硬材料。目前电极材料多采用纯铜或石墨，因此工具电极较容易加工。

2）可以加工特殊及复杂形状的表面和零件。因加工中工具电极和工件不直接接触，没有机械加工宏观的切削力，因此适宜加工低刚度工件及用于微细加工。由于可以简单地将工具电极的形状复制到工件上，因此特别适用于复杂表面形状工件的加工，如复杂型腔模具加工等。

2. 电火花加工的局限性

1）主要用于加工金属等导电材料，但在一定条件下也可以加工半导体和非导体材料。

2）一般加工速度较慢。故通常安排工艺时多采用切削加工来去除大部分余量，然后再进行电火花加工，以提高生产率。但最近已有新的研究成果表明，采用特殊水基不燃性工作液进行电火花加工，其生产率不亚于切削加工。

3）存在电极损耗。电极损耗多集中在尖角或底面，影响成形精度。但近年来粗加工时已能将电极相对损耗比降至 0.1% 以下，甚至更小。

由于电火花加工具有许多传统切削加工所无法比拟的优点，因此其应用领域日益扩大，目前已广泛应用于机械（特别是模具制造）、电子、仪器仪表、汽车、航天等各个行业，以解决难加工材料及复杂形状零件的加工问题。加工范围已达到小至几微米的小轴、孔、缝，大到几米的超大型模具和零件。

8.2.3 电火花加工工艺方法分类

按工具电极和工件相对运动的方式和用途的不同，大致可分为电火花穿孔成形加工、电火花线切割加工、电火花磨削和镗削、电火花同步共轭回转加工、电火花高速小孔加工、电火花表面强化与刻字 6 大类。前 5 类属电火花成形、尺寸加工，是用于改变零件形状或尺寸的加工方法；后者则属表面加工方法，用于改善或改变零件的表面性质。目前以电火花穿孔成形加工和电火花线切割加工的应用最为广泛。表 8-2 所列为总的分类情况及各类加工的工艺方法的主要特点和用途。

表 8-2　电火花加工的工艺方法分类

类别	工艺方法	特　点	用　途	备　注
1	电火花穿孔成形加工	1. 工具和工件间主要只有一个相对的伺服进给运动 2. 工具为成形电极，与被加工表面有相同的截面或形状	1. 型腔加工：加工各类型腔模具及各种复杂的型腔零件 2. 穿孔加工：加工各种冲模、挤压模、粉末冶金模、各种异型孔及微孔等	约占电火花机床总数的30%，典型机床有 D7125、D7140 等电火花穿孔成形机床
2	电火花线切割加工	1. 工具电极为顺电极轴线方向移动着的线状电极 2. 工具与工件在两个水平方向同时有相对伺服进给运动	1. 切割各种冲模和具有直纹面的零件 2. 下料、截割和窄缝加工	约占电火花机床总数的60%，典型机床有 DK7725、DK7740 数控电火花线切割机床
3	电火花内孔、外圆和成形磨削	1. 工具与工件有相对旋转运动 2. 工具与工件间有径向和轴向的进给运动	1. 加工高精度、表面粗糙度值小的小孔，如拉丝模、挤压模、微型轴承内环、钻套等 2. 加工外圆、小模数滚刀等	约占电火花机床总数的3%，典型机床有 D6310 电火花小孔内圆磨床等

类别	工艺方法	特　　　点	用　　　途	备　　　注
4	电火花同步共轭回转加工	1. 成形工具与工件均作旋转运动，但两者角速度相等或成倍数，相对应接近放电点可有切向运动速度 2. 工具相对工件可作纵、横向进给运动	以同步回转、展成回转、倍角速度回转等不同方式，加工各种复杂型面的零件，如高精度的异型齿轮，精密螺纹环规，高精度高对称度、表面粗糙度值小的内外回转体表面等	在电火花机床总数中的占比小于1%，典型机床有JN-2、JN-8内外螺纹加工机床
5	电火花高速小孔加工	1. 采用细管（>φ0.3mm）电极，管内冲入高压水基工作液 2. 细管电极旋转 3. 穿孔速度较高（60mm/min）	1. 线切割穿丝预孔 2. 深径比很大的小孔，如喷嘴等	约占电火花机床总数的2%，典型机床有D703A电火花高速小孔加工机床
6	电火花表面强化、刻字	1. 工具在工件表面振动 2. 工具相对工件移动	1. 模具、刀具、量具的刃口表面强化和镀覆 2. 电火花刻字、打印记	约占电火花机床总数的2%~3%，典型机床有D9105电火花强化器等

8.2.4　电火花穿孔成形加工

电火花穿孔成形加工是利用火花放电腐蚀金属的原理，用工具电极对工件进行复制加工的工艺方法。其应用范围包括穿孔加工和型腔加工。

1. 电火花穿孔加工

电火花穿孔加工应用比较广泛，常用来加工各种冲模、挤压模、粉末冶金模、各种异型孔及微孔等。冲模加工是电火花穿孔加工的典型应用。冲模加工主要是冲头和凹模加工，冲头可采用机械加工，而凹模应用一般的机械加工是困难的，在有些情况下甚至是不可能的，而靠钳工加工则劳动强度大，质量不易保证，还常因淬火变形而报废，采用电火花加工能比较好地解决这些问题。

凹模的质量指标主要是尺寸精度、冲头与凹模的单边配合间隙、刃口斜角、刃口高度和落料角。凹模的尺寸精度主要靠工具电极来保证，因此对电极的精度和表面粗糙度都应有一定的要求。由于存在放电间隙，工具电极尺寸必须小于凹模的尺寸。为保证获得冲头与凹模之间的配合间隙，电火花穿孔加工常用"钢打钢"的直接配合法，此方法是直接用钢凸模作为电极直接加工凹模，加工时将凹模刃口端朝下，加工时形成向上的"喇叭口"，如图8-5所示。加工后，将工件翻过来使"喇叭口"（此喇叭口有利于冲模落料）向下作为凹模。

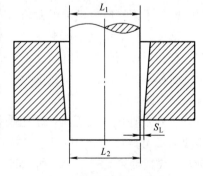

图8-5　凹模的电火花加工

2. 电火花型腔加工

电火花型腔加工常用来加工各类型腔模及各种复杂的型腔零件。型腔模包括锻模、压铸模、胶木模、塑料模、挤压模等，其加工比较困难，主要因为是不通孔加工，工作液循环和电蚀产物排出条件差，工具电极损耗后难以补偿，金属蚀除量大；其次是加工面积变化大，加工过程中电规准调节范围也比较大，而且型腔表面复杂，电极耗损不均匀，对加工精度影响大。

常用的型腔模电火花加工方法有单电极平动法、多电极更换法、分解电极加工法和数控电极加工法。

（1）单电极平动法　单电极平动法在型腔模电火花加工中应用最广泛。它是采用一个电极完成型腔的粗、中、精加工的，如图8-6所示。这种方法的优点是只需一个电极，一次装夹定位，便可达到±0.05mm的加工精度，并方便了排出电蚀产物；缺点是难以获得高精度的型腔模，特别是难以加工出清棱、清角的型腔。

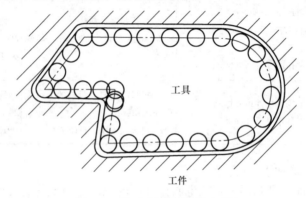

图 8-6　平动头扩大间隙原理图

（2）多电极更换法　多电极更换法采用多个电极（分别制造的粗、中、精加工用电极）依次更换来加工同一个型腔。这种方法的优点是仿形精度高，尤其适用于尖角、窄缝多的型腔加工；缺点是需要用精密机床制造多个电极。另外，电极更换时要有高的重复定位精度，需要附件和夹具来配合。因此，一般只用于精密型腔加工。

（3）分解电极加工法　分解电极法是单电极平动法和多电极更换法的综合应用。它工艺灵活性强，仿形精度高，适用于尖角、窄缝、沉孔、深槽多的复杂型腔模具加工。根据型腔的几何形状，把电极分解成主型腔电极和副型腔电极分别制造。先用主型腔电极加工出主型腔，再用副型腔电极加工夹角、窄缝、异形不通孔等部位。

这种方法的优点是可根据主、副型腔不同的加工条件，选择不同的电极材料和加工标准，有利于提高加工速度和改善表面质量，同时还可简化电极制造，便于电极修整；缺点是主型腔和副型腔间的定位精度要求高，但当采用高精度的数控机床和完善的电极装夹附件时，这一缺点是不难克服的。

（4）数控电极加工法　采用数控电火花加工机床时，是利用工作台按一定轨迹作微量移动来修光侧面的，为区别于夹持在主轴头上平动头的运动，通常将其称作摇动。由于摇动轨迹是靠数控系统产生的，所以具有更灵活多样的模式，除了小圆轨迹运动外，还有方形、十字形运动，因此更能适应复杂形状的侧面修光的需要，尤其可以做到尖角处的"清根"，这是平动头所无法做到的。采用工作台沿变半径圆形摇动，主轴上下数控联动，可以修光或加工出锥面、球面，图8-7a为基本摇动式，图8-7b为锥度摇动模式。

另外，可以利用数控功能加工出以往普通机床难以加工或不能加工的零件。如利用简单电极配合侧向（X、Y向）移动、转动、分度等进行多轴控制，可加工复杂曲面、螺旋面、坐标孔、侧向孔、分度槽等，如图8-7c所示。

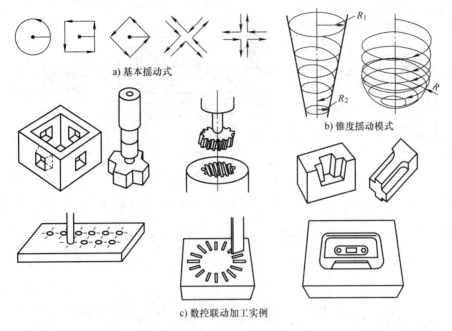

a) 基本摇动式

b) 锥度摇动模式

c) 数控联动加工实例

图 8-7　几种典型的摇动模式和加工实例

8.3　电火花线切割加工

20世纪50年代末，电火花线切割加工是在电火花加工的基础上，在苏联发展起来的一种工艺形式。由于它是用线状电极（钼丝或铜丝）靠火花放电对工件进行切割，故称为电火花线切割，有时简称线切割。

8.3.1　线切割加工的基本原理和设备组成

1. 电火花线切割加工的基本原理

电火花线切割加工的基本原理是利用移动的细金属导线（钼丝或铜丝）作电极，对工件进行脉冲火花放电、切割成形。图8-8为数控电火花线切割加工原理示意图。

根据电极丝的运行速度，电火花线切割机床通常分为两大类：一类是高速走丝（或称快走丝）电火花线切割机床，这类机床的电极丝作高速往复运动，一般走丝速度为8～10m/s，这是我国生产和使用的主要机种，也是我国独有的电火花线切割加工模式；另一类是低速走丝（或称慢走丝）电火花线切割机床，这类机床的电极丝作低速单向运动，走丝速度低于0.2m/s，这是国外生产和使用的主要机种。

2. 电火花线切割加工的设备组成

电火花线切割加工设备主要由机床本体、脉冲电源、控制系统、工作液循环系统4部分组成。

（1）机床本体　机床本体由床身、坐标工作台、走丝系统等组成。图8-9为高速走丝线切割机床本体结构示意图。

1）床身。床身是支撑和固定坐标工作台、走丝机构等的基体。

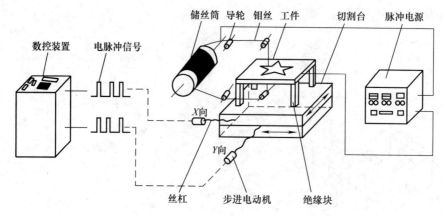

图 8-8　数控电火花线切割加工原理示意图

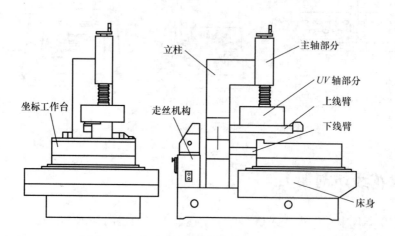

图 8-9　高速走丝线切割机床本体结构示意图

2）坐标工作台。电火花线切割机床最终都是通过坐标工作台与电极丝的相对运动来完成对零件加工的。为保证机床精度，对导轨的精度、刚度和耐磨性有较高的要求。一般都采用"十"字滑板、滚动导轨和丝杆传动副将电动机的旋转运动变为工作台的直线运动，通过两个坐标方向各自的进给移动，可合成获得各种平面图形曲线轨迹。为保证工作台的定位精度和灵敏度，传动丝杠和螺母之间必须消除间隙。图 8-10 为坐标工作台传动示意图。

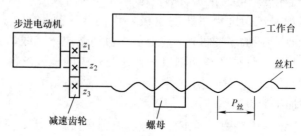

图 8-10　坐标工作台传动示意图

3）走丝系统。走丝系统使电极丝以一定的速度运动并保持一定的张力。在高速走丝机床上，一定长度的电极丝平整地卷绕在储丝筒上，丝张力与排绕时的拉紧力有关，储丝筒通过联轴器与驱动电动机相连。为了重复使用该段电极丝，电动机由专门的换向装置控制作正反向交替运转。走丝速度等于储丝筒周边的线速度，通常为 8 ~ 10m/s。在运动过程中，电极丝由丝架支撑，并依靠导轮保持电极丝与工作台垂直或倾斜一定的几何角度（锥度切割时）。为了切割有落料角的冲模和某些有锥度（斜度）的内外表面，有些线切割机床具有的锥度切割功能。图 8-11 为某种型号高速走丝线切割机床走丝系统结构简图。

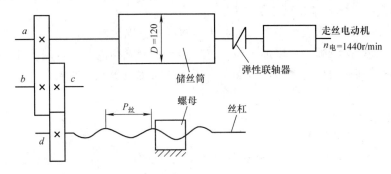

图 8-11　高速走丝线切割机床走丝系统结构简图

（2）脉冲电源　电火花线切割加工脉冲电源与电火花成形加工所用的脉冲电源在原理上相同，不过受加工表面粗糙度和电极丝允许承载电流的限制，线切割加工脉冲电源的脉宽较窄（2 ~ 60μs），单个脉冲能量、平均电流（1 ~ 5A）一般较小，所以线切割加工总是采用正极性加工（即工件接脉冲电源的正极）。脉冲电源的形式品种很多，如晶体管矩形波脉冲电源、高频分组脉冲电源、并联电容型脉冲电源和低损耗电源等。

（3）控制系统　控制系统是进行电火花线切割加工的重要环节。控制系统的稳定性、可靠性、控制精度及自动化程度都直接影响到加工工艺指标和工人的劳动强度。

控制系统的主要作用是在电火花线切割加工过程中，按加工要求自动控制电极丝相对工件的运动轨迹和进给速度，从而实现对工件的形状和尺寸加工。也即当控制系统使电极丝相对于工件按一定轨迹运动时，同时还应该实现进给速度的自动控制，以维持正常的切割加工。前者轨迹控制靠数控编程和数控系统，后者是根据放电间隙大小与放电状态自动控制的，使进给速度与工件材料的蚀除速度相平衡。

电火花线切割机床控制系统的具体功能包括：

1）轨迹控制。即精确控制电极丝相对于工件的运动轨迹，以获得所需的形状和尺寸。

2）加工控制。主要包括对伺服进给速度、电源装置、走丝机构、工作液系统等的控制。此外，断电记忆故障报警、安全控制及自诊断功能也是一个重要方面。

（4）工作液循环系统　工作液循环系统由工作液、工作液泵和循环导管等组成。工作液起绝缘、排屑、冷却等作用。每次脉冲放电后，工件与电极丝间必须迅速恢复绝缘状态，否则脉冲放电会转变为稳定持续的电弧放电，影响加工质量。加工过程中，工作液可把加工过程中产生的金属小屑、炭黑等电蚀产物迅速从电极间冲走，使加工顺利进行。工作液还能冷却受热的电极丝和工件，防止工件变形。低速走丝线切割机床大多采用去离子水作为工作液，只有在特殊精加工时才采用绝缘性能较高的煤油。高速走丝线切割机床使用的工作液是专用乳化液，目前供应的乳化液有 DX - 1、DX - 2、DX - 3 等，各有其特点，有的适于快速加工，有的适于大厚度切割，也有的是在原来工作液中添加某些化学成分，以提高其切割速度或增加防锈能力等。对高速走丝机床，通常采用浇注式供液方式；而对低速走丝机床，近年来有些采用浸泡式供液方式。

8.3.2　线切割加工的特点及其应用

1. 线切割加工的特点

1）由于电极工具是直径较小的细丝，故脉冲宽度、平均电流等不能太大，加工工艺参数的选用范围较小，属于中、精正极性加工。

2）采用水或水基工作液，不会引燃起火，容易实现安全的无人运行。

3）由于电极丝比较细，可以加工微细的异形孔、窄缝和复杂形状的工件。

4）由于采用移动的长电极丝进行加工，使单位长度电极丝的损耗较少，从而减小对加工精度的影响。

5）可加工高硬度材料。

2. 线切割加工的应用范围

线切割加工为新产品试制、精密零件加工及模具制造开辟了一条新的工艺途径，主要应用于以下几个方面：

（1）加工模具　适用于各种形状的冲模。调整不同的间隙补偿量，只需一次编程就可以切割凸模、凸模固定板、凹模及卸料板等。还可加工挤压模、粉末冶金模、弯曲模、塑压模等，也可加工带锥度的模具。高速走丝线切割机床加工精度可达 0.01～0.02mm，表面粗糙度值可达 $Ra1.6～2.5\mu m$；低速走丝线切割机床加工精度可达 0.002～0.005mm，表面粗糙度值可达 $Ra0.4\mu m$。

（2）加工电火花成形加工用的电极　一般穿孔加工用的电极和带锥度型腔加工用的电极以及铜钨、银钨合金之类的电极材料用线切割加工特别经济，同时也适用于加工微细复杂形状的电极。

（3）加工零件　在试制新产品时，在坯料上用线切割在坯料上可直接割出零件，由于不需另行制造模具等，可大大缩短制造周期、降低成本。另外修改设计、变更加工程序比较方便，加工薄件时还可将多片叠在一起加工。在零件制造方面，可用于加工特殊形状、特殊材料、特殊结构的难加工零件，贵重金属切割加工，微细加工等。

8.3.3　线切割加工的工艺坐标指标及影响因素

1. 线切割加工的主要工艺指标

（1）切割速度　在保持一定的表面粗糙度的切割过程中，单位时间内电极丝中心线在工件上切过的面积总和称为切割速度，单位为 mm^2/min。最高切割速度是指在不计切割方向和表面粗糙度等条件下，所能达到的切割速度。通常高速走丝线切割速度为 40～80mm^2/min，它与加工电流大小有关，为比较不同输出电流脉冲电源的切割效果，将每安培电流的切割速度称为切割效率，一般切割效率为 20$mm^2/$（$min\cdot A$）。

（2）表面粗糙度　高速走丝线切割机床加工的表面粗糙度值可达 $Ra1.6～2.5\mu m$；低速走丝线切割机床加工的表面粗糙度值可达 $Ra0.4\mu m$。

（3）电极丝损耗量　对高速走丝机床，用电极丝在切割 10000mm^2 面积后电极丝直径的减少量来表示。一般每切割 10000mm^2 后，钼丝直径减小不应大于 0.01mm。

（4）加工精度　加工精度是指所加工工件的尺寸精度、形状精度和位置精度的总称。高速走丝线切割的可控加工精度为 0.01 ～ 0.02mm，低速走丝线切割精度为

0. 002 ~ 0. 005mm。

2. 影响线切割加工工艺指标的主要因素

（1）电参数的影响 电参数主要指脉冲宽度、脉冲间隔、脉冲频率、峰值电压、峰值电流和极性等。电规准是指电火花加工过程中的一组电参数。电参数对材料的电腐蚀过程影响极大，它们决定着表面粗糙度、蚀除率、切缝宽度的大小和钼丝的损耗率等。一般考虑，要求获得较好的表面粗糙度时，应选小的电规准；要求获得较高的切割速度时，可选用大一些的电规准，但应注意所选电极丝的截面积对加工电流的限制，以免造成断丝；工件厚度大时，应选用较高的脉冲电压、较大的脉宽和峰值电流，以增大放电间隙，改善排屑条件；在易断丝的场合，如工件材料含非导电杂质多、工作液中脏污程度较严重等，应减小电流、增大脉冲间隔时间。

（2）电极丝及其走丝速度的影响 高速走丝机床主要用 $\phi 0.06 \sim \phi 0.20$mm 的钼丝、钨丝和钨铜丝作为电极。电极丝直径决定了切缝宽度和允许的峰值电流，最高切削速度一般都要用较粗的丝才能获得，而切割小模数齿轮等复杂零件时，采用细丝才能获得精细的形状和很小的圆角半径。

电极丝的走丝速度直接影响切割速度。在一定范围内，提高走丝速度有利于电极丝把工作液带入较厚工件的放电间隙中，有利于电蚀产物的排除和放电的稳定。走丝速度过快，将加大机械振动，降低精度和切割速度，表面粗糙度也恶化，并易造成断丝，一般以小于10m/s 为宜。

（3）切割路线的影响 在电火花线切割加工时要合理选择切割路线，否则可能产生变形，影响加工精度。通常应将工件与其夹持部分分割的线段安排在切割程序的末端。图8-12a 是不合理的切割路线，图8-12b 是合理的切割路线。

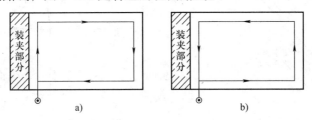

图 8-12 切割路线的确定

8.3.4 线切割数控编程要点

数控编程就是把要切割的图形用机器所能接受的语言编成数控指令的过程。目前高速走丝线切割机床一般采用 3B 格式，而低速走丝线切割机床通常采用国际上通用的 ISO 格式。

1. 3B 代码编程

3B 代码程序格式为：BX BY BJ G Z

其中：

B——分隔符，用它来区分、隔离 X、Y 和 J 数码，B 后的数字如为 0，则此 0 可以不写。

X、Y ——直线的终点或圆弧起点的坐标值（增量坐标值），编程时均取绝对值，以 μm 为单位。

J——计数长度，以 μm 为单位。

G——记数方向，分 GX 或 GY，即可按 X 方向或 Y 方向记数，工作台在该方向每走 1μm 即计数累减 1，当累减到计数长度 J＝0 时，这段程序即加工完毕。

Z——加工指令，分为直线 L 与圆弧 R 两大类。直线按走向和终点所在象限而分为 L1、L2、L3、L4 四种；圆弧按第一步进入的象限及走向的顺、逆圆而分为 SR1、SR2、SR3、SR4、NR1、NR2、NR3、NR4 八种。

（1）直线的编程

1）把直线的起点作为坐标的原点。

2）把直线的终点坐标值作为 X、Y，均取绝对值，单位为 μm，因 X、Y 的比值表示直线的斜度，故亦可用公约数将 X、Y 缩小整倍数。

3）计数长度 J，按计数方向 GX 或 GY 取该直线在 X 轴或 Y 轴上的投影值，即取 X 或 Y 的值，以 μm 为单位，决定计数长度时，要和选计数方向一并考虑。

4）计数方向的选择原则，取 X、Y 中较大的绝对值和轴向作为计数长度 J 和计数方向，如图 8-13 所示。如与坐标轴成 45°的线段时，计数方向取 X 轴、Y 轴均可。

5）加工指令 Z，按直线走向和终点所在象限不同而分为 L1、L2、L3、L4 四种，如图 8-14 所示。当直线在第Ⅰ象限（包括 X 轴而不包括 Y 轴）时，加工指令记作 L1，当处在第Ⅱ象限（包括 Y 轴而不包括 X 轴）时，加工指令记作 L2、L3、L4 依次类推。

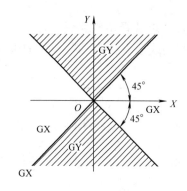

图 8-13　加工直线时计数方向的确定

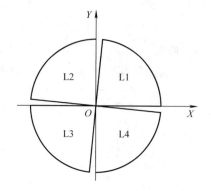

图 8-14　加工直线时的指令范围

（2）圆弧的编程

1）把圆弧的圆心作为坐标的原点。

2）把圆弧的起点坐标值作为 X、Y，均取绝对值，单位为 μm。

3）计数长度 J 按计数方向取 X 轴或 Y 轴上的投影值，以 μm 为单位。如果圆弧较长，跨越两个以上象限，则分别取计数方向 X 轴（或 Y 轴）上各个象限投影值的绝对值相累加，作为该方向总的计数长度，也要和选计数方向一并考虑。

4）计数方向的选择原则，取终点坐标中绝对值较小的轴作为计数方向（与直线相反），如图 8-15 所示。如圆弧的终点与坐标轴成 45°时，计数方向取 X 轴、Y 轴均可。

5）加工指令 Z，加工顺时针圆弧时有四种加工指令：SR1、SR2、SR3、SR4，当圆弧的起点在第Ⅰ象限（包括 Y 轴而不包括 X 轴）时，加工指令记作 SR1 当起点在第Ⅱ象限（包括 X 轴而不包括 Y 轴）时，记作 SR2、SR3、SR4 依此类推；加工逆时针圆弧时有四种加工指令：NR1、NR2、NR3、NR4，当圆弧的起点在第 I 象限（包括 X 轴而不包括 Y 轴）时，加工指令记作 NR1，当起点在第 II 象限（包括 Y 轴而不包括 X 轴）时，记作 NR2、NR3、NR4 依此类推，如图 8-16 所示。

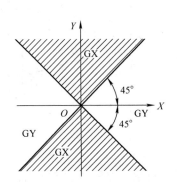

图 8-15　加工圆弧时计数方向的确定

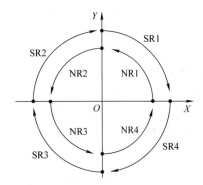

图 8-16　加工圆弧时的指令范围

2. ISO 代码编程

ISO 代码是国际标准化组织制定的通用数控编程格式。对线切割而言，程序段的格式为：

程序格式：地址 + 数据

G __ X __ Y __ I __ J __

M __

其中，

G——准备功能，其后的两位数字表示不同的功能（见表 8-3）。

M——辅助功能（见表 8-3）。

X、Y、I、J 后面插补终点坐标值。

表 8-3　常用代码表

代　码	功　　能	代　码	功　　能
G00	快速定位	G51	锥度左偏
G01	直线插补	G52	锥度右偏
G02	顺时针圆弧插补	G80	接触感知
G03	逆时针圆弧插补	G90	绝对坐标系
G40	取消间隙补偿	G91	相对坐标系
G41	左间隙补偿	G92	定义程序起始点
G42	右间隙补偿	M00	程序暂停
G50	取消锥度	M02	程序结束

例如：图 8-17 为一样板零件，定义 1 点为坐标原点，也为程序起始点，加工轨迹设定为①→⑧，加工程序为：

G90 G92 X0 Y0

```
G01 X0 Y2
G01 X – 30 Y10
G01 X – 30 Y34
G01 X0 Y42
G01 X0 Y32
G02 X0 Y12 I0 J – 10
G01 X0 Y2
G01 X0 Y0
M02
```

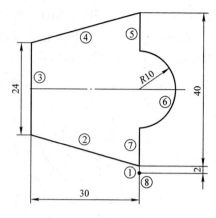

图 8-17　样板零件图

8.4　激光加工

　　激光技术是 20 世纪 60 年代初发展起来的一门新兴科学，在材料加工方面，已逐步形成一种崭新的加工方法——激光加工。激光加工是利用光的能量经过透镜聚焦后在焦点上达到很高的能量密度，靠光热效应来加工各种材料的。由于激光加工不需要加工工具，而且加工速度快、表面变形小，可以加工各种材料，因而近年来得到了广泛的应用。激光加工主要用于打孔、切割、焊接、热处理以及激光存储等场合。

8.4.1　激光加工的基本原理和设备组成

　　1. 激光加工的基本原理

　　激光是一种经受激辐射产生的加强光，具有亮度高、方向性好、高单色性和高相干性的性能特点。通过光学系统可聚焦成为一个极小的光束（微米级），而且可根据加工要求调整光束的粗细。激光加工时，把激光束聚焦在工件的加工部位，工件材料会迅速熔化、汽化（焦点处能量密度高达 $10^8 \sim 10^{10} \mathrm{W/cm^2}$），随着激光能量的不断被吸收，材料凹坑内金属蒸汽迅速膨胀，压力突然增大，熔融物爆炸式高速喷射出来，在工件内部形成方向性很强的冲击波。激光加工就是在光热效应下产生高温熔融和受冲击波抛出的综合作用过程。图 8-18 为激光加工原理示意图。

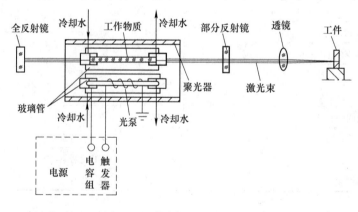

图 8-18　激光加工原理示意图

2. 激光加工设备的组成

激光加工设备一般由激光器、激光器电源、光学系统及机械系统 4 大部分组成。

（1）激光器　激光器是激光加工的重要设备，它把电能转变成光能，产生激光束。按激活介质的种类可以分为固体激光器、气体激光器、液体激光器、半导体激光器、自由电子激光器等；按激光器的工作方式可大致分为连续激光器和脉冲激光器。

（2）激光器电源　激光器电源为激光器提供所需要的能量及控制功能。由于各类激光器的工作特点不同，对供电电源的要求也不同。例如：固体激光器电源有连续和脉冲两种；气体激光器电源有直流、射频、微波、电容器放电以及这些方法的组合等。

（3）光学系统　包括激光聚焦系统和观察瞄准系统。光学系统是激光加工设备的主要组成部分，其作用是引导激光束至工件表面，并在加工部位获得所需的光斑形状、尺寸及功率密度。同时，瞄准加工部位、显微观察加工过程及加工零件。

（4）机械系统　机械系统主要包括床身、能在三坐标范围内移动的工作台及机电控制系统等。随着电子技术的发展，已采用计算机来控制工作台的移动，实现激光加工的数控操作。

8.4.2　激光加工的特点及其应用

1. 激光加工的特点

1）激光聚焦后，功率密度大（可高达 $10^8 \sim 10^{10}$ W/cm^2），光能转化为热能，几乎可以熔化、汽化任何材料。

2）激光斑点大小可以聚焦到微米级，输出功率可以调节，因此可用以精密微细加工。

3）加工所用工具是激光束，非接触加工，所以没有明显的机械力，没有工具损耗问题。

4）操作简单方便。

2. 激光加工的应用范围

利用激光能量高度集中的特点，可以用于打孔、切割、雕刻及表面处理。利用激光的单色性好的特点还可以进行精密测量。

（1）激光打孔　激光打孔是激光加工中应用最早和应用最广泛的一种加工方法。利用凸镜将激光在工件上聚焦，焦点处的高温使材料瞬时熔化、汽化、蒸发，好像一个微型爆炸。汽化物质以超音速喷射出来，它的反冲击力在工件内部形成一个向后的冲击波，在此作用下将孔打出。激光打孔速度极快，效率极高。如用激光给手表的红宝石轴承打孔，每秒钟可加工个 14~16，合格率达 99%。目前常用于微细孔和超硬材料打孔，如柴油机喷嘴、金刚石拉丝模、化纤喷丝头、卷烟机上用的集流管等。

（2）激光切割　与激光打孔原理基本相同，也是将激光能量聚集到很微小的范围内把工件烧穿，但切割时需移动工件或激光束（一般移动工件），沿切口连续打一排小孔即可把工件割开。激光可以切割金属、陶瓷、半导体、布、纸、橡胶、木材等，其特点是切缝窄、效率高、操作方便。

（3）激光焊接　激光焊接与激光打孔原理稍有不同，焊接时不需要那么高的能量密度使工件材料汽化蚀除，而只要将工件的加工区烧熔，使其黏合在一起。因此所需能量密度较低，可用小功率激光器。与其他焊接相比，具有焊接时间短、效率高、无喷渣、被焊材料不易氧化、热影响区小等特点。这种焊接不仅能焊接同种材料，而且可以焊接不同种类的材料，甚至可以焊接金属与非金属材料。

（4）激光的表面热处理 利用激光对金属工件表面进行扫描，从而引起工件表面金相组织发生变化，进而对工件表面进行表面淬火、粉末黏合等。用激光进行表面淬火，工件表层的加热速度极快，内部受热极少，工件不产生热变形，特别适合于对齿轮、气缸筒等形状复杂的零件进行表面淬火。由于不必用加热炉，是开式的，故也适合于大型零件的表面淬火。粉末粘合是在工件表层上用激光加热后融入其他元素，可提高和改善工件的综合力学性能。此外，还可以利用激光除锈、激光消除工件表面的沉积物等。

8.5 超声加工

超声加工有时也称超声波加工。电火花加工和电化学加工都只能加工金属导电材料，不易加工不导电的非金属材料，然而超声加工不仅能加工硬质合金、淬火钢等脆硬金属材料，而且更适合于加工玻璃、陶瓷、半导体锗和硅片等不导电的非金属脆硬材料，同时还可以用于清洗、焊接和探伤等。

8.5.1 超声加工的基本原理和设备组成

1. 超声加工的基本原理

超声波是频率超过 16000Hz 的声波。超声波加工是利用工具端面作超声频振动，通过磨料悬浮液加工脆硬材料的一种成形方法。加工原理如图 8-19 所示。加工时，工具以一定的静压力加在工件上，并向加工区内送入磨料悬浮液（磨料与水的混合液）。超声换能器产生超声频轴向振动，迫使工作液中悬浮的磨粒以很大的速度和加速度不断地撞击、抛磨被加工表面，把被加工表面的材料粉碎成很细的微粒，从工件上打击下来。循环的磨料悬浮液不断地带走破碎下来的工件材料，工具便逐渐地伸入到工件中去，在工件上加工出与工具形状相似的型孔。此外，当工具端面以很大的加速度离开工件表面时，加工间隙中的工作液内由于负压和局部真空形成许多微空腔，当工具端面再以很大的加速度接近工件表面时，空腔闭合，从而形成可以强化加工过程的液压冲击波，这种现象称为"超声空化"。

由此可见，超声加工是磨粒在超声振动作用下的机械撞击和抛磨作用，以及超声空化作用的综合结果，其中磨粒的撞击作用是主要的。

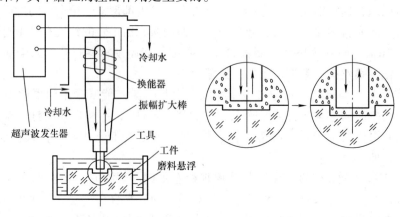

图 8-19 超声波加工原理示意图

2. 超声加工设备的组成

超声加工设备一般由超声发生器、超声振动系统、机床本体和磨料工作液循环系统等几部分组成。

（1）超声发生器（超声电源） 超声发生器（也称超声波或超声频发生器）的作用是将工频交流电转变为有一定功率输出的超声频电振荡，以供给工具端面往复振动和去除被加工材料的能量。其基本要求是：输出功率和频率在一定范围内连续可调。

（2）超声振动系统 超声振动系统主要包括换能器、变幅杆、工具。其作用是将超声发生器输出的高频电振荡转换成机械振荡（高频电能转变为机械能），并借助变幅杆把振幅放大（0.05~0.1mm），使工具端面作高频率小振幅的振动，以进行加工。

（3）机床本体 超声加工机床一般比较简单，包括支撑振动系统的机架、工作台、使工具以一定压力作用在工件上的进给机构以及床身等部分。

（4）磨料工作液及其循环系统 简单的超声加工装置，其磨料是靠人工输送和更换的，即在加工前将悬浮磨料的工作液浇注在加工区，加工过程中定时抬起工具和补充磨料。也可利用小型离心泵使磨料悬浮液搅拌后，浇注到加工间隙中去。对于较深的加工表面，应将工具定时抬起，以利磨料的更换和补充。

8.5.2 超声加工的特点及其应用

1. 超声加工的特点

1）适合于加工各种硬脆材料，特别是不导电的非金属材料，如玻璃、陶瓷、石英、锗、硅、石墨、玛瑙、宝石、金刚石等。对于硬质金属材料，如淬火钢、硬质合金等也能进行加工，但加工生产率较低，只宜作切削量很小的研磨和抛光。

2）由于工具可用较软的材料做成较复杂的形状，故不需要使工具和工件作比较复杂的相对运动，因此超声加工机床的结构比较简单，操作、维修方便。

3）由于去除加工材料是靠极小磨料瞬时局部的撞击作用，故工件表面的宏观切削力很小，切削应力、切削热很小，不会引起变形及烧伤，表面粗糙度值也较好，可达 $Ra1 \sim 0.1\mu m$，加工精度可达 $0.01 \sim 0.02mm$，可以加工薄壁、窄缝、低刚度零件。

2. 超声加工的应用范围

（1）型孔和型腔的加工 超声加工目前在各工业部门主要用于对脆硬材料加工圆孔、型腔、异型孔、套料、微细孔等，如图8-20所示。

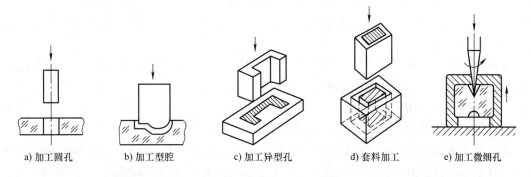

a) 加工圆孔　　b) 加工型腔　　c) 加工异型孔　　d) 套料加工　　e) 加工微细孔

图 8-20　超声加工应用实例

（2）切割加工 超声加工可用于切割单晶硅片等脆硬的半导体材料和陶瓷材料，如

图 8-21 所示。

（3）复合加工　为了提高加工速度及降低工具损耗，可以把超声加工和其他加工方法相结合进行复合加工。例如：采用超声与电化学或电火花加工相结合的方法，来加工喷油嘴、喷丝板上的小孔或窄缝，可以大大提高加工速度和质量。超声波加工还可以研磨抛光电火花加工之后的模具表面、拉丝模小孔等，可以减小表面粗糙度值。

（4）超声清洗　超声清洗的原理主要是基于超声频振动在液体中产生的交变冲击波和空化作用。超声波在清洗液（汽油、煤油、酒精、丙酮或水等）中传播时，液体分子往复高频振动产生正负交变的冲击波。当声强达到一定数值时，液体中急剧生长微小空化气泡并瞬时强烈闭合，产生的微冲击波使被清洗物表面的污物遭到破坏，并从被清洗表面脱落下来。即使是被清洗物上的窄缝、微小深孔、弯孔中的污物，也很易被清洗干净。虽然每个微气泡的作用并不大，但每秒钟有上亿个空化气泡在作用，就具有很好的清洗效果。所以超声振动被广泛用于对喷油嘴、仪表齿轮、手表整体机芯、印制电路板等的清洗。超声清洗装置如图 8-22 所示。

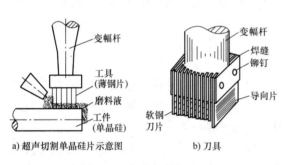

a) 超声切割单晶硅片示意图　　b) 刀具

图 8-21　超声切割加工

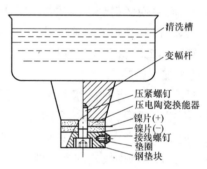

图 8-22　超声清洗装置

8.6　快速成形制造技术

快速成形制造技术是 20 世纪 80 年代出现的一种全新概念的制造技术，被认为是制造领域的一次重大创新。快速成形技术综合了机械工程、CAD、数控技术、激光技术以及材料科学技术，可以自动、直接、快速、准确地将设计思想转变为具有一定功能的原型或直接制造零件，从而可以对产品设计进行快速评估、修改及功能试验，大大缩短了产品的研制周期，是一种增材加工法。

在众多的快速成形工艺中，具有代表性的工艺是：光敏树脂液相固化成形、选择性激光粉末烧结成形、薄片分层叠加成形和熔丝堆积成形等。

8.6.1　光敏树脂液相固化成形

1. 光敏树脂液相固化成形的工艺原理

光敏树脂液相固化成形又称光固化立体造型或立体光刻，是基于液态光敏树脂的光聚合原理工作的。这种液态材料在一定波长（$\lambda = 325\text{nm}$）和功率（$P = 30\text{mW}$）的紫外激光的照射下能迅速发生光聚合反应，分子量急剧增大，材料也就从液态转变成固态。

图 8-23 为光敏树脂液相固化成形工艺的原理图。液槽中盛满液态光敏树脂，激光束在

偏转镜作用下，在液体表面上扫描，扫描的轨迹及激光的有无均由计算机控制，光点扫描到的地方，液体就固化。成形开始时，工作平台在液面下一个确定的深度，液面始终处于激光的焦点平面内，聚焦后的光斑在液面上按计算机的指令逐点扫描即逐点固化。当一层扫描完成后，未被照射的地方仍是液态树脂。然后升降台带动平台下降一层高度（约 0.1mm），已成形的层面上又布满一层液态树脂，刮平器将黏度较大的树脂液面刮平，然后再进行下一层的扫描。新固化的一层牢固地粘在前一层上，如此重复，直到整个零件制造完毕，得到一个三维实体原型。

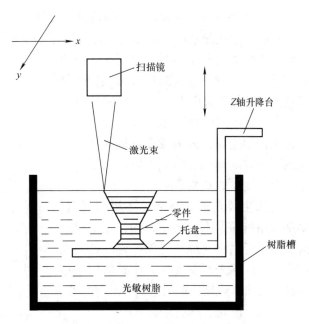

图 8-23　光敏树脂液相固化成形原理图

光敏树脂液相固化成形方法是目前快速成形技术领域中研究得最多的方法，也是技术上最为成熟的方法。光敏树脂液相固化成形工艺成形的零件精度较高。多年的研究改进了截面扫描方式和树脂成形性能，使该工艺的精度能达到或小于 0.1mm。

2. 光敏树脂液相固化成形的特点、成形材料和应用

这种方法的特点是精度高、表面质量好、原材料利用率将近 100%，能制造形状特别复杂（如空心零件）、特别精细（如首饰、工艺品等）的零件。制作出来的原型件，可快速翻制各种模具。

光敏树脂液相固化成形工艺的成形材料称为光固化树脂（或称光敏树脂），光固化树脂材料中主要包括低聚物、反应性稀释剂及光引发剂。根据引发剂的引发机理，光固化树脂可以分为 3 类：自由基光固化树脂、阳离子光固化树脂和混杂型光固化树脂，它们各有许多优点，目前的趋势是使用混杂型光固化树脂。

光敏树脂液相固化成形的应用有很多方面，可直接制作各种树脂功能件，用作结构验证和功能测试；可制作比较精细和复杂的零件；可制造出有透明效果的制件；制作出来的原型件可快速翻制各种模具，如硅橡胶模、金属冷喷模、陶瓷模、合金模、电铸模、环氧树脂模和汽化模等。

8.6.2　选择性激光粉末烧结成形

1. 选择性激光粉末烧结成形的工艺原理

选择性激光粉末烧结成形工艺又称为选区激光烧结。其工艺是利用粉末材料（金属粉末或非金属粉末）在激光照射下烧结的原理，在计算机控制下层层堆积成形。

在图 8-24 中，此法采用 CO_2 激光器作为能源，目前使用的造型材料多为各种粉末材料。在工作台上均匀铺上一层很薄（0.1~0.2mm）的粉末，激光束在计算机控制下按照零件分层轮廓有选择性地进行烧结，一层完成后再进行下一层烧结。全部烧结完后去掉多余的粉末，再进行打磨、烘干等处理，便获得零件。

2. 选择性激光粉末烧结成形的特点、成形材料和应用

选择性激光粉末烧结成形工艺的特点是材料适应面广，不仅能制造塑料零件，还能制造陶瓷、石蜡等材料的零件。特别是可以直接制造金属零件，这使选择性激光粉末烧结成形工艺颇具吸引力。

另一特点是选择性激光粉末烧结成形工艺无需加支撑，因为没有被烧结的粉末起到了支撑的作用。因此可以烧结制造空心、多层镂空的复杂零件。

选择性激光粉末烧结成形用的材料，早期采用蜡粉及高分子塑料粉，用金属或陶瓷粉进行粘接或烧结的工艺也已达到实用阶段。近年来开发的较为成熟的用于选择性激光粉末烧结成形工艺的材料有石蜡、聚碳酸酯、尼龙、钢铜合金等。

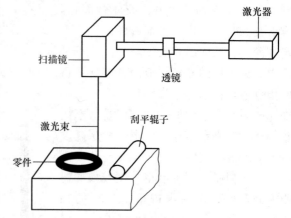

图 8-24　选择性激光粉末烧结成形原理图

选择性激光粉末烧结成形激光粉末烧结的应用范围与光敏树脂液相固化成形工艺类似，可直接制作各种高分子粉末材料的功能件，用作结构验证和功能测试，并可用于装配样机。制件可直接作精密铸造用的蜡模和砂型、型芯，制作出来的原型件可快速翻制各种模具，如硅橡胶模、金属冷喷模、陶瓷模、合金模、电铸模、环氧树脂模和汽化模等。

8.6.3　薄片分层叠加成形

1. 薄片分层叠加成形的工艺原理

薄片分层叠加成形工艺又称叠层实体制造或分层实体制造，因为常用纸作为原料，故又称纸片叠层法。其工艺采用薄片材料（如纸、塑料薄膜等）作为成形材料，片材表面事先涂覆上一层热熔胶。加工时，用 CO_2 激光器（或刀）在计算机控制下按照 CAD 分层模型轨迹切割片材，然后通过热压辊热压，使当前层与下面已成形的工件层粘接，从而堆积成形。

图 8-25 为薄片分层叠加成形工艺的原理图。用 CO_2 激光器在刚粘接的新层上切割出零件截面轮廓和工件外框，并在截面轮廓与外形之间多余的区域内切割出上下对齐的网格；激光切割完成后，工作台带动已成形的零件下降，与带状片材（料带）分离；供料机构转动收料轴和供料轴，带动料带移动，使新层移到加工区域；工作台上升到加工平面；热压辊热压，零件的层数增加一层，高度增加一个料厚；再在新层上切割截面轮廓。如此反复直

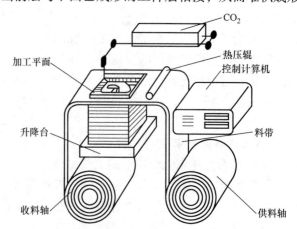

图 8-25　薄片分层叠加成形原理图

至零件的所有截面切割、粘接完成，得到三维的实体零件。

2. 薄片分层叠加成形的特点、成形材料和应用

薄片分层叠加成形工艺只需在片材上切割出零件截面的轮廓，而不用扫描整个截面，因此易于制造大型、实体零件。零件的精度较高（< 0.15mm）。工件外形与截面轮廓之间的多余材料在加工中起到了支撑作用，所以薄片分层叠加成形工艺无需加支撑。

薄片分层叠加成形工艺的成形材料常用成卷的纸，纸的一面事先涂覆一层热熔胶，偶尔也有用塑料薄膜作为成形材料。对纸材的要求是应具有抗湿性、稳定性、涂胶浸润性和抗拉强度。

由于成形材料纸张较便宜，运行成本和设备投资较低，故这种成形工艺获得了一定的应用，可以用来制作汽车发动机曲轴、连杆、各类箱体、盖板等零部件的原形样件。

8.6.4 熔丝堆积成形

1. 熔丝堆积成形的工艺原理

熔丝堆积成形工艺是利用热塑性材料的热熔性、黏结性在计算机控制下层层堆积成形的。

图 8-26 为熔丝堆积成形的工艺原理图。材料先抽成丝状，通过送丝机构送进喷头，在喷头内被加热熔化，喷头沿零件截面轮廓和填充轨迹运动，同时将熔化的材料挤出，材料迅速固化，并与周围的材料黏结，层层堆积成形。

2. 熔丝堆积成形的特点、成形材料和应用

该工艺不用激光，因此使用、维护简单，成本较低。用蜡成形的零件原型，可以直接用于失蜡铸造。用 ABS 工程塑料制造的原型因具有较高强度而在产品设计、测试与评估等方面得到广泛应用。

熔丝堆积成形工艺常用 ABS 和 PLA 等工程塑料丝作为成形材料。

由于熔丝堆积成形工艺可以成形任意复杂程度的零件，因此经常用于成形有复杂的内腔、孔等零件。

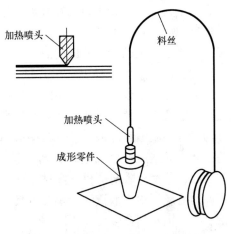

图 8-26 熔丝堆积成形的工艺原理图

复习思考题

1. 何谓现代加工方法？现代加工方法与传统的切削加工相比有什么不同的特点？常用的现代加工方法有哪些？

2. 电火花加工的原理是什么？电火花加工有哪些特点？常用的电火花加工工艺方法有哪些？

3. 试述电火花线切割加工的基本原理和加工范围。

4. 试述线切割机床组成和各部分的作用。

5. 何谓激光？激光具有哪些性能特点？试述激光加工原理和应用范围。

6. 何谓超声波？试述超声波加工原理和应用范围。

7. 快速成形的典型代表工艺有哪些？

第9章 锻 压

【目的与要求】

1. 熟悉锻压生产工艺过程、分类、应用范围及其特点。
2. 熟悉锻压安全操作技术规程。
3. 熟悉自由锻造设备、工具、基本工序及操作方法，有能力独立加工简单锻件。
4. 了解冲压设备和工艺过程。

9.1 概述

金属压力加工是利用金属在外力作用下所产生的塑性变形，获得具有一定形状、尺寸和力学性能的原材料、毛坯或零件的生产方法。锻压属于压力加工范畴，是机械制造中的重要加工方法之一，是锻造与冲压的总称。

9.1.1 锻造

锻造是在加压设备及工（模）具的作用下，使金属坯料产生局部或全部的塑性变形，以获得一定几何尺寸、形状、质量和力学性能的锻件的加工方法。根据变形温度不同，锻造可分为热锻、温锻和冷锻3种，其中应用最广泛的是热锻。热锻是在再结晶温度以上进行锻造的工艺，锻造后的金属组织致密、晶粒细小，组织均匀，从而使金属的力学性能得以提高。因此，承受重载荷的机械零件，如机床主轴、航空发动机曲轴、连杆、起重机吊钩等多以锻件为毛坯。用于锻造的金属必须具有良好的塑性，在锻造时不致破裂。常用的锻造材料有钢、铜、铝及其合金。

9.1.2 冲压

使板料经分离和变形而得到制件的工艺方法统称为冲压。冲压通常是在常温下进行的，因此又称为冷冲压；只有板料厚度超过8.0mm时，才用热冲压。用于冲压件的材料多为塑性良好的低碳钢板、纯铜板、黄铜板及铝板等。冲压件有重量轻、刚度大、强度高、互换性好、成本低、生产过程便于实现机械自动化及生产效率高等优点，在汽车、仪表、电器、航空及日用工业等部门得到广泛的应用。

9.2 锻压工艺

9.2.1 自由锻

只用简单的通用性工具，或在锻造设备的上、下砧间经多次锻打和逐步变形而获得所需的几何形状及内部质量的锻件，这种方法称为自由锻。自由锻有手工自由锻和机器自由锻之分，机器自由锻是自由锻的主要方法。

自由锻使用的工具简单，操作灵活，但锻件的精度低，生产率不高，劳动强度大，故只适用于单件、小批和大件、巨型件的生产。

1. 加热

锻件加热是指把工件加热到奥氏体温度区域，其目的是提高金属的塑性和降低金属的变形抗力，以利于金属的变形和得到良好的锻后组织和性能。但加热温度过高，易产生一些不良的缺陷；加热温度过低，塑性差，不利于锻打成形，甚至开裂。

（1）钢在加热中的化学和物理反应　钢在加热时，表层的铁、碳与炉中的氧化性气体（O_2、CO_2、水蒸气等）发生一些化学反应，形成氧化皮及表层脱碳现象。加热温度过高，还会产生过热、过烧及裂纹等缺陷。钢在加热中常见的缺陷及其防止措施见表9-1。

表9-1　钢在加热时的缺陷及其防止措施

缺陷名称	定　义	后　　果	防止措施
氧化	金属加热时，介质中的 O_2、CO_2 和水蒸气等与金属反应生成氧化物的过程	氧化使钢材损失、锻件表面质量下降，模具及炉子使用寿命降低。当脱碳层厚度大于工件加工余量时，会降低表面的硬度和强度，严重时会导致工件报废	快速加热，减少过剩空气量，采用少氧化、无氧化加热，采用少装、勤装的操作方法，在钢材表面涂保护层
脱碳	加热时，由于气体介质和钢铁表层碳的作用，使得表层含碳量降低的现象		
过热	由于加热温度过高、保温时间过长出现晶粒粗大的现象	锻件力学性能降低、变脆，严重时锻件的边角处会产生裂纹	控制正确的加热温度、保温时间和炉气成分
过烧	加热温度超过始锻温度过多，使晶粒边界出现氧化及熔化的现象	坯料无法锻造	控制正确的加热温度、保温时间和炉气成分
裂纹	大型或复杂的锻件，塑性差或导热性差的锻件，在较快的加热速度或过高装炉温度下，因坯料内外温度不一致而造成裂纹	内部细小裂纹在锻打中有可能焊合，表面裂纹在拉应力作用下进一步扩展导致报废	严格控制加热速度和装炉温度

（2）锻造加热温度范围及其控制　锻坯加热是根据金属的化学成分和铁碳相图确定其加热规范，不同的金属，其加热温度也不同。为了保证质量，必须严格按照锻造温度范围来操作。始锻温度指锻坯锻造时所允许的最高加热温度。终锻温度指锻坯停止锻造时的温度。锻造温度范围是指始锻温度到终锻温度的区间范围，锻造温度范围越大，塑性越好。

一般情况下，始锻温度应使锻坯在不产生过热和过烧的前提下，尽可能高些；终锻温度应使锻坯在不产生冷变形强化的前提下，尽可能低一些。这样便于扩大锻造温度范围，减少加热火次从而提高生产率。常用的普通碳素钢的始锻温度为1280℃，终锻温度为700℃，优质碳素钢的始锻温度为1200℃，终锻温度为800℃。

锻造时的测温方法有观火色法及仪表检测法，其中观火色法是通过目测钢在高温下的火色与温度关系来判断加热温度的高低，简便快捷，应用较广。表9-2为碳素钢的加热温度与其火色的对应关系。

表 9-2　碳素钢的加热温度与其火色的对应关系

加热温度/℃	1300	1200	1100	900	800	700	<600
火色	黄白	淡黄	黄	淡红	樱红	暗红	赤褐

（3）加热设备的特点及其应用　按热源不同，加热方法可分为火焰加热和电加热两大类。表 9-3 为常用加热方法的特点及应用。

表 9-3　常用加热方法的特点及应用

加热方法	加热设备	原理及特点	应用场合
火焰加热	手工炉（又称明火炉）	结构简单，使用方便，加热不均，燃料消耗大，生产率不高	手工锤，小型空气锤自由锻
	反射炉	结构较复杂，燃料消耗少，热效率较高	锻压车间广泛使用
	少、无氧化火焰加热炉	利用燃料的不完全燃烧所产生的保护气氛，减少金属氧化，而炉膛上部二次进风，形成高温区向下部加热区辐射，达到少氧化、无氧化的加热目的	成批中小件的精锻
电加热	箱式电阻炉	利用电流通过电热体产生热量对坯料加热，结构简单，操作方便，炉温及炉内气氛易于控制	用于非铁金属、高合金钢及精锻加热
	中频感应炉	需变频装置、单位电能消耗为 0.4 ~ 0.55kW·h/kg，加热速度快、自动化程度高、应用广	$\phi 20 ~ \phi 150mm$ 坯料模锻、热挤、回转成形

（4）锻件的冷却　锻件的冷却应做到使冷却速度不要过快和各部分的冷却收缩比较均匀一致，以防表面硬化、工件变形和开裂。如 45 钢水冷，就会有组织转变，硬度会增加，后续加工困难。锻件常用的冷却方法有空冷、坑冷和炉冷 3 种。空冷适用于塑性较好的中、小型的低、中碳钢的锻件冷却；坑冷（埋入炉灰或干砂中）适用于塑性较差的高碳钢、合金钢的锻件冷却；炉冷（放在 500 ~700℃的加热炉中随炉缓冷）适用于高合金钢、特殊钢的大件以及形状复杂的锻件冷却。

2. 自由锻成形

自由锻成形主要是借助于锻造设备和通用的工具来实现的。

（1）自由锻设备　锻造中、小型锻件常用的设备是如图 9-1 所示的空气锤和蒸汽 – 空气自由锻锤，大型锻件常用水（油）压机。空气锤的规格是以落下部分（包括工作活塞、锤杆与锤头）的质量来表示的。但锻锤产生的打击力，却是落下部分质量的 800 ~ 1000 倍。例如牌号上标注 65kg 的空气锤，就是指其落下部分的质量为 65kg，打击力约是 650kN。常用的是规格为 50 ~750kg 的空气锤。空气锤既可进行自由锻，也可进行胎模锻，它的特点是操作方便，但吨位不大并有噪声与振动，只适用于小型锻件。

（2）自由锻的基本工序　自由锻的基本工序有镦粗、拔长、冲孔、弯曲、错移、扭转及切割等，其中镦粗、拔长、冲孔用得较多。自由锻基本工序的定义、操作要点和应用见表 9-4。

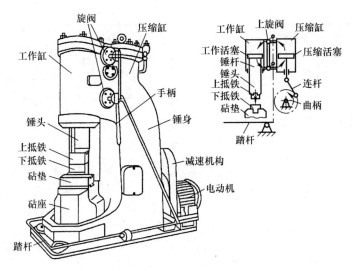

图 9-1 空气锤

表 9-4 自由锻基本工序及应用

工序名称	定义及图例	操作要点	应 用
镦粗	使毛坯高度减小，横截面积增大的锻造工序称为镦粗 在坯料上某一部分进行的镦粗称为局部镦粗 坯料在垫环上或两垫环间进行的镦粗称为垫环镦粗 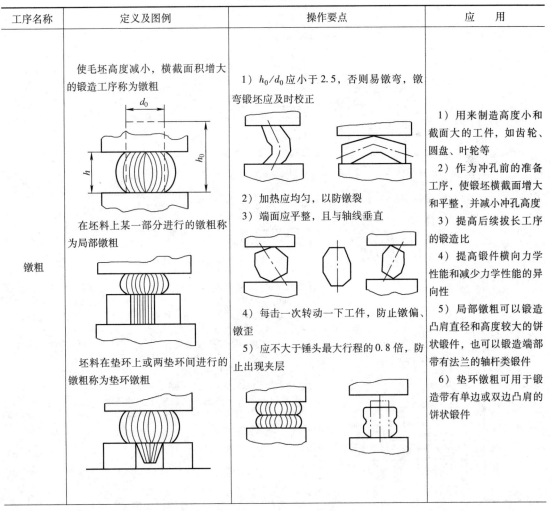	1) h_0/d_0 应小于 2.5，否则易镦弯，镦弯锻坯应及时校正 2) 加热应均匀，以防镦裂 3) 端面应平整，且与轴线垂直 4) 每击一次转动一下工件，防止镦偏、镦歪 5) 应不大于锤头最大行程的 0.8 倍，防止出现夹层	1) 用来制造高度小和截面大的工件，如齿轮、圆盘、叶轮等 2) 作为冲孔前的准备工序，使锻坯横截面增大和平整，并减小冲孔高度 3) 提高后续拔长工序的锻造比 4) 提高锻件横向力学性能和减少力学性能的异向性 5) 局部镦粗可以锻造凸肩直径和高度较大的饼状锻件，也可以锻造端部带有法兰的轴杆类锻件 6) 垫环镦粗可用于锻造带有单边或双边凸肩的饼状锻件

（续）

工序名称	定义及图例	操作要点	应　　用
拔长	使毛坯横截面面积减小，长度增加的锻造工序称为拔长 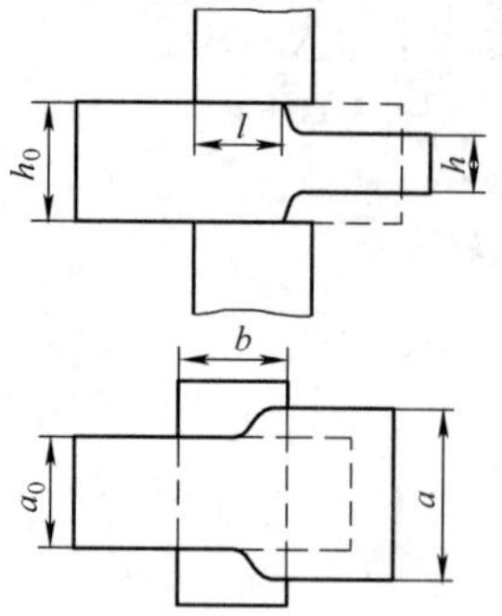 用芯棒穿于空心毛坯的孔中进行的拔长称为芯棒拔长 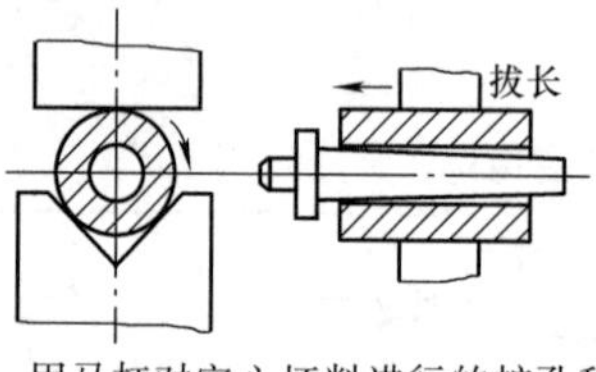 用马杠对空心坯料进行的扩孔称为马杠扩孔 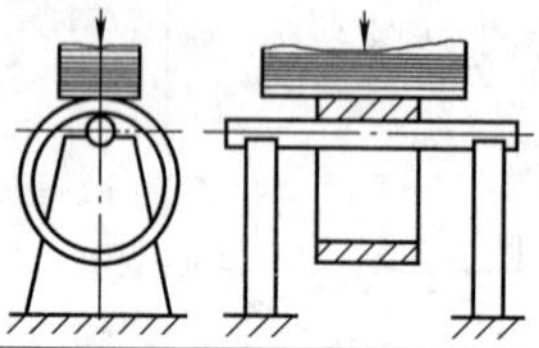	1）$l=(0.3\sim0.7)\ b$，过大，降低拔长效率；过小，易产生折叠 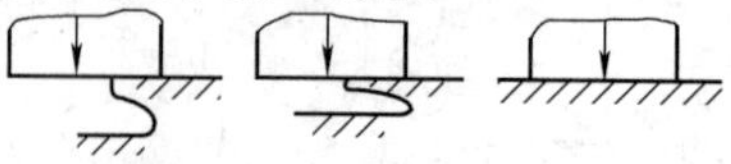 2）$a/h\leqslant2.5$，防止产生夹层 3）不断翻转锻件，保证温度均匀 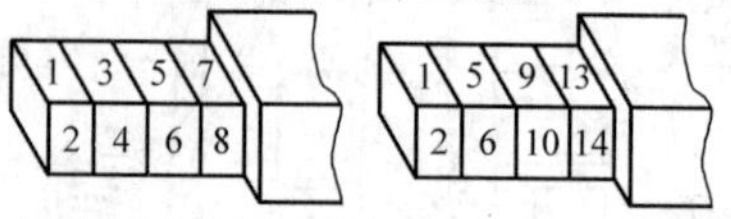 4）拔长总是在方截面下进行，如坯料为圆形截面应按照下图方式进行 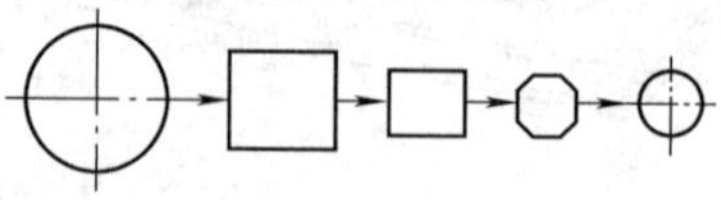 5）局部拔长时，应先压肩，以使过渡面平直整齐  6）拔长工件时，若表面不平整，拔后必须修整 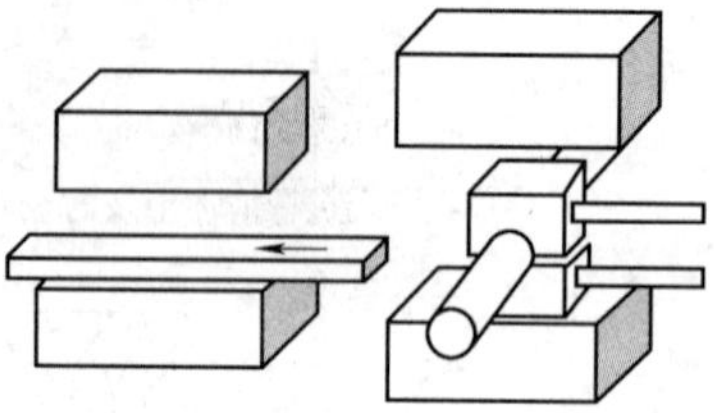	1）用来制造长而截面小的工件，如轴、拉杆、曲面等 2）改善锻件的内部质量 3）制造长筒类锻件，如炮筒、透平主轴、圆环、套筒等
冲孔	在坯料上冲出通孔或不通孔的锻造工序称为冲孔 1）双面冲孔 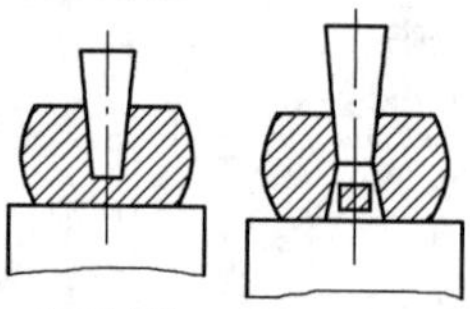 2）单面冲孔 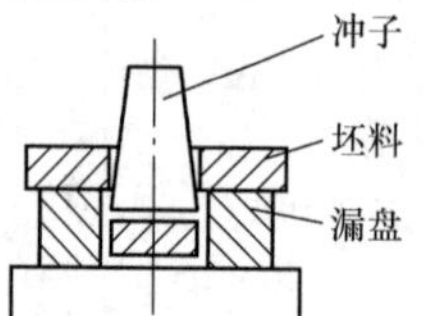 3）冲头扩孔 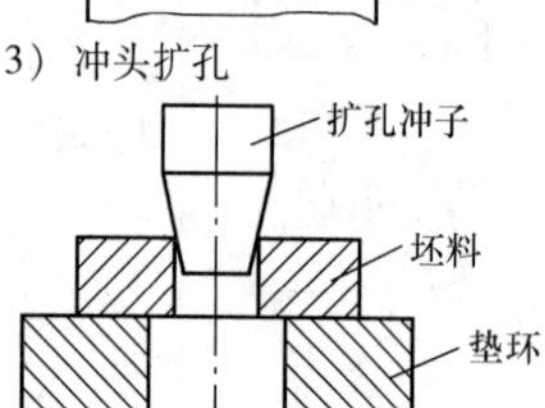	1）冲孔前一般需将坯料镦粗，以便减小冲孔高度和使冲孔面平整 2）适当提高坯料始锻温度，提高塑性，以防止由于冲孔时坯料局部变形量过大而产生冲裂和损坏冲子 3）冲子必须找正位置，并与冲孔面垂直。双面冲孔时先将冲头冲至约坯料高度的2/3深度时，翻转坯料后将孔冲通，可以避免孔的周围冲出毛刺 4）为顺利拔出冲头，可在凹痕上撒一些煤粉，冲头要经常用水冷却 5）直径小于25mm的孔，一般不冲出 6）冲较大孔时，要先用直径较小的冲头冲出小孔，然后再用直径较大的冲头逐步将孔扩大到所要求的尺寸	1）制造带孔件，如齿轮坯、圆环、套筒等 2）用于芯棒拔长和扩孔前的准备工作 3）锻件质量要求高的大型空心件可以利用冲孔去除质量较差的中心部分

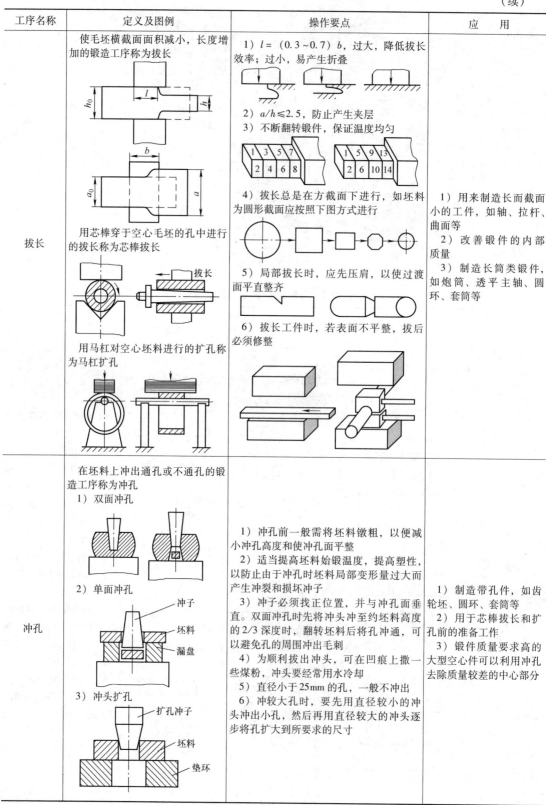

9.2.2 胎模锻

胎模锻是介于自由锻与模锻之间的一种锻造方法，胎模不固定在锤头和砧座上，而是根据需要随时将胎模放在下砧上进行锻造，用完后拿下来。胎模锻一般采用自由锻方法制坯，然后在胎模中最后成形。常用胎模的种类、结构和应用范围见表9-5。

表9-5 常用胎模的种类、结构和应用范围

序号	名称	简图	应用范围	序号	名称	简图	应用范围
1	摔模	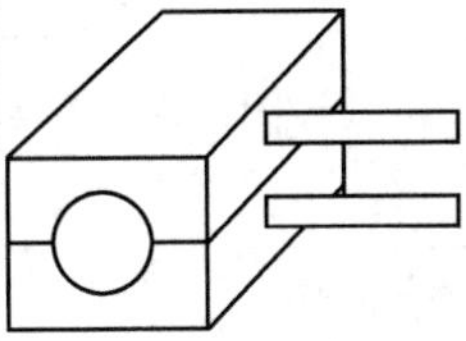	轴类锻件的成形或精整，或为合模锻造制坯	4	套模		回转体类锻件的成形
2	弯模	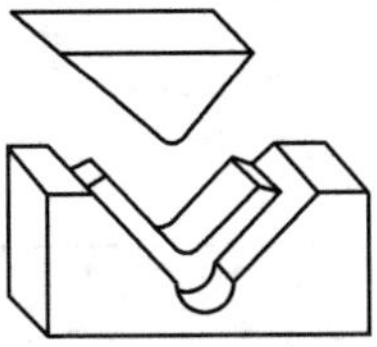	弯曲类锻件的成形，或为合模锻造制坯				
3	扣模		非回转体锻件的局部或整体成形，或为合模锻造制坯	5	合模		形状较复杂的非回转体类锻件的终锻成形

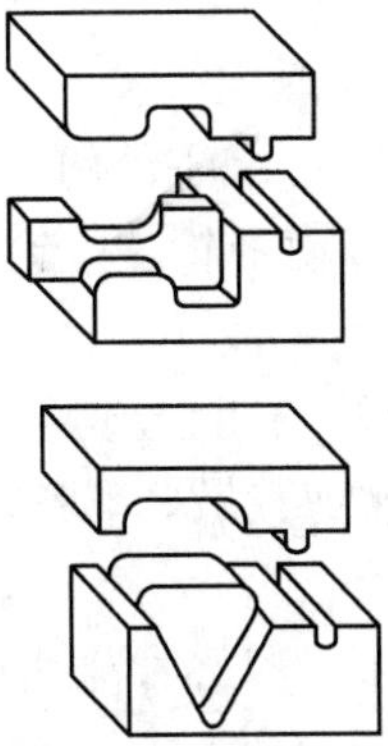

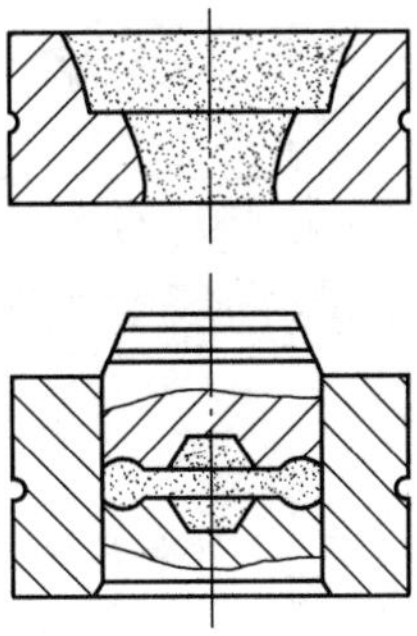

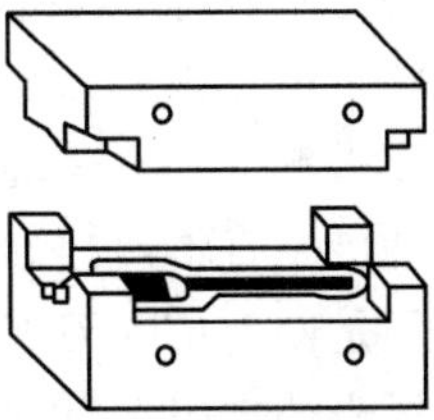

胎模锻与自由锻相比，有锻件形状较准确，尺寸精度较高、力学性能较好及生产效率较高的优点，主要用于中、小批生产。

9.2.3 模锻

模锻是使金属坯料在冲击力或压力作用下，在锻模模腔内变形，从而获得锻件的工艺方法。由于金属是在模腔内变形，其流动受到模壁的限制，因而模锻生产的锻件尺寸精确、加工余量较小、结构可以较复杂，而且生产率高。模锻生产广泛应用在机械制造业和国防工业中。

模锻按使用的设备不同分为锤上模锻、曲柄压力机上模锻、摩擦压力机上模锻，还有精密模锻等。

1. 锻模结构

锻模由带模腔的上、下模块及紧固件等组成。上、下模块的尾部做成燕尾形，用镶条分

别紧固在锤头及模垫上。上、下模块的前后定位是用垫块及垫片调整的。

2. 模腔分类

按功能不同，模腔可分模锻模腔与制坯模腔两大类，见表9-6。

表9-6 模腔的分类及功能

分　类		功　能
模锻模腔	预锻模腔	减少终锻模腔磨损，提高终锻模腔寿命，使坯料尺寸与形状接近锻件，其圆角及模锻斜度较大
	终锻模腔	使坯料最后成形的模腔，其形状、尺寸与锻件相同，只是比锻件大一个收缩率，并且在分模面上有飞边槽
制坯模腔（用于较复杂的锻件）	拔长模腔	有开式、闭式两种，用于截面相差大的锻件
	滚压模腔	减少某部分截面的面积，增加另一部分截面的面积
	弯曲模腔	用于弯曲锻件，若弯曲后再锻，应旋转90°
	切断模腔	用于从坯料上切下锻件的情况

9.2.4 板料冲压

板料冲压是用板料成形零件的一种加工方法。

1. 冲压设备

（1）剪床 龙门剪床也称剪板机，它是下料的基本设备之一。剪床的上、下刀刃与水平方向的夹角不同，可分为平刃和斜刃剪床。工作时由电动机带动带轮、齿轮和曲轴转动，从而使滑块及上刀刃作上、下运动，进行剪裁操作。

工作时，电动机一直不停地转动，而上切削刃是通过离合器的闭合与脱开来进行剪裁的，制动器的作用是使上切削刃剪切后停在最高位置上，为下次剪裁做好准备，挡铁用来控制下料尺寸。剪板机的规格是以剪切板料的厚度和宽度来表示的。

（2）冲床 常用的冲床（压力机）有偏心冲床和曲轴冲床。偏心冲床由电动机驱动，通过小齿轮带动大齿轮（飞轮），将动力传给偏心轴，再通过连杆使滑块作直线往复运动而工作。曲轴冲床的结构、工作原理与偏心冲床基本相同，主要区别是曲轴冲床的主轴为曲轴，它的行程是固定不变的。

2. 冲压工序

根据冲压工序的性质及金属的受力、变形特征，冲压基本工序可分为分离工序（剪切、冲孔、落料等）、变形工序（弯曲、拉深、成形等）。

1）剪切是将材料沿不封闭的曲线分离的一种冲压方法。

2）落料是利用冲裁取得一定外形的制件或坯料的冲压方法。

3）冲孔是将冲压板坯以封闭的轮廓分离开来，得到带孔制件的一种冲压方法。

4）弯曲是将板料在弯矩作用下弯成具有一定曲率和角度的成形方法。

5）拉深或拉延是变形区在一拉一压的应力状态作用下，使板料（浅的空心坯）成为空心件（深的空心件），而厚度基本不变的加工方法。

3. 冲压模具

冲压模具（简称冲模）是使板料产生分离或成形的工具。冲模的结构合理与否对冲压件质量、生产率及模具寿命等都有很大的影响。冲模一般分上模和下模两部分。上模通过模柄安装在冲床滑块上，下模则通过下模板由压板和螺栓安装，紧固在冲床工作台上。冲模有简单模、连续模和复合模 3 种。

9.3 锻压件质量检验与缺陷分析

1. 锻压件加工质量评判标准

锻压件加工质量评判标准主要有几何形状和尺寸、表面质量、内部缺陷、显微组织、力学性能等。

2. 锻压件缺陷分析

（1）加热缺陷 主要由氧化、脱碳、过热、过烧、裂纹等原因引起的。

（2）冷却缺陷 主要由外形翘曲、冷却裂纹等原因引起的。

此外，不恰当的冷却还会使锻件的表面硬化，给切削加工带来困难。

9.4 锻压安全操作技术规程

1）未经指导老师允许，不得擅自开动设备，开启前必须检查设备是否完好，安全防护装置是否齐全有效。

2）坯料加热、锻造和冷却过程中应防止烫伤。

3）钳口的形状和尺寸必须与坯料的截面相适应，以便夹牢工件，严禁将夹钳对准人体，严禁将手指放在两钳柄之间，以免夹伤。

4）锻锤开启后，司锤者应集中精力按掌钳者的指挥操作，掌钳者发出的信号要清晰。

5）锻造时，不要在易飞出冲头、料头、毛刺、火星等物的危险区停留。严禁将手和头伸入锻锤与砧座之间，砧座上的氧化皮应用夹钳、长柄扫帚等工具清除。

6）冲压板料时，严禁将手或头伸入上模、下模之间，严禁用手直接取、放冲压件，应采用工具钩取。

7）冲压操作结束后，应切断电源，使滑块处于最低位置（模具处于闭合状态），然后进行必要的清理。

8）进入锻造车间必须穿隔热胶底鞋或皮底鞋，戴安全帽。

9）严格按指导教师的安排，完成规定的实训操作，不得擅自改变实训内容和操作规程。

10）锻压操作前确保其他操作者处于安全区域，并在可能发生危险的区域设置警示标志。

11）工具、模具的放置与收藏要整齐合理、取用方便，用后及时维护和收藏。工作完毕后按要求对设备和工具进行清理，工作场地应清扫干净，飞边和废料等要送往指定地点。

12）锤头应做到"三不打"，即砧上无锻坯、工件未夹牢、过烧或过冷的坯料不打。

13）严禁远距离扔料，近距离扔料要加防护挡板。

14）实训操作时发扬团结协作精神，保持现场整洁，做到文明有礼。

复习思考题

1. 什么叫锻造？其应用特点是什么？
2. 合理地控制锻造温度范围对锻造过程有何影响？
3. 对碳素钢而言，越难锻造的钢种，其始锻温度是否应越高？为什么？
4. 什么叫自由锻？举例说明。
5. 如何减少氧化和脱碳的发生？
6. 如何控制工件的过热和过烧？
7. 对于曲轴、齿轮等工件，在机械加工前为什么要进行锻造处理？

第 10 章 焊接与热切割

【目的与要求】
1. 了解气焊与气割等的基本知识。
2. 熟悉焊接生产环境保护及安全操作技术规程。
3. 掌握焊接的定义、电弧的实质及分类。
4. 能进行焊条电弧焊的平焊操作。

10.1 焊接概述

10.1.1 焊接原理及分类

1. 焊接原理

焊接是通过加热或加压，或两者并用，用或不用填充材料，使焊件达到原子间结合并形成永久性接头的工艺过程。

在工业生产中，焊接主要用于连接金属材料。要使两部分金属材料达到永久连接的目的，就必须使如图 10-1a 所示的分离金属非常接近，以使金属接触表面达到原子结合的距离，形成如图 10-1b 所示的牢固的接头。这对液体来说是很容易的，而对固体来说则比较困难，需要外部给予很大的能量，因此必须施以能量，通常采用加热、加压或两者并用的方法。

焊接区别于可拆卸联接（如螺栓联接、键联接）及一般不可拆卸连接（如铆接、粘接），因为它是原子间连接。

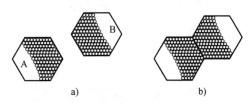

图 10-1 焊接使物体产生了原子结合

2. 分类

作为现代工业的基础工艺，焊接的种类很多。按焊接过程的工艺特点和母材金属所处的状态，焊接可分熔焊、压焊、钎焊 3 类。

（1）熔焊 在焊接过程中将工件接口加热至熔化状态，不加压力完成焊接的方法。在熔焊过程中，如果大气与高温的熔池直接接触，在随后冷却过程中会在焊缝中形成气孔、夹渣、裂纹等缺陷，恶化焊缝的质量和性能。为了提高焊接质量，人们研究出了各种保护方法。例如：气体保护电弧焊就是用氩、CO_2 等气体隔绝大气，以保护焊接时的电弧和熔池率；又如焊接钢材时，在焊条药皮中加入对氧亲和力大的钛铁粉进行脱氧，就可以保护焊条中有益元素锰、硅等免于氧化而进入熔池，冷却后获得优质焊缝。

（2）压焊 施加压力完成焊接的焊接方法。常见的压焊是电阻焊、摩擦焊。

（3）钎焊 使用比工件熔点低的金属材料作钎料，将工件和钎料加热到高于钎料熔点、低于工件熔点的温度，利用液态钎料润湿工件，填充接口间隙并与工件实现原子间的相互扩散，从而实现焊接的方法。

3. 特点

焊接产品比铆接件、铸件和锻件质量轻，对于交通运输工具来说可以减轻自重，节约能源。焊接的密封性好，适于制造各类容器。发展联合加工工艺，使焊接与锻造、铸造相结合，可以制成大型、经济合理的铸焊结构和锻焊结构，经济效益很高。采用焊接工艺能有效利用材料，焊接结构可以在不同部位采用不同性能的材料，充分发挥各种材料的特长，达到经济、优质。焊接已成为现代工业中一种不可缺少，而且日益重要的加工工艺方法。

4. 应用

作为机械以及其他产品的现代先进制造技术之一，已广泛应用于电站、核能、石化、煤炭、冶金、矿山、建筑、桥梁、船舶、汽车、机车、海洋工程、仪表仪器、轻工纺织以及日用家电等国民经济各个部门。它在推动我国工业的发展中已占有相当重要的地位。

10.1.2 焊接基本知识

焊接的空间位置如图 10-2 所示。焊接缺陷就是指焊接过程中，在焊接接头产生的不符合设计或工艺要求的缺陷。其表现形式主要有焊接裂纹、气孔、咬边、未焊透、未熔合、夹渣、焊瘤、塌陷、凹坑、烧穿等。这就需要调整焊接条件，焊前对焊件接口处预热、焊时保温和焊后热处理可以改善焊件的焊接质量。

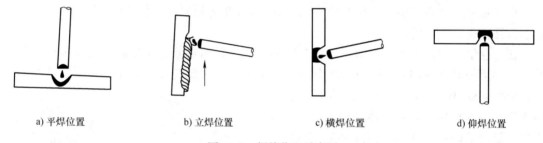

a) 平焊位置　　b) 立焊位置　　c) 横焊位置　　d) 仰焊位置

图 10-2　焊接位置示意图

另外，焊接是一个局部的迅速加热和冷却过程，焊接区由于受到四周工件本体的拘束而不能自由膨胀和收缩，冷却后在焊件中便产生焊接应力和变形。重要产品焊后都需要消除焊接应力，矫正焊接变形。

焊接时形成的连接两个被连接体的接缝称为焊缝。焊缝几何尺寸如图 10-3 所示。

现代焊接技术已能焊出无内外缺陷的、力学性能等于甚至高于被连接体的焊缝。被焊接体在空间的相互位置称为焊接接头，接头处的强度除受焊缝质量影响外，还与其几何形状、尺寸、受力情况和工作条件等有关。接头的基本形式如图 10-4 所示，有对接、搭接、T 形接和角接等。优先采用对接接头的焊接。

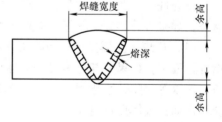

图 10-3　焊缝几何尺寸

在焊接时为确保焊件能焊透，必须开一定形状的坡口。通常采用最多的接头型式是对接接头，如图 10-5 所示。这种接头常见的坡口形式有 I 形坡口、Y 形坡口、双 Y 形坡口、带钝边 U 形坡口。

10.1.3 焊接工艺发展历程

古代的焊接方法主要是铸焊、钎焊、锻焊、铆焊。我国商朝制造的铁刃铜钺，就是铁与

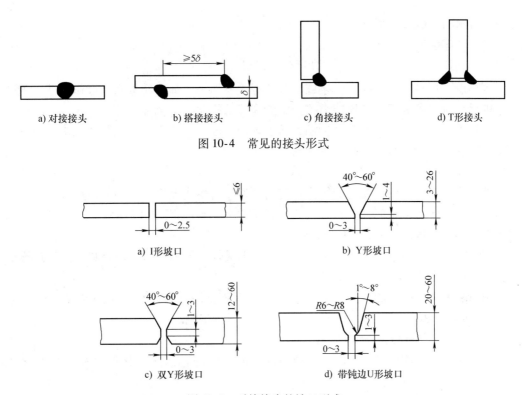

a) 对接接头　　b) 搭接接头　　c) 角接接头　　d) T形接头

图 10-4　常见的接头形式

a) I形坡口　　　　　　　　b) Y形坡口

c) 双Y形坡口　　　　　　d) 带钝边U形坡口

图 10-5　对接接头的坡口型式

铜的铸焊件。春秋战国时期曾侯乙墓中的建鼓铜座上有许多盘龙，是分段钎焊连接而成的。中世纪，在叙利亚大马士革也曾用锻焊制造兵器。古代焊接技术使用的热源都是炉火，只能用以制作装饰品、简单的工具、生活器具和武器。

最早的现代焊接技术出现在 19 世纪末，先是弧焊和气焊，稍后出现了电阻焊。20 世纪早期，随着第一次和第二次世界大战开战，对军用器材廉价可靠的连接方法需求极大，故促进了焊接技术的发展。电弧焊从 20 年代起成为一种重要的焊接方法，也成为现代焊接工艺的发展开端。1948 年开始了带药皮的手工电弧焊生产过程，1956 年早期 CO_2 气体保护焊，1958 年开始，焊接技术中自动焊的先驱——一体化焊接设备，1978 年焊接技术又开辟了一个新领域——气体保护焊机器人。1992 年焊接技术开始新飞跃，出现了计算机控制的电焊机生产。1997 年出现了协同控制的新一代电子脉冲弧焊机。

今天，随着焊接机器人在工业应用中的广泛应用，研究人员仍在深入研究焊接的本质，继续开发新的焊接方法，以进一步提高焊接质量。我国已经自主研制了全自动化焊接设备和焊接机器人。

未来的焊接工艺，一方面要研制新的焊接方法、焊接设备和焊接材料，以进一步提高焊接质量和安全可靠性，如改进现有电弧、等离子弧、电子束、激光等焊接能源；运用电子技术和控制技术，改善电弧的工艺性能，研制可靠轻巧的电弧跟踪方法。另一方面要提高焊接机械化和自动化水平，如焊机实现程序控制、数字控制；研制从准备工序、焊接到质量监控全部过程自动化的专用焊机；在自动焊接生产线上，推广、扩大数控的焊接机械手和焊接机器人，可以提高焊接生产水平，改善焊接卫生安全条件。

10.1.4 常用的焊接方法简介

1. CO₂ 气体保护焊

原理：利用 CO_2 作为保护气体的熔化极电弧焊方法。

主要特点：焊接生产率高，焊接成本低，焊接变形小，焊接质量高，操作简单，飞溅率大，很难用交流电源焊接，抗风能力差，不能焊接易氧化的有色金属。

应用：主要焊接低碳钢及低合金钢，适于各种厚度。广泛用于汽车制造、机车和车辆制造、化工机械、农业机械、矿山机械等部门。

2. MIG/MAG 焊

原理：采用惰性气体作为保护气体，使用焊丝作为熔化电极的一种电弧焊方法。

作为保护气体通常是氩气、氦气或它们的混合气。MIG 用惰性气体，MAG 在惰性气体中加入少量活性气体，如 O_2、CO_2 气体等。

主要特点：焊接质量好，焊接生产率高，易形成焊接缺陷，对焊接材料表面清理要求特别严格，抗风能力差，焊接设备复杂。

应用：几乎能焊所有的金属材料，主要用于有色金属及其合金，不锈钢及某些合金钢（太贵）的焊接。最薄厚度约为 1mm，大厚度基本不受限制。

3. TIG 焊（又称钨极惰性气体保护焊）

原理：在惰性气体保护下，利用钨极与焊件间产生的电弧热熔化母材和填充焊丝（也可不加填充焊丝），形成焊缝的焊接方法。

主要特点：适应能力强，焊接生产率低，钨极承载电流能力较差，生产成本较高。

应用：几乎可焊所有金属材料，常用于不锈钢，高温合金，铝、镁、钛及其合金，难熔活泼金属如锆、钽、钼、铌等和异种金属的焊接。焊接厚度一般在 6mm 以下的焊件，或厚件的打底焊。

以上是常用的几种熔焊方法，各有优点和不足，选择焊接方法时，要考虑的因素比较多，如焊件材料的种类、板厚、焊缝在空间的位置等。

选焊接方法的原则是：在保证焊接接头质量的前提下，用总成本低的焊接方法。

10.2 焊条电弧焊

焊条电弧焊是各种电弧焊方法中发展最早、目前仍然应用最广的一种焊接方法。它具有成本低，方便灵活，适应性广，劳动强度大等特点，常用于维修及装配中的短缝焊接，特别是难以达到的部位的焊接，适用于碳素钢、低合金钢、不锈钢、铜及铜合金等金属材料的焊接，以及铸铁焊补其他金属材料的堆焊。但是对于钛、锆、钽、钼、锡、铅、锌等一般不用焊条电弧焊。

10.2.1 焊条电弧焊基本知识

1. 电弧

焊接电弧是由焊接电源供给的，具有一定电压的两电极间或电极与焊件间，在气体介质中产生的强烈而持久的放电现象。

电弧构成如图 10-6 所示，电弧热量来源于电能。电弧由阴极区、弧柱、阳极区 3 部分组成。

由于电弧在阴极和阳极上产生的热量不同，在直流焊接时可采用正接法和反接法。如焊接厚板时，一般采用直流正接法，即工件接正极。这是因为电弧正极的温度和热量比负极高，采用正接法能获得较大的熔深。焊接薄板时，为了防止烧穿，常采用反接。

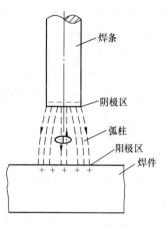

图 10-6　电弧构成

2. 焊条电弧焊的工作原理

（1）焊条电弧焊设备的连接　如图 10-7 所示的电路是以弧焊电源为起点，通过焊接电缆、焊钳、焊条、工件、接地电缆形成回路，在有电弧存在时形成闭合回路，进行焊接的过程。焊条和工件在这里既作为焊接材料，也作为导体。焊接开始后，电弧的高热瞬间熔化了焊条端部和电弧下面的工件表面，使之形成熔池，焊条端部的熔化金属以细小的熔滴状过渡到熔池中去，与母材熔化金属混合，凝固后成为焊缝。

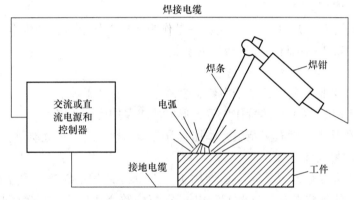

图 10-7　焊条电弧焊示意图

（2）焊条电弧焊焊接过程　焊条电弧焊焊接过程即焊缝的形成过程，如图 10-8 所示。在电弧高温作用下，焊条和工件同时产生局部熔化，形成熔池。在电弧热量的作用下熔化的填充金属呈球滴状过渡到熔池。焊条中的药皮形成保护气体和熔渣，保护焊接熔池不受周围空气的影响。因为熔渣会冷却、凝固，所以一旦焊缝焊完或在熔敷下个焊道前就必须从焊道上清除熔渣。所以电弧的移动形成动态熔池，熔池前部的加热熔化与后部的顺序冷却结晶同时进行，形成完整的焊缝的过程。

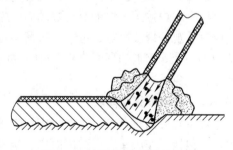

图 10-8　焊条电弧焊焊接过程

3. 焊条电弧焊设备及材料

焊条电弧焊的设备分两类：包括交流电弧焊机、直流弧焊机。

（1）焊条电弧焊设备

1）交流弧焊机。交流弧焊机实质上是一种特殊的降压变压器，它具有结构简单、噪声小、价格便宜、使用可靠、维护方便等优点。交流弧焊电源分动铁心式和动线圈式两种。交流弧焊机可将工业电压（220V 或 380V）降低至空载 60~70V、电弧燃烧时的 20~35V。

2）直流弧焊设备。直流弧焊设备输出端有正、负极之分，焊接时电弧两端极性不变。在使用碱性低氢钠型焊条时，均采用直流反接。

（2）电焊条分类、组成和作用 焊条电弧焊的焊接材料为电焊条。

1）分类。焊条电弧焊用焊条的种类很多。按焊条熔渣的化学性质不同，焊条分为酸性焊条和碱性焊条两大类。碱性焊条适于重要构件。

2）组成。焊条由焊芯和药皮组成，如图 10-9 所示。

焊芯材料都是特制的优质钢。焊接碳素结构钢的焊条芯一般是碳的质量分数为 0.08% 的低碳钢，应用最普遍的有 H08 和 H08A。对含碳量及硫、磷有害杂质都有极严格的限制。常用的焊条直径（即焊条芯的直径）为 2.5~6.0mm，长度为 350~450mm。焊芯的长度和直径代表电焊条的长度和直径。

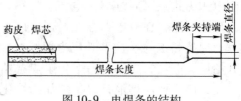

图 10-9 电焊条的结构

3）各部分的作用。焊条焊芯的作用：一是作为电极传导电流，产生电弧；二是熔化后作为填充金属，与熔化的母材一起组成焊缝金属。

药皮的作用：

① 改善焊条工艺性。使电弧易于引燃，燃烧稳定，有利于焊缝成形，减少飞溅等。

② 机械保护作用。在电弧热量作用下，形成熔渣保护熔化金属。

③ 冶金处理作用。去除有害杂质，添加有益合金元素，改善焊缝质量。

4. 电焊条的型号及保管

典型酸性焊条型号有 E4303 等，型号中的"E"表示结构钢焊条，型号中四位数字的前两位表示焊缝金属的抗拉强度等级为 430MPa，第三位数字 0 代表全位置焊接，最后两位数表示药皮类型和焊接电源种类，03 表示钛钙型药皮，使用交流或直流电源均可。这种焊条具有优良的焊接工艺性能及良好的力学性能；电弧稳定，飞溅小，脱渣易，再引弧容易；焊缝成形美观，焊波可宽、可窄、可薄、可厚，焊接轻松，效率高。用于焊接较重要的低碳钢结构和强度等级低的低合金钢结构，如 Q235、09MnV、09Mn2 等。电焊条应保存在干燥的地方，避免受潮。

10.2.2　焊条电弧焊防具

焊接时会出现触电、弧光灼伤双眼等现象，要注意自我防护防范电伤、防范弧光等。常用防具包括工作服、安全防护面罩、绝缘隔热防护手套、护目镜等，如图 10-10 所示。

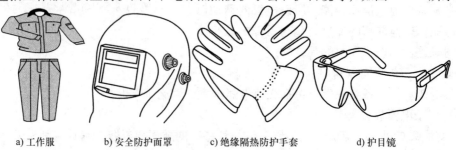

a) 工作服　　b) 安全防护面罩　　c) 绝缘隔热防护手套　　d) 护目镜

图 10-10　焊条电弧焊防具

10.2.3　操作示例

焊条电弧焊是在安全防护面罩下进行观察和操作的，由于视野不清，工作条件较差，因此为了保证焊接质量，要求操作者应具有较为熟练的操作技术，并在操作过程中保持注意力高度集中。初学者在练习时应注意电流要合适，焊条要对正，电弧要短，焊接速度不要快，力求均匀。焊接前，应把工件接头两侧20mm范围内的表面清理干净，即消除铁锈、油污、水分，并使焊芯的端部金属外露，以便进行短路引弧。

1. 基本操作步骤

（1）引弧　引弧的方法可分为敲击法和划擦法两种，如图10-11所示。其中划擦法比较容易掌握，适宜于初学者的引弧操作。

1）划擦法。先将焊条对准焊件，再将焊条像划火柴似的在焊件表面轻轻划擦，引燃电弧，然后迅速将焊条提起2~4mm，并使之稳定燃烧。

2）敲击法。将焊条末端对准焊件，然后手腕下弯，使焊条轻微碰一下焊件，再迅速将焊条提起2~4mm，引燃电弧后手腕放平，使电弧保持稳定燃烧。这种引弧方法不会使焊件表面划伤，又不受焊件表面大小、形状的限制，因而在生产中经常采用。但操作不易掌握，需提高熟练程度。

要注意引弧处应无油污、水分、铁锈，以免产生气孔和夹渣，而且焊条在与焊件接触后提升速度要适当，太快难以引弧，太慢则粘在一起造成短路。

（2）运条焊接　运条操作是焊接过程中的关键环节，该操作直接影响焊缝的外观成形和质量。

电弧引燃后，一般情况下焊条有三个基本运动：朝熔池方向逐渐送进、沿焊接方向逐渐移动、横向摆动。平焊焊条角度和运条基本动作如图10-12所示。

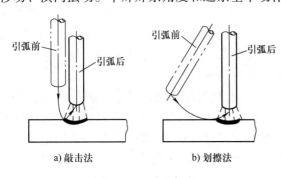

图 10-11　引弧方法

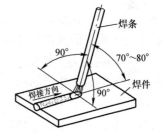

图 10-12　平焊焊条角度和运条基本动作

（3）收弧　收弧时为防止出现弧坑，焊条应停止向前移动，而采用划圈收尾法或反复断弧法自下而上地慢慢拉断电弧，以保证焊缝尾部成形良好。包括：

1）划圈收尾法。焊条移至焊缝的终点时，利用手腕作圆圈运动，直到填满弧坑再拉断电弧。该方法适用于厚板焊接，用于薄板焊接会有烧穿危险。

2）反复断弧法。焊条移至焊道终点时，在弧坑处反复熄弧、引弧数次，直到填满弧坑为止。该方法适用于薄板及大电流焊接，但不适用于碱性焊条，否则会产生气孔。

2. 焊接注意事项

（1）电弧的长度　电弧的长度与焊条涂料种类和药皮厚度有关系。但都应尽可能采取短弧，特别是低氢焊条。电弧长可能造成气孔。短弧可避免大气中的 O_2、N_2 等有害气体侵入焊缝金属，形成氧化物等不良杂质而影响焊缝质量。

（2）焊接速度　适宜的焊接速度是以焊条直径、涂料类型、焊接电流、被焊接物的热容量、结构开头等条件有其相应变化，不能作出标准的规定。保持适宜的焊接速度，熔渣能很好地覆盖着熔池。使熔池内的各种杂质和气体有充分的浮出时间，避免形成焊缝的夹渣和气孔。在焊接时如运条速度太快，焊接部位冷却时，收缩应力会增大，使焊缝产生裂缝。

3. 焊接检验

对焊接接头进行必要的检验是保证焊接质量的重要措施。因此，工件焊完后应根据产品技术要求对焊缝进行相应的检验，凡不符合技术要求的缺陷，须及时进行返修。焊接质量的检验可分为非破坏性检验和破坏性检验两大类。非破坏性检验包括焊接接头的外观检查、密封性试验和无损探伤。破坏性检验包括断面检查、力学性能试验、金相组织检验和化学成分分析及抗腐蚀试验等。

（1）外观检查　外观检查是通过对焊接接头直接观察或用低倍放大镜检查焊缝外形尺寸和表面缺陷的检验方法。在检查前应先清除表面熔渣和氧化皮，必要时可进行酸洗。

通过外观检查，可发现焊缝外形是否平整及表面缺陷，如咬边、焊瘤、表面裂纹、气孔、夹渣及烧穿等。焊缝的外形尺寸还可采用焊口检测器或样板进行测量，判断焊接规范和工艺的合理性，并可估计焊缝内部可能产生的缺陷。

（2）无损探伤　针对隐藏在焊缝内部的夹渣、气孔、裂纹等缺陷的检验。除渗透探伤外还包括荧光探伤、磁粉探伤、射线探伤和超声波探伤等检验手段。目前使用最普遍的是采用 X 射线检验，还有超声波探伤和磁粉探伤。

（3）密封性试验　对于要求密封性的受压容器，须进行水压试验和（或）进行气压试验，以检查焊缝的密封性和承压能力。其方法是向容器内注入 $1.5 \sim 2$ 倍工作压力的清水或等于工作压力的气体（多数用空气），停留一定的时间，然后观察容器内的压力下降情况，并在外部观察有无渗漏现象，根据这些可评定焊缝是否合格。注意在升压前要排尽里面的空气，试验水温要高于周围空气的温度，以防止外表凝结露水。

（4）焊接试板的力学性能试验　无损探伤可以发现焊缝内在的缺陷，但不能说明焊缝热影响区处金属的力学性能如何。为评定各种钢材和焊接材料的焊接接头和焊缝的力学性能需进行拉伸、冲击、弯曲等试验。这些试验由试验板完成。所用试验板最好与圆筒纵缝一起焊成，以保证施工条件一致。然后将试板进行力学性能试验。实际生产中，一般只对新钢种的焊接接头进行这方面的试验。

10.3　气焊

1. 气焊的定义

气焊是利用可燃气体和助燃气体燃烧所产生的高温火焰熔化母材及填充金属进行焊接的方法。通常气焊使用乙炔（C_2H_2）作可燃气体，O_2 作助燃气体，火焰温度可以 $3100 \sim 3300℃$。火焰一方面把工件接头的表层金属熔化，同时把金属焊丝熔化填入接头的空隙中，形成金属熔池。随焊炬的前移，熔池金属随即凝固成为焊缝，使焊件的两部分牢固地连接成为一体。

2. 应用场合

与焊条电弧焊相比较，气焊温度低，火焰热量比较分散，加热速度慢，生产率低，焊接变形较为严重。但是，气焊的火焰温度较低且容易控制，这对精细件例如薄板和管件的焊接是有利的。随着焊接技术的发展，气焊的应用在缩小。但是由于气焊设备不用电源，移动灵活，操作简单并便于某些工件焊前预热，所以气焊在钢材下料、烘烤、成形矫正、钢制零件的局部热处理等方面，以及利用气体火焰进行金属表面喷涂处理等工艺，还是其他方法不能取代的。气焊一般用于厚度在 3mm 以下的低碳钢薄板、管件的焊接，铸铁、不锈钢以及铜、铝合金等等的焊接及野外作业、室外维修等场合。

3. 常用工具与安全使用

气焊设备包括乙炔发生器、回火防止器、氧气瓶、减压阀和焊炬，它们通过软管连接组成气焊系统。气焊设备及其连接如图 10-13 所示。

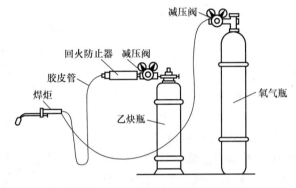

图 10-13　气焊设备及其连接

（1）氧气瓶　氧气瓶是运送和贮存高压氧气的容器，其容积为 40L，工作压力为 15MPa。按照规定，氧气瓶外表漆成天蓝色，并用黑漆标明"氧气"字样。

（2）乙炔瓶　乙炔瓶是贮存和运送乙炔（C_2H_2）的容器，国内常用的乙炔瓶公称容积为 40L，工作压力为 1.5MPa。其外形与氧气瓶相似，外表漆成白色，并用红漆写上"乙炔""火不可近"等字样。

（3）焊炬　焊炬的作用是将 C_2H_2 和 O_2 按一定比例均匀混合，由焊嘴喷出，点火燃烧，产生气体火焰。常用的氧 – 乙炔射吸式焊炬如图 10-14 所示。每种型号的焊炬均配备 3 ~ 5 个大小不同的焊嘴，以便焊接不同厚度的焊件时使用。

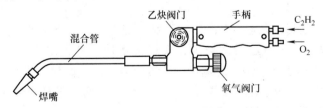

图 10-14　氧 – 乙炔射吸式焊炬

（4）气焊材料　气焊所用的材料包括气焊焊丝和气焊焊剂两种。

1）气焊焊丝。气焊所用的焊丝是没有药皮的金属丝，其成分与工件基本相同，原则上要求焊缝与工件达到相等的强度。焊接低碳钢时常用的焊丝牌号有 H08 和 H08A 等。焊丝的直径一般为 2~4mm。

2）气焊熔剂，又称气剂或焊粉。其作用是去除焊接过程中形成的氧化物，增加液态金属的润湿性，保护熔池金属。

气焊低碳钢时，由于气体火焰能充分保护焊接区，只要表面接头干净，一般不需要使用气体焊剂。但在气焊铸铁、不锈钢、耐热钢和有色金属时，熔池中容易产生高熔点的稳定氧化物，如 Cr_2O_3、SiO_2 和 Al_2O_3 等，使焊缝中夹渣。故在焊接时，使用适当的焊剂，可与这类氧化物结成低熔点的熔渣，以利于浮出熔池。国内定型的气焊熔剂牌号有 CJ101、CJ201、CJ301 和 CJ401 等四种。其中 CJ101 为不锈钢和耐热钢气焊熔剂，CJ201 为铸铁气焊熔剂，CJ301 为铜及铜合金气焊熔剂，CJ401 为铝及铝合金气焊熔剂。

4. 气焊操作过程

气焊示意图如图 10-15 所示。

（1）开气、调气　O_2 工作压力为 0.2~0.3MPa，C_2H_2 工作压力为 0.02~0.03MPa。

（2）基本操作步骤

1）点火、调节火焰。

① 点火。点火时，先微开氧气阀门，再打开乙炔阀门，随后点燃火焰。

② 调节火焰。点火时得到的火焰是碳化焰。调节

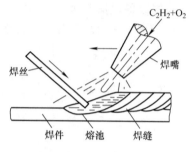

图 10-15　气焊示意图

O_2、C_2H_2 的不同混合比例可得到中性焰、氧化焰和碳化焰 3 种性质不同的火焰，如图 10-16 所示。然后，逐渐开大氧气阀门，将碳化焰调整成中性焰。同时，按需要把火焰大小也调整合适。

a. 中性焰。O_2 与 C_2H_2 充分燃烧，没有 O_2 与 C_2H_2 过剩，体积比为 1.1~1.2，内焰具有一定还原性，最高温度为 3050~3150℃，有外焰、内焰、焰芯。焊接时应使熔池及焊丝处于焰芯前 2~4mm。其主要用于焊接低碳钢、低合金钢、高铬钢、不锈钢、纯铜、锡青铜、铝及其合金等。

b. 氧化焰。氧过剩的火焰，燃烧剧烈，体积比大于 1.2，火焰具有氧化性，焊钢件时焊缝容易产生气孔和变脆，火焰长度最短，只有外焰和焰芯，最高温度为 3100~3300℃。其主要用于焊接黄铜、锰黄铜、镀锌铁皮等。

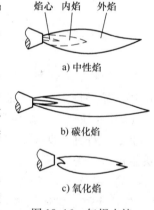

图 10-16　气焊火焰

c. 碳化焰。C_2H_2 过剩，火焰中有游离状态碳及过多的氢，焊接时会增加焊缝含氢量，焊低碳钢有渗碳现象。碳多时还会冒黑烟，火焰长度是三种火焰中最长的，最高温度为 2700~3000℃。其主要用于高碳钢、高速钢、硬质合金、铝、青铜及铸铁等的焊接或焊补。

2）焊接。气焊时，一般用左手拿焊丝，右手拿焊炬，两手的动作要协调，沿焊缝向左或向右焊接。焊薄板时采用左焊法，即焊接方向自右向左焊接，厚板焊接时采用右焊法。焊嘴轴线的投影应与焊缝重合，同时要注意掌握好焊嘴与焊件的夹角 α。焊件愈厚 α 愈大。在焊接开始时，为了较快地加热焊件和迅速形成熔池，α 应大些。正常焊接时，一般保持 α 在 30°~50° 范围内。焊丝和焊件夹角在 110℃ 左右。当焊接结束时，α 应适当减小，以便更好地填满熔池及避免焊穿。焊炬向前移动的速度应能保证焊件熔化并保持熔池具有一定的体

积。焊件熔化形成熔池后，再将焊丝适量地点入熔池内熔化。在操作过程中，还要注意避免出现回火现象。焊接时，焊炬和焊丝前移速度应协调均匀。焊接时焊炬应作适当的横向摆动，不仅可保持一定的焊缝宽度，同时对金属熔池有一种搅拌作用，有利于熔池中有害杂质的排出。

3）灭火。先关乙炔阀门，再关氧气阀门。

10.4 热切割概述

10.4.1 气割

氧气切割简称气割，是一种切割金属的常用方法，如图 10-17 所示。气割时，先把工件切割处的金属预热到它的燃点，然后以高压纯氧气流猛吹。这时金属就发生剧烈的氧化燃烧，所产生的热量把金属氧化物熔化成液体。同时，氧气气流又把氧化物的熔液吹走，工件就被切出整齐的缺口。只要把割炬向前移动，就能把工件连续切开。

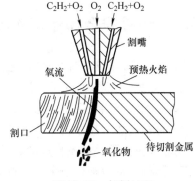

图 10-17　气割过程

1. 金属的性质必须满足下列三个基本条件，才能进行气割

1）金属的燃点应低于其自身的熔点，这是保证金属气割的基本条件。否则金属在切割前熔化，就不能形成窄而整齐的割口。

2）金属氧化物的熔点应低于金属自身的熔点，只有这样，燃烧形成的氧化物才能被熔化并被吹走，使下层金属可以切割。

3）金属氧化物燃烧放出的热量应大于通过热传导散出的热量。金属导热性低可以减少热量向周围金属传导，以保证下层金属的预热。

纯铁、低碳钢、中碳钢和普通低合金钢都能满足上述条件，具有良好的气割性能。而高碳钢、铸铁、不锈钢，以及铜、铝等有色金属不能同时满足气割的三个条件，所以难以进行气割。

2. 手工气割的基本操作步骤

1）气割前应根据被割工件的厚度选择合适的割炬、割嘴与氧气压力。

2）割件应水平放置，并垫高，离地面至少 100mm。

3）切割时，割嘴轴线与工件保持垂直；割嘴端部与割件表面的距离保持 6 ~ 10mm，距离过小，氧化物飞溅易堵塞割嘴，引起回火；距离过大，会使预热焰火力和切割氧的吹力减弱。

4）切割时应保持合适的切割速度。

10.4.2 空气等离子弧切割

等离子弧切割是利用高能量密度等离子弧和高速的等离子流，将熔化金属从割口中吹走，形成整齐的割口。等离子弧是经强迫压缩后的电弧弧柱中的气体充分电离，形成高温、高能量的等离子弧，与自由电弧不同，是一种电离度很大、导电截面很小、热量非常集中的压缩电弧。

等离子弧是在三种压缩效应下产生的：一是经高频振荡使气体产生电离形成的电弧通过喷嘴细孔道，弧柱被强迫压缩，称为机械压缩效应；二是水冷喷嘴以及通入一定压力的冷气（氩气、氖气）使电弧外层冷却，迫使带电粒子流（离子和电子）向弧柱中心收缩，称热压缩效应；三是无数根平行导线（带电粒子在弧柱中的运动）所产生的自身磁场，使这些导线相互吸引，电弧被进一步压缩，称磁压缩效应。等离子弧电弧焰流速可达数倍声速，且具有强大的冲击力。

等离子弧切割具有切割速度快、割口窄，切割边缘质量高，没有氧-乙炔切割时对工件产生的燃烧，因此工件获得的热量相对较小，工件变形也较小。效率比氧气切割高 1~3 倍，切割厚度可达 150~200mm，常用来切割不锈钢、铜和铝及其合金、高合金钢、铸铁、钛、钼、钨及其合金，以及难熔的金属和非金属材料等。

10.5　焊接安全操作技术规程

10.5.1　焊接、热切割作业中发生火灾、爆炸事故的原因

1）焊接切割作业时，尤其是气体切割时，由于使用压缩空气或氧气流的喷射，使火星、熔珠和铁渣四处飞溅（较大的熔珠和铁渣能飞溅到距操作点 5m 以外的地方），当作业环境中存在易燃、易爆物品或气体时，就可能会发生火灾和爆炸事故。

2）在高空焊接切割作业时，对火星所及的范围内的易燃易爆物品未清理干净，作业人员在工作过程中乱扔焊条头，作业结束后未认真检查是否留有火种。

3）气焊、气割的工作过程中未按规定的要求放置乙炔发生器，工作前未按要求检查焊（割）炬、橡胶管路和乙炔发生器的安全装置。

4）气瓶存在制造方面的不足，气瓶的保管充灌、运输、使用等方面存在不足，违反安全操作规程等。

5）C_2H_2、O_2 等管道的制造、安装有缺陷，使用中未及时发现和整改其不足。

6）在焊补燃料容器和管道时，未按要求采取相应措施。在实施置换焊补时，置换不彻底，在实施带压不置换焊补时压力不够，致使外部明火导入等。

10.5.2　焊条电弧焊安全操作技术规程

由于焊条电弧焊使用的能源是电，同时电弧在燃烧过程中产生高温和弧光，焊条在燃烧过程中会产生一些有害的尘埃，因此焊条电弧焊对人身的安全和健康是有危害的。包括电击伤害、焊接电弧光辐射、电弧灼伤、热体（金属熔液飞溅及焊条头或红热的焊件）烫伤、粉尘污染等。

焊条电弧焊安全操作规程如下：

1）焊接操作人员，应熟知焊机特性，掌握一般电气知识，遵守焊接安全规程，还应熟悉灭火技术，触电急救及人工呼吸方法，并经专门培训后才能进行操作。

2）工作前应检查焊机电源线，引出线及各接线点是否良好，焊机二次线路及外壳必须良好接地，焊条的夹钳绝缘必须良好。

3）保证焊接场地通风优良和干燥。

4）下雨天不准露天电焊，在潮湿地带工作时，应站在铺有绝缘物品的地方并穿好绝缘鞋。

5）电焊机从电力网上接线或拆线，以及接地等工作均应由电工进行。

6）推开关时，要一次推足，然后开启电焊机；停止时，先要关电焊机，才能断开开关。

7）在金属容器内、金属结构上以及其他狭小工作场所焊接时，触电危险最大，必须采取专门的防护措施。

8）移动电焊机位置，须先停机断电；焊接中突然停电时，应立即关好电焊机。

9）在人多的地方焊接时，应安设挡板挡住弧光。无遮挡时应提醒周围人员不要直视弧光。

10）换焊条时应戴好手套，身体不要靠在铁板或其他导电物件上。敲熔渣时应戴上护目镜。

11）焊接有色金属件时，应加强通风排毒，必要时使用过滤式防毒面具。

12）不可将焊钳和电缆绕过身体或放在工作台上造成短路，烧损焊机。

13）工作完毕关闭电焊机，再切断电源。发生任何异常情况应断开电源开关。离开工作场地前，必须检查并扑灭残留火星。

10.5.3 气焊与气割安全操作技术规程

1）严格遵守焊接安全操作规程和有关橡胶软管、氧气瓶、乙炔瓶的安全使用规则和焊（割）具安全操作规程。

2）工作前或停工时间较长再工作时，必须检查所有设备。乙炔瓶、氧气瓶及橡胶软管的接头，阀门紧固件应紧固牢靠，不准有松动、破损和漏气现象，氧气瓶及其附件、橡胶软管、工具不能沾染油脂。

3）检查设备、附件及管路漏气，只准用肥皂试验。试验时，周围不准有明火，不准抽烟。严禁用火试验漏气。

4）氧气瓶、乙炔瓶与明火间的距离应在10m以上。如条件限制，也不准低于5m，并应采取隔离措施。

5）禁止用易产生火花的工具去开启氧气或乙炔气阀门。

6）设备管道冻结时，严禁用火烤或用工具敲击冻块。氧气阀或管道用40℃的温水解冻，回火防止器及管道可用热沙、蒸汽加热解冻。

7）焊接场地应备有相应的消防器材，露天作业应防止阳光直射在氧气瓶或乙炔瓶上。

8）工作完毕或离开工作现场，及时关闭气源，整理现场，把氧气和乙炔瓶放在指定地点，及时卸压。

9）压力容器及压力表、安全阀，应按规定定期送交校验和试验。检查、调整压力器件及安全附件，消除余气后才能进行。

10）不得在氧气瓶和乙炔瓶附近使用明火。

11）注意已焊工件，尚有较高温度，防止烫伤。

10.5.4 其他焊接方法安全操作技术规程

1. 氩弧焊安全操作技术规程

1）熟知氩弧焊操作技术。工作前，穿戴好劳动防护用品。检查焊接电源、控制系统的接地线是否可靠。将设备进行空载试运转，确认其电路、气路等是否畅通，设备正常时，方可进行氩弧焊作业。

2）工作时，在电弧附近不准赤身和裸露身体某些部位。不要在电弧附近吸烟、进食，以免有害烟尘吸入体内。

3）氩弧焊工作场地应保持空气流通。在容器内部进行氩弧焊时，应戴静电防尘口罩或专门的面罩，以减少吸入有害烟气。容器外设专人监护、配合。

4）进行手工氩弧焊操作，应尽量减少高频电的作用时间，连续工作最好不超过6h；操作按钮不要远离电弧，以便在发生故障时及时切断电源。

5）设备发生故障时，应停电检修。检修由维修工作人员进行，氩弧焊操作者配合，并向其提供故障情况。

6）需要更换钨极时，应先切断电源；磨削电极时应戴上口罩、手套，并正确使用砂轮机。

7）工作结束，要切断电源，关闭冷却水和气瓶阀门，扑灭残余的火星后再离开作业现场。

2. CO_2 气体保护焊安全操作技术规程

1）熟知 CO_2 气体保护焊操作技术。工作前，穿戴好劳动防护用品。检查焊接电源、控制系统的接地线是否可靠。将设备进行空载试运转，确认其电路、气路等是否畅通，设备正常时，方可进行 CO_2 气体保护焊作业。

2）工作时，在电弧附近不准赤身和裸露身体某些部位。不要在电弧附近吸烟、进食，以免有害烟尘吸入体内。

3）CO_2 气体保护焊工作场地应保持空气流通。在容器内部进行焊接时，应戴静电防尘口罩或专门的面罩，以减少吸入有害烟气。容器外设专人监护、配合。

4）特别注意 CO_2 气体预热器的安全使用：工作前，应提前15min给 CO_2 气体预热器送电。工作结束时，一定要先将 CO_2 气体预热器的电源切断。

5）设备发生故障时，应停电检修。检修由维修工作人员进行，操作者配合，并向其提供故障情况。

6）开启 CO_2 气瓶阀门时，操作者应站在阀口的侧面。

7）工作时，注意防止焊丝头甩出伤人。大电流焊接时应在焊把前加设防护挡板，以免飞溅灼伤手脚。CO_2 气瓶不能接近电源，注意防止爆炸。

8）对电气设备必须采取防触电措施。

9）工作结束，要切断电源，关闭气瓶阀门，扑灭残余的火星后再离开作业现场。

3. 电阻焊焊安全操作技术规程

1）工作前应仔细、全面检查焊机、冷却水系统、气路系统及电气系统处于正常的状态，并调整焊接参数使之符合工艺要求。

2）穿戴好个人防护用品，如工作帽、工作服、绝缘靴及手套等，并调整绝缘胶垫或木站台装置。

3）操作者应站在绝缘木台上操作，焊机开动，必须先开冷却水阀，以防焊机烧坏。

4）操作时应戴上防护眼镜，操作者的眼睛应避开火花飞溅的方向，以防灼伤眼睛。

5）在使用设备时，不要用手触摸电极球面，以免灼伤。

6）上、下工件要拿稳，双手应与电极保持一定的距离，手指不能置于两件焊件之间。工件堆放应稳妥、整齐，并留出通道。

7）工作完后，应关闭电源、水源、气源。

8）作业区附近不准有易燃、易爆物品，工作场所应通风良好，保持安全、清洁的环境。粉尘严重的封闭作业件，应有除尘装置。

复习思考题

1. 什么是焊接？
2. 焊接方法分哪几大类？
3. 焊条电弧焊的两种引弧方法是什么？
4. 平板材料的焊接接头形式有哪些？
5. 焊缝的空间位置有哪几种？
6. 焊芯的主要作用是什么？
7. 药皮的主要作用是什么？

第 11 章 铸 造

【目的与要求】

1. 了解铸造生产工艺过程、特点和应用。
2. 了解砂型铸造工艺的主要内容，了解铸件分型面的选择，了解两箱造型（整模、分模、挖砂等）的特点和应用，能独立完成简单铸件的两箱造型。
3. 了解常用特种铸造方法的特点和应用。
4. 掌握铸造安全操作技术规程。

11.1 概述

11.1.1 铸造及其特点

铸造是将液态金属浇入与零件形状相适应的铸型型腔中，待其冷却凝固后获得毛坯或零件的成型方法。所铸出的金属制品称为铸件。大多数铸件作为毛坯，需要经过机械加工后成为各种机器零件使用，也有一些铸件能够达到使用的尺寸精度和表面粗糙度要求，可作为成品零件直接使用。铸造是机械制造中生产毛坯或机器零件的主要方法之一。用于铸造生产的金属主要有铸铁、铸钢以及铸造有色合金。

铸造广泛应用于机床制造、动力、交通运输、轻纺机械、冶金机械等方面。

铸造属于液态成型，和其他成型方法相比具有如下优点：

1）可以生产形状复杂，特别是内腔复杂的铸件，如各种箱体、机架、床身等。
2）铸件轮廓尺寸可以从几毫米到几十米，重量可以从几克到几十吨，甚至上百吨。
3）投资少、工艺简单、成本低、材料利用率高。
4）工艺适应性广，既可以单件生产，也可以用于大量生产。

然而铸造生产也存在着某些缺点和不足，如：

1）组织疏松，晶粒粗大，内部易产生缩孔、缩松、气孔等缺陷，力学性能较低。
2）铸造工序多，精度难以控制，质量不够稳定。
3）生产条件差，工人劳动强度高。

铸造行业是制造业的主要组成部分，在国民经济中占有极其重要的地位。铸件在机械产品中所占的比例较大，如内燃机关键零件都是铸件，占总质量的 70% ~ 90%，汽车中铸件质量占 19%（轿车）~ 23%（卡车）；机床、拖拉机、液压泵、阀和通用机械中铸件质量占 65% ~ 80%；农业机械中铸件质量占 40% ~ 70%；矿冶（钢、铁、非铁合金）、能源（火、水、核电等）、海洋和航空航天等工业的重、大、难装备中铸件都占很大的比重和起着重要的作用。

在科学技术不断进步的今天，铸造技术也在不断发展。其他领域的新技术、新发明也不断促进铸造技术的发展。铸造生产的现代化将为制造业的不断进步与发展奠定可靠基础。

11.1.2 常用铸造方法

常用的铸造方法有砂型铸造和特种铸造两类，目前最常用和最基本的是砂型铸造。

11.2 铸造生产过程

11.2.1 砂型铸造的生产工艺过程

将熔化的液态金属注入砂型（用型砂作为造型材料而制作的铸型）中得到铸件的方法称为砂型铸造。

砂型铸造的生产工艺过程如图11-1所示。先根据零件的形状和尺寸，设计制造模样和型芯盒，配制好型砂和芯砂，然后用模样制造铸型（在砂型铸造中叫砂型），用型芯盒制造型芯，再把烘干的型芯装入铸型并合型，将熔化的液态金属注入铸型，待冷却凝固后经落砂、清理、检验即得铸件。

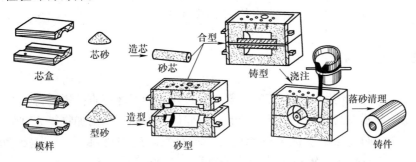

图 11-1　砂型铸造生产的工艺过程

11.2.2 砂型及其组成

1. 砂型与型腔

（1）砂型　用型砂作为造型材料而制作的铸型，包括形成铸件形状的空腔、型芯和浇冒口系统的整体。砂型用砂箱支撑时，砂箱也是铸型的组成部分。

（2）型腔　铸型中造型材料所包围的空腔部分。金属液经浇注系统充满型腔，冷却凝固后获得所要求的形状和尺寸的铸件。因此，型腔的形状和尺寸要和铸件的形状和尺寸相适应。

2. 砂型的组成

如图11-2为合型后的砂型。砂型一般由上砂型、下砂型、砂芯、浇注系统等部分组成，其中上砂型和下砂型间的结合面称为分型面。出气孔则将浇注时产生的气体排出。使用砂芯的目的是为了获得铸件的内孔或异形腔，砂芯的外伸部分称为芯头，用以固定砂芯，铸型中用以固定砂芯芯头的空腔称为芯座。

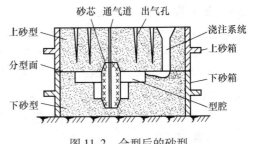

图 11-2　合型后的砂型

11.2.3 模样与芯盒

1. 模样

模样是用来形成铸型型腔的工艺装备，它决定铸件的外部形状和尺寸，因而模样的形状和尺寸受零件的形状和尺寸制约，但并非完全一致。制造模样时，在零件的形状和尺寸的基础上增加如下内容：

1）在零件的加工表面上，模样对应表面应加上加工余量。

2）为了便于起模，模样上垂直于分型面的立壁要做出拔模斜度。

3）铸件冷却时要产生收缩，模样的尺寸要比零件尺寸加大一个收缩量。

4）为了便于造型和避免铸件产生缺陷，模样壁与壁之间以圆角连接。

5）有型腔的铸件要做出芯座（芯头）。

6）模样一般用木材、金属、塑料或其他材料制成。

2. 芯盒

芯盒是用以制作型芯的工艺装备。型芯在铸型中用以形成铸件的空腔。因此芯盒的内腔应与零件的内腔相适应。制作芯盒时，除和制作模样一样考虑上述问题以外，芯盒中还要制出做芯头的空腔（芯头），以便作出带有芯头的型芯。芯头是型芯端部的延伸部分，它不形成铸件轮廓，只是落入芯座内，用于定位和支撑型芯。

11.3 型（芯）砂

型砂及型芯砂是制作砂型及砂芯的主要材料，其性能好坏将直接影响铸件的质量。砂型和砂芯是用型砂和芯砂制造的。用来造型的各种原砂、黏结剂和附加物等原材料，以及由各种原材料配制的型砂、芯砂、涂料等统称为造型材料。造型材料的种类及质量，将直接影响铸造工艺和铸件质量。图 11-3 为型砂结构示意图。

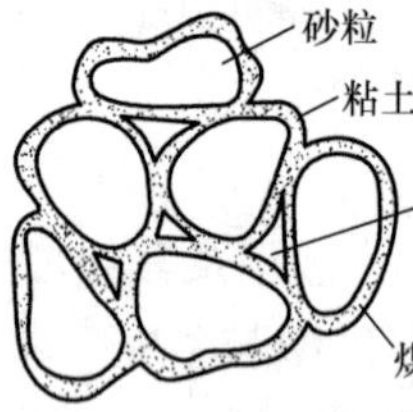

图 11-3 型砂结构示意图

11.3.1 型砂的组成

型砂一般是由原砂、黏结剂、水及附加物按一定配比混制而成。

1. 原砂

组成型砂的主体。主要成分是石英（SiO_2），其熔点达 1713℃，能承受一般铸造合金的高温的作用。铸造用砂要求原砂中 SiO_2 的质量分数为 85% ~ 97%，砂的颗粒以圆形、大小均匀为佳。为了降低成本，对已用过的旧砂，经适当的处理后，也可以掺在型砂中使用。

2. 黏结剂

其作用是使砂粒粘结成具有一定可塑性及强度的型砂。在砂型中用黏结剂把砂粒黏结在一起，形成具有一定强度和可塑性的型砂。常用的黏结剂有普通黏土、膨润土、水玻璃、树脂等。

3. 水

水可与黏土形成黏土膜，从而增加砂粒的黏结作用，并使其具有一定的强度和透气性。

4. 附加物

为了改善砂（芯）砂的某些性能而加入的材料。常用的附加物有煤粉、锯末、焦炭粒等。如加入煤粉，由于其在高温金属液的作用下燃烧形成气膜，隔离了液态金属与铸型内腔表面的直接作用，可防止铸件产生粘砂缺陷，提高铸件的表面质量。而型砂中加入木屑，烘烤后被烧掉，可增加型砂的孔隙率，提高其能透气性。

11.3.2 型砂（芯砂）应具备的主要性能

1. 强度

强度指型砂抵抗外力而不破坏的能力。型砂具有一定的强度，可使铸型在起模、翻型、搬运及浇注金属液时不致损坏。砂型强度应适中，否则易导致塌箱、掉砂和型腔扩大等；或因强度过高使透气性、退让性变差，产生气孔及铸造应力倾向增大。

2. 透气性

紧实后型砂的孔隙度称为透气性，是指能让气体通过的能力。如果型砂的透气性不足，铸型在浇注高温金属液时产生的大量气体就不能及时地排出型腔，则可造成铸件的呛火、气孔和浇不足等缺陷。

3. 耐火性

型砂承受金属液高温作用而不熔化、不烧结的性能。耐火性差，铸件易产生粘砂现象，铸件难于清理和切削加工。一般耐火性与砂中石英含量有关，石英含量越多，耐火性越好。

4. 退让性

型砂随铸件的冷却收缩而被压缩退让的性能称为退让性。若型砂的退让性差，则型砂对铸件收缩形成较大的阻力，使铸件产生大的应力，导致铸件变形，甚至开裂。型砂中加入锯末、焦炭粒等附加物可改善其退让性。砂型紧实度越高，退让性越差。

5. 可塑性

可塑性是指型砂与芯砂在外力作用下变形，去除外力后仍能保持这种变形的能力。可塑性好，容易制造出复杂形状的砂型，并且容易起模。

6. 流动性

流动性是指型砂在外力或本身重力的作用下，沿模样表面和砂粒间相对流动的能力。

11.3.3 型砂的制备与检验

为使型砂中各种组分混合均匀及砂粒表面均匀包覆一层黏结剂膜，生产中一般要用混砂机配制型砂。

1. 型砂的配比

型砂质量的好坏，取决于原材料的性质及其配比。型砂的组成物应按照一定的比例配制，以保证一定的性能要求。比如小型铸铁件湿型的配比为：新砂 10% ~ 20%，旧砂 80% ~ 90%，另加膨润土 2% ~ 3%，煤粉 2% ~ 3%，水 4% ~ 5%。

2. 型砂的制备

型砂的性能还与配砂的操作工艺有关，混制越均匀，型砂与芯砂的性能越好。

3. 型砂的检验

配制好的型砂需经检验合格后才能使用。有条件的铸造生产车间常用专门的型砂性能测试仪进行。有经验的工人有时也用手捏砂团的办法粗略地进行检测。如果手捏时感到柔软易变性，砂团不松散、不粘手，手纹清晰，折断时断面没有碎裂现象，则说明型砂湿度适当，并有足够的强度，性能合格。

11.4 造型与制型芯

用造型材料、模样（模板）和砂箱等工艺装备制造铸型的过程称为造型。造型是铸造生产过程中最基本的工序。是获得优质铸件的前提和保证。

造型方法可分为手工造型和机器造型两大类。手工造型操作灵活，工艺装配简单，适用于单件小批生产，机器造型生产效率高，但需专用设备及工装，一次性投资较大，只适用于大批大量生产或专业化生产。

11.4.1 手工造型

手工造型方法很多，以下介绍常见的几种手工造型方法。

1. 整模造型

整模造型的特点是模样为整体结构，造型时模样轮廓全部放在一个砂箱内（一般为下砂箱），分型面为平面。造型时，整个模样能从分型面方便地取出。整模造型操作简单，不会因上下箱错位而产生的错型缺陷，所得铸型型腔的形状和尺寸精度好，适用于外形轮廓上有一个平面可作分型面的简单铸件，如压盖、齿轮坯、轴承座、皮带轮等零件的铸型的造型。

2. 分模造型

铸件的最大截面不在端面时，一般将模样沿着模样的最大截面（分模面）分成两个部分，利用这样的模样造型称为分模造型。有时对于结构复杂、尺寸较大、具有几个较大截面又互相影响起模的模样，可以将其分成几个部分，采用分模造型。模样的分模面常作为砂型的分型面。分模造型的方法简便易行，适用于形状复杂的铸件的造型，特别是广泛用于有孔或带有型芯的铸件，如套筒、阀体、水管、箱体、立柱等造型。分模造型时铸件形状在两半个砂型中形成，为了防止错箱，要求上、下砂型合型准确。

3. 挖砂造型

当铸件的最大截面不在端部，而模样又不便分开时（如分模后的模样太薄，强度太低，或分模面是曲面等），常将模样做成整体结构，造型时挖掉妨碍起模的型砂，形成曲面的分型面，称为挖砂造型。在挖砂造型时，挖砂的深度要恰到模样的最大截面处，挖制的分型面应光滑平整，坡度合适，以便开型和合型操作。由于挖砂造型的分型面是一曲面，在上型形成部分吊砂，因此必须对吊砂进行加固。加固的方法是：当吊砂较低较小时，可插铁钉加固；当吊砂较高较大时，可用木片或砂钩进行加固。

4. 活块造型

模样上有妨碍起模的突起（凸台、肋板、耳板等），在制作模样时将这些部分制成可拆卸或活动的部分，用燕尾槽或活动销联结在模样上，起模或脱芯后，再将活块取出，这种造型方法称为活块造型。活块造型的优点是可以减少分型面数目，减少不必要的挖砂工作；缺点是操作复杂，生产效率低，经常会因活块错位而影响铸件的尺寸精度。因此，活块造型一般只适用于单件小批量生产。

5. 假箱造型

为了克服挖砂造型的缺点，提高劳动生产率，在造型时可用成型底板代替平面底板，并将模样放置在成型底板上造型以省去挖砂操作；也可以用含黏土量多、强度高的型砂舂紧制成砂质成型底板，可称之为假箱，以代替平面底板进行造型，称为假箱造型。

6. 刮板造型

刮板造型是指不用模样而用刮板操作的造型方法。刮板是一块与铸件截面形状相适应的木板，依据砂型型腔的表面形状，引导刮板作旋转、直线或曲线运动，完成造型工作。对于某些特定形状的铸件，如旋转体类，当其尺寸较大、生产数量较少，若制作模样则要消耗大量木材及制作模样的工时，因此可以用刮板造型，刮制出砂型型腔。刮板造型只能用手工操作，对操作技术要求较高，一般只适合于单件小批量、尺寸较大铸件的造型。

7. 三箱造型

有些铸件具有两端截面比中间大的外形（例如槽轮），必须使用三个砂箱、分开模造型。砂型从模样的两个最大截面处分型，形成上、中、下三个砂型才能起出模样。这种用三只箱、铸型有两个分型面的造型方法称为三箱造型。三箱造型比两箱造型多一个分型面，容易产生错箱。操作复杂、效率低，只适合单件或小批生产。

8. 地坑造型

用车间地面的砂坑或特制的砂坑制造下型的造型方法叫地坑造型。地坑造型制造大铸件时，常用焦炭垫底，再埋入数根通气管以利于气体的排出。地坑造型可以节省砂箱，降低工装费用。地坑造型过程复杂、效率低，故主要用于中、大型铸件的单件或小批量生产。

11.4.2 机器造型

机器造型是以机器全部或部分代替手工紧砂和起模等造型工序，并与机械化砂处理、浇注和落砂等工序共同组成流水线生产。机器造型可以大大提高劳动生产率，改善劳动条件，具有铸件质量好，加工余量小，生产成本低等优点。尽管机器造型需要投入专用设备、模样、专用砂箱以及厂房环境等，投资较大，但在大批量生产中铸件的成本仍能显著降低。

机器造型在紧砂、起模等主要工序实现了机械化。为了适应不同形状、尺寸和不同批量铸件的生产需要，对紧砂、起模的方式要求也不同，因此对造型机等设备提出了更高的要求。

（1）紧砂方法　机器造型常用的紧砂方法主要有振压紧实、抛砂紧实等。

1）振压紧实。振压式造型机是利用压缩空气使振动活塞多次振动，将砂箱下部的砂型紧实，再用压实气缸将上部的砂型压实。振压式造型机结构简单，振压力大；但是工作时噪声大，振动大，劳动条件差。紧实后的砂箱内，各处的紧实程度不均匀。

2）抛砂紧实。抛砂紧实机紧砂是将型砂高速抛入砂箱中，这样同时完成添砂和紧砂工作。转子高速旋转，将型砂抛向砂箱，随着抛砂头在砂箱上方移动，将整个砂箱填满并紧实。由于抛砂机抛出的砂团速度大致相同，所以砂箱各处的紧实程度均匀。此外，抛砂造型不受砂箱大小的限制，适用于生产大、中型铸件。

（2）起模方法　机器造型常用的起模方法主要有顶箱起模、漏箱起模、翻箱起模等方法。

1）顶箱起模。当砂箱中砂型紧实后，造型机的顶箱机构顶起砂型，使模样与砂箱分离，完成起模。这种起模机构结构简单，但是，起模时容易掉砂，一般只适用于形状简单、型的高度不大的铸型的制造。

2）漏箱起模。模样分成两个部分，模样上平浅的部分固定在模板上，凸出部分可向下抽出，这时砂型由模板托住不会掉砂，然后再落下模板。这种方法适合于铸型型腔较深或不允许有起模斜度时的起模。

3）翻箱起模。砂箱中砂型紧实后，起模时，将砂箱、模样一起翻转180°，然后再使砂箱下降，完成起模工作。

11.4.3　制型芯

（1）砂芯的用途及要求　砂芯主要作用是形成铸件的内腔，也可用来形成复杂的外形。在浇注过程中，砂芯的表面被高温金属液包围，同时受到金属液的冲刷，工作环境条件恶劣，所以，要求砂芯比砂型有更高的强度、耐火性、退让性和透气性，以确保铸件质量，并便于清理。

（2）制芯工艺措施　为了保证砂芯的尺寸精度、几何精度、强度、透气性和装配稳定性，造芯时应根据砂芯尺寸大小、复杂程度及装配方案采取以下措施：

1）放置芯骨。在砂芯中放置芯骨，可以提高砂芯的强度，并便于吊运及下芯。小型芯骨可以用铁丝、铁钉等制成，大、中型芯骨一般用铸铁浇注而成，并在芯骨上做吊环，以便运输。

2）开通气孔。为了提高通气性，在砂芯内部应开设通气孔，并且各部分通气孔要互相贯通，以便迅速排出气体。形状简单的砂芯可用通气针扎出通气孔，对于形状复杂的可预埋蜡线，熔烧后形成通气孔，或在两半砂芯上挖出通气槽等。

3）刷涂料。在砂芯表面涂刷耐火材料，防止铸件粘砂。铸铁件用砂芯一般采用石墨作为涂料，铸钢件用砂芯一般用石英粉作为涂料，非铁合金铸件的砂芯可用滑石粉作为涂料。

4）烘干。将砂芯烘干，以提高砂芯的强度和透气性。根据砂芯所用芯砂的配比不同，合理选择烘干工艺参数。

11.4.4　浇注系统和冒口

1. 浇注系统

浇注系统是开设于铸型中引导液体金属填充型腔的一系列通道。其作用是：保证液体金属连续而平稳地流入型腔，以免冲坏型壁和型芯铸型，防止熔渣、砂粒或其他夹杂物进入型腔；调节铸件的凝固顺序，并补充铸件在冷却和冷凝收缩时所需的金属液体。

（1）浇注系统的组成　浇注系统由外浇道、直浇道、横浇道和内浇道4部分组成，如图11-4所示。

1）外浇道。可单独制作或直接在铸型中形成。用于容纳浇入的金属液，减缓液流冲击，分离熔渣并防止气体随液流带入型腔。小型铸件通常为漏斗形（称浇口杯），较大型铸件为盆状（称浇口盆）。

2）直浇道。浇注系统中的垂直通道称为直浇道。直浇道通常有一定的锥度，防止气体吸入并便于起模。直浇道中的金属产生的静压力将有利于金属的充型，以获得完整的铸件。直浇道下面带有圆形的窝座称为直浇道窝，用来减缓金属液的冲击力，使其平稳地进入横浇道。

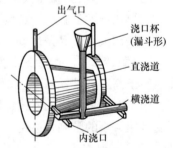

图 11-4　典型的浇注系统

3）横浇道。浇注系统中连接直浇道与内浇道的水平部分称为横浇道。横浇道的主要作用是分配金属液进入内浇口，并起挡渣的作用。横浇道一般位于内浇道上部，断面多为梯形。

4）内浇道。浇注系统中引导液态金属进入型腔的部分称为内浇道。内浇道是熔融金属直接流入型腔的通道。其主要作用是控制金属液进入型腔的速度和方向，调节铸件各部分的冷却速度。内浇道一般开设在下型分型面上，并注意金属液进入型腔的流速和方向，不要正对型腔尖角部分或型芯，以免冲坏铸型。

（2）浇注系统的类型

1）顶注式。内浇道设在铸件顶部。顶注式浇道使金属液自上而下流入型腔，利于充满型腔和补充铸件收缩，但充型不平稳，会引起金属飞溅、吸气、氧化及冲砂等问题。顶注式适用于高度较小、形状简单的薄壁件，易氧化合金铸件不宜采用。

2）底注式。内绕道设在型腔底部。金属液从下而上平稳充型，易于排气，多用于易氧化的有色金属铸件及形状复杂、要求较高的黑色金属铸件，底注式浇道使型腔上部的金属液温度低，而下部高，故补缩效果差。

3）中间注入式。中间注入式浇口介于顶注式和底注式之间的一种浇口，开设方便，应用广泛，主要用于一些中型、不是很高、水平尺寸较大的铸件的生产。

4）阶梯式。阶梯式浇口沿型腔不同高度开设内浇道。金属液首先从型腔底部充型，待液面上升后，再从上部充型。兼有顶注式和底注式浇口的优点，主要用于高大铸件的生产。

（3）浇注系统的设置要求　合理地设置浇注系统，能够较大限度地避免铸造缺陷的产生，保证铸件质量，浇注系统的设置要求：

1）使金属液平稳、连续、均匀地进入铸型，避免对砂型和砂芯的冲击。

2）防止熔渣、砂粒或其他杂物进入铸型。调节铸件各部分温度分布，控制冷却和凝固顺序，避免缩孔、缩松及裂纹的产生。

2. 冒口

高温金属液浇入铸型后，由于冷却凝固将产生体积收缩，使铸件最后凝固部位产生缩孔或缩松现象。为了获得完整合格的铸件，必须在可能产生缩孔的部位设置冒口。冒口是铸型中特设的储存补缩用金属液的空腔，使缩孔或缩松进入冒口中，凝固后的冒口是铸件上的多余部分，清理铸件时予以切除。

冒口应设在铸件厚壁处、最后凝固的部位，并应比铸件晚凝固。冒口形状多为圆柱形或球形。常用的冒口分为两类，即明冒口和暗冒口，如图11-5所示。

（1）明冒口　冒口的上口露在铸型外的称为明冒口，从明冒口中看到金属液冒出时，即表示型腔被浇满。明冒口的优点是有利型内气体排出，便于从冒口中补加热金属液。缺点是明冒口消耗金属液多。

（2）暗冒口　位于铸型内的冒口称为暗冒口。浇注时看不到金属液冒出。其优点是散热面小，补缩效率比同等大小的明冒口高，利于减小金属消耗。一般情况下，铸钢件常用暗冒口。

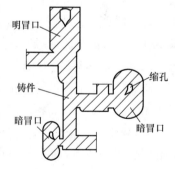

图11-5　明冒口和暗冒口

11.4.5　合型

砂型的装配称为合型，是将上砂型、下砂型、砂芯、浇口盆等组合成一个完整铸型的操作过程。合型是制造铸型的最后一道工序，是决定铸型型腔形状及尺寸精度的关键，直接关系到铸件的质量。即使铸型和砂芯的质量很好，若合型操作不当，也会引起跑火、错箱、偏芯、塌箱、砂眼等缺陷。合型的工作包括铸型的检验、装配和紧固。

1. 铸型的检验和装配

下芯前，先清除型腔、浇注系统和砂型表面的浮砂，并检查其形状、尺寸及排气通道是否合格，再检查型腔的主要形位尺寸，然后，固定好型芯，并确保浇注时金属液不会钻入芯头而堵塞排气道，最后再准确平稳地合上上砂箱。

2. 铸型的紧固

金属液充满型腔后，上砂箱将受到金属液向上的抬箱力，因此，装配好的铸型必须进行紧固。否则，金属液将从分型面的缝隙流出，产生"跑火"。单件小批量生产时，多使用压铁压住上砂箱。压铁重量一般是铸件重量的 3 ~ 5 倍。大批、大量生产时，也可采用卡子或螺栓紧固铸型，如图 11-6 所示。

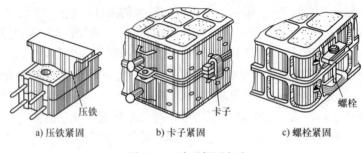

a) 压铁紧固   b) 卡子紧固   c) 螺栓紧固

图 11-6 砂型紧固方法

11.5 合金的熔炼、浇注及铸件的落砂和清理

铸造合金的熔炼是铸件生产的主要工序之一，是获得优质铸件的关键。若熔炼控制不当，会造成铸件的成批报废。合格的铸造合金不仅要求有理想的成分与浇注温度，而且要求金属液有较高的纯净度（夹杂物、含气量要少）。

11.5.1 铸造合金的熔炼

1. 铸铁的熔炼

铸铁是应用最多的铸造合金。对铸铁熔炼的基本要求是：铁水应有足够的温度；符合要求的化学成分，且含有较少的气体和杂质；烧损率低；金属消耗少。

熔炼铸铁的设备有：冲天炉、感应电炉、电弧炉等，目前应用较多的是冲天炉。用冲天炉熔化的铁水质量不如电炉，但冲天炉具有结构简单、操作方便、燃料消耗少、成本低、熔化的效率高，而且能连续生产。

（1）冲天炉的构造   冲天炉是圆柱形竖式炉，由炉体、火花捕集器、前炉、加料装置、送风装置 5 部分构成，冲天炉的构造如图 11-7 所示。

1）炉体：包括烟囱、加料口、炉身、炉缸、炉底和支撑等部分。它主要的作用是完成炉料的预热、熔化。自加料口下沿至第一排风口中心线之间的炉体高度称有效高度，即炉身的高度，是冲天炉的主要工作区域。炉身的内腔称为炉腔。

2）火花捕集器：为炉顶部分，起除尘作用。废气中的烟尘和有害气体聚集于火花捕集器底部，由管道排出。

3）前炉：前炉的作用是储存铁水并使之成分、温度均匀。上面有出铁口、出渣口和窥视口。

4）加料装置：包括加料机和加料桶，它的作用是把炉料按配比、分量、分批地从加料口送进炉内。

5）送风装置：包括进风管、风带、风口及鼓风机的输出管道，其作用是将一定量空气送入炉内，供底焦燃烧用。风带的作用是使空气均匀、平稳地进入各风口。冲天炉广泛应用多排风口，每排设 4~6 个小风口，沿炉膛截面均匀分布。

（2）冲天炉的铸铁熔炼　冲天炉是利用对流的原理来进行熔化的。在冲天炉的熔化过程中，炉料从加料口装入，自上而下运动，被上升的热炉气预热，并在熔化带（在底焦顶部，温度约1200℃）开始熔化。铁水在下落过程中又被高温炉气和炽热的焦炭进一步加热（称过热），温度可达 1600℃ 左右，经过过道进入前炉。此时温度稍有下降，最后出炉温度约为 1360~1420℃。

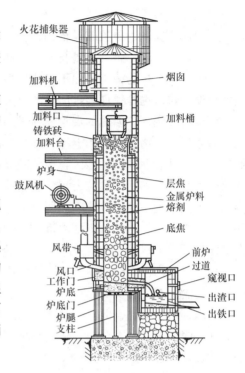

图 11-7　冲天炉的构造

2. 铸钢的熔炼

机械零件的强度、韧性要求较高时可采用铸钢件。铸钢可采用电弧炉、感应电炉、平炉、转炉、电渣炉及等离子炉等设备熔炼。

目前铸钢车间多采用中频感应电炉，其结构示意图如图 11-8 所示。能熔炼各种高级合金钢和碳含量极低的钢。感应电炉的熔炼速度快、合金元素烧损小、能源消耗少、且钢液质量高，即杂质含量少、夹渣少。

3. 有色合金的熔炼

工程中常采用的有色金属有铝、镁、铜、锌、铅、锡等。铸造有色合金包括铝合金、铜合金、锌合金等。其中应用最多的是铝合金和铜合金。铸造铝合金具有一定的力学性能，还具有优良的导电、导热性。它质量轻、塑性高、耐腐蚀，广泛用于制造仪表、泵、内燃机与飞机等的零件。铸造铜合金按其主要组成和性能分为两大类：铸造青铜和铸造黄铜。黄铜是指以锌为主要合金元素的铜基合金，为提高强度加入锰等元素的称为高强度锰黄铜，加入镍等元素的称为白铜。

铸造有色合金大多熔点低、熔炼时吸气和氧化严重，因此一般要在坩埚炉中进行熔炼。铜合金多用石墨坩埚，铝合金常用铸铁坩埚。

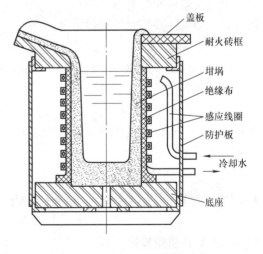

图 11-8　中频感应电炉结构示意图

11.5.2 铸件的浇注

将液体金属浇入铸型的过程称为浇注。浇注对铸件质量影响很大，如果浇注操作不当会引起浇不足、冷隔、跑火、气孔、缩孔和夹渣等缺陷。

为了获得合格的铸件，除正确的造型、熔炼合格的铸造合金熔液外，浇注温度的高低、浇注速度的快慢也是保证铸件质量的重要因素。

合金熔液浇入铸型时的温度称为浇注温度。较高的浇注温度能保证合金熔液的流动性能，有利于夹杂物的积聚和上浮，减少气孔和夹渣等缺陷。但过高的浇注温度，会使铸型表面烧结，铸件表面容易粘砂，合金熔液氧化严重，熔液中含气量增加，冷凝时收量增大，铸件易产生气孔、缩孔、热应力大、裂纹等缺陷。浇注温度过低，合金熔液的流动性变差，又容易产生浇不到、冷隔等缺陷。所以，应在保证获得轮廓清晰铸件的前提下，采用较低的浇注温度。一般的，铸铁的浇注温度在1340℃左右，碳素钢的浇注温度在1500℃左右，锡青铜浇注温度在1200℃左右，铝硅合金的浇注温度在700℃左右。

单位时间内注入铸型中合金熔液的质量称为浇注速度。较快的浇注速度，可使合金熔液很快地充满型腔，减少氧化程度。过快的浇注速度易冲坏砂型。较慢的浇注速度易于补缩，获得组织细密的铸件，但过慢的浇注速度易产生夹砂、冷隔、浇不到等缺陷。浇注工作组织的好坏，浇注工艺是否合理，不仅影响到铸件质量，还涉及工人的安全。浇注时要严格遵守浇注的操作规程。

11.5.3 铸件的落砂与清理

1. 铸件的落砂

将浇注成形后的铸件从砂型中分离出来的工序称为落砂。铸件在砂型中应冷却到一定温度才能落砂。落砂过早，高温铸件在空气中急冷，易产生变形和开裂，表面也易氧化或形成白口，难以切削加工。落砂过晚，过久地占用生产场地和砂箱，不利于提高生产率。落砂的方法有手工落砂和机器落砂两种。中、小铸造的落砂，一般用手工落砂。批量生产时，可采用震动、抛丸、高压水等机器落砂。

2. 铸件的清理

铸件落砂后仍带有浇注系统、冒口、披缝、飞边、表面粘砂等，必须经清理工序去除，满足铸件外表面的质量要求。

灰铸铁件上的浇冒口可用锤子敲掉，铸钢件用气割切除，有色金属则用锯割去除，大量生产时，可用专用剪床切除。机械清理可采用震砂机、水力清砂、水爆清砂、清理滚筒或抛丸机等方法进行。

11.6 铸件质量检验与缺陷分析

11.6.1 铸件质量检验

铸件质量包括内在质量和外观质量。内在质量包括化学成分、物理和力学性能、金相组织以及存在于铸件内部的孔洞、裂纹、夹渣等缺陷；外观质量包括铸件的尺寸精度、几何精度、表面粗糙度、质量偏差及表面缺陷等。根据产品的技术要求应对铸件质量进行检验，常用的检验方法有外观检验、无损探伤检验、金相检验及水压试验等。

11.6.2 铸件缺陷分析

在铸造生产过程中，由于种种原因，在铸件表面和内部产生的各种缺陷总称为铸件缺陷。按铸件缺陷性质不同，通常可以分为以下 8 个方面：多肉类缺陷、孔洞类缺陷、裂纹冷隔类缺陷、表面缺陷、残缺类缺陷、夹渣类缺陷、形状和重量类缺陷以及成分、组织和性能不合格类缺陷等。表 11-1 为常见的铸件缺陷及缺陷产生的原因。

表 11-1 铸件常见缺陷及产生原因

类别	缺陷名称及特征	简　图	产生原因
孔洞类缺陷	气孔 铸件内部或表面有大小不等的孔眼，孔的内壁光滑，多里圆形		造型材料水分过多或含有大量发气物质；型砂透气性差；金属液温度过低；砂芯透气孔堵塞或砂芯未烘干；浇注温度过低；浇注系统不合理，气体无法排除等
	缩孔 铸件最后凝固的部位出现的形状极不规则、孔壁粗糙的孔洞，多产生在壁厚处		浇注系统和冒口设置不合理，不能保证顺利凝固；铸件设计不合理，壁厚不均匀；浇注温度过高，铁水成分不准，收缩太大
	砂眼 铸件内部或表面带有砂粒的孔洞，形状不规则		型砂和砂芯的强度不足，砂太松，起模或合箱时未对准，将砂型破坏；浇注系统不合理，浇注时砂型或砂芯被冲坏；铸件结构不合理，砂型或砂芯局部薄弱，被金属液冲坏
	渣眼 铸件浇注时的上表面充满熔渣的空洞，常与气孔并存，大小不一，成群集结		浇注时挡渣不良，熔渣随金属液进入型腔；浇口杯未注满或断流导致熔渣和金属液进入型腔；金属液温度过低，流动性不好，熔渣不易浮出
表面缺陷	机械粘砂 铸件表面粘附一层砂粒和金属的机械混合物，使表面粗糙		浇注温度过高，未刷涂料或刷的不足；砂型的耐火度不够；砂粒粗细不合适；砂型的紧实度不够，砂太松
	夹砂结疤 铸件表面产生的疤片状金属凸起物，表面粗糙，边缘锐利，在金属片和铸件之间夹有一层型砂	金属片状物	型砂热强度较低，型腔表层受热膨胀后易鼓起或开裂；型砂局部紧实度过大，水分过多，水分烘干后易出现脱皮；内浇道过于集中，使局部砂型烘烤温度过高；浇注温度过高，浇注速度过慢
形状及重量差错类缺陷	错箱 铸件的一部分与另外一部分在分型面处相互错开		合型时上、下型错位；造型时上、下模有错移；定位销或泥号不准；分模的上下模未对准等

（续）

类别	缺陷名称及特征	简图	产生原因
形状及重量差错类缺陷	偏芯 型芯位置偏移，引起的铸件形状及尺寸不合格		型芯变形或安放位置偏移；型芯尺寸不准或固定不准；浇道位置不对，金属液冲偏了型芯
裂纹、冷隔类缺陷	裂纹 铸件开裂，裂纹处金属表面成氧化色，外形不规则	裂纹	铸件结构不合理，壁厚差太大；浇注温度太高，导致冷却速度不均匀；浇注位置选择不当，冷却顺序不对；砂型太紧，退让性差等
	冷隔 铸件有未完全熔合的缝隙，交接处多呈圆形，一般出现在离内绕道较远处、薄壁处或金属汇合处		金属液温度太低，浇注速度太慢，因表层氧化未能熔为一体；浇道太小，或布置不合理；铸件壁太薄，砂型太湿，含发气物质太多等
残余类缺陷	浇不足 铸件残缺或铸件轮廓不完整，或轮廓虽完整，但边角圆且光亮。常出现在远离浇道的位置及薄壁处		浇注温度太低；熔融金属量不足；浇道太小或未开排气孔；铸件设计太薄等

（1）多肉类缺陷　铸件表面各种多肉缺陷的总称，包括飞边、毛刺、抬型、胀砂、冲砂、掉砂等缺陷。这类缺陷影响铸件的外观质量，增加铸件的清理成本。

（2）孔洞类缺陷　在铸件表面和内部产生不同形状、大小的孔空洞缺陷的总称，包括气孔、缩孔、缩松、疏松、渣眼等缺陷。这类缺陷会降低铸件的力学性能，影响铸件的使用性能。

（3）裂纹、冷隔类缺陷　包括冷裂、热裂、热处理裂纹、白点、冷隔、浇注断流等缺陷。这类缺陷极大地降低了铸件的力学性能，严重时将导致铸件报废，其中以热裂最为常见。

（4）表面缺陷　铸件表面产生的各种缺陷的总称，包括鼠尾、沟槽、夹砂结疤、机械粘砂、化学粘砂、表面粗糙等缺陷。这类缺陷影响铸件的表面质量，并增加铸件清理工作量。

（5）残余类缺陷　铸件由于各种原因造成的外形缺损缺陷的总称，包括浇不到、未浇满、跑火、型漏和损伤等缺陷。这类缺陷通常会导致铸件的报废，而且还可能危害操作者人身安全。

（6）形状及重量差错类缺陷　包括拉长、超重、变形、错型、错芯、偏芯等缺陷。这类缺陷影响铸件外观质量，增加铸件清理工作量。

（7）夹杂类缺陷　铸件中各种金属和非金属杂物的总称。通常是氧化物、硫化物、硅酸盐等杂质颗粒机械地保留在固体金属内，或凝固时在金属内形成，或在凝固后的反应中形成。

（8）成分、组织及性能不合格类缺陷　包括亮皮、菜花头、石墨漂浮、石墨集结、组织粗大、偏析、硬点、反白口、脱碳等缺陷。这类缺陷会影响铸件的可加工性和使用性能。

11.7　特种铸造

除了砂型铸造以外的所有铸造方法统称为特种铸造。常用的特种铸造方法有金属型铸造、压力铸造、熔模铸造、离心铸造、消失模铸造等。特种铸造已得到日益广泛的应用，随着科学技术的发展，新的特种铸造方法还在不断产生。

与普通砂型铸造相比，特种铸造的基本特点可概括为：①改变铸型的制造工艺或材料；②改善液体金属充型和凝固条件。

特种铸造的优点为：①铸件尺寸精确，表面粗糙值小，更接近零件最后尺寸，从而实现少切削或无切削加工；②铸件内部质量好，力学性能高，铸件壁厚可以减小；③减低金属消耗和铸件废品率；④简化铸造工序（除熔模铸造外），便于实现生产过程的机械化、自动化；⑤改善劳动条件，提高生产率。

11.7.1　金属型铸造

金属型铸造是指在重力作用下，将液态金属浇入用金属材料制成的铸型而获得铸件的一种铸造方法。金属型一般用铸铁或铸钢制成。

金属型铸造的优点在于可以一型多铸，反复使用，铸件精度和表面质量较高，可以少加工或不再加工就可使用，且铸件组织致密，力学性能好，生产率高。但铸型制造成本高，退让性差，不宜生产形状复杂的铸件等。金属型铸造适于生产大批量有色金属铸件。

11.7.2　压力铸造

压力铸造是将液态或半液态金属在高压的作用下，以极高的速度充填压铸型的型腔，并在高压力作用下快速凝固而获得铸件的一种铸造方法，简称压铸。

高压力和高速度是压铸时金属液充填成形过程的两大特点，也是压铸与其他铸造方法最根本的区别。压铸常用压力是几兆帕至几十兆帕，充填速度为 0.5～70m/s，充填时间很短，一般为 0.01～0.2s。

压铸过程是在压铸机上进行的。压铸机是压铸生产中的基本设备。压铸机有热压室式、立式和卧式等类型，它们的工作原理基本相似。卧式压铸机用高压油驱动，合型力大，充型速度快，生产率高，应用较广泛。

压力铸造发展的主要趋向是：压铸机的系列化与自动化，并向大型化发展；提高模具寿命，降低成本；采用新工艺（如真空压铸、加氧压铸等）来提高铸件质量。

压力铸造适于有色金属薄壁复杂铸件的大批量生产。

11.7.3　熔模铸造

熔模铸造是用易熔材料（例如蜡料或塑料）制成精确的可熔性模样（简称熔模），在其上涂上若干层特制的耐火涂料，经过干燥和硬化形成一个整体壳型后，然后加热型壳熔去模样，再经高温焙烧而成为耐火型壳，将液体金属浇入型壳中，金属冷凝后敲掉型壳获得铸件的方法。由于石蜡－硬脂酸是应用最广泛的易熔材料，故这种方法曾叫"失蜡铸造"。熔模铸造是一种精密铸造方法。熔模铸造所生产铸件精度高，可不经加工直接使用或只经很少加工后使用，是一种近终成型工艺。它适于各种合金，尤其适于高熔点合金及难切削加工合金复杂铸件生产，如耐热合金钢等。

11.7.4　离心铸造

离心铸造是将液体金属浇入以一定速度旋转的铸型中，并在离心力的作用下凝固成形的铸造方法。离心铸造一般都是在离心机上进行的。铸型多采用金属型。

根据离心铸造机的结构型式不同，有垂直旋转的立式离心铸造和水平旋转的卧式离心铸造两种。前者适用于铸气缸套、齿轮一类短的铸件；后者适用于铸长笛形空心铸件。目前，离心铸造已广泛用于生产铸铁水管、气缸套、钢辊筒、铜套等。

11.7.5　消失模铸造

消失模铸造是把涂有耐火材料涂层的泡沫塑料（聚苯乙烯）模样放入砂箱，模样四周用干砂或自硬砂充填紧实，浇注时高温金属液使泡沫塑料模样热解"消失"，并占据模样原来的空间，而最终获得铸件的铸造方法。消失模铸造原理如图 11-9 所示。近年来采用干砂造型的消失模铸造发展迅速。

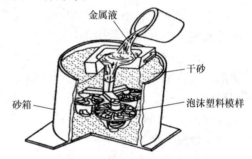

图 11-9　消失模铸造原理示意图

消失模铸造具有如下特点：

1）铸件精度较高。消失模铸造无须开箱取模、无分型面、无砂芯，因而铸件没有毛刺、飞边，并减少了由于型、芯组合而造成的尺寸误差，铸件尺寸公差等级可达 IT9 ~ IT6，铸件尺寸公差较小，可以减少 40% ~ 60% 的机械加工时间。

2）设计灵活。为铸件结构设计提供了充分的自由度。原先分为几个零件装配而成的结构，可以通过几个泡沫塑料模片黏合后铸造而成。

3）清洁生产。干砂消失模铸造型砂中无化学黏结剂，低温下泡沫塑料对环境完全无毒，浇注时排放的有机物也很少，而且排放时间短，地点集中，便于集中收集处理，大大减少清理工作量，减少了车间噪声和粉尘。

4）降低投资及生产成本。干砂消失模铸造简化了工序，需要的生产工人数量减少，易实现机械化、自动化。

5）适于生产结构复杂的各种大小的较精密铸件，合金种类不限、生产批量不限。

消失模铸造被国内外铸造界誉之为"21 世纪的铸造新技术"。消失模铸造技术已从技术革新期进入成长期，它的应用范围正在不断扩大，在汽车、造船、机床等行业中用来生产模具、曲轴、箱体、阀门、缸盖、制动盘等较复杂的铸件。

11.8　安全操作技术规程

由于铸造生产工序繁多，要与高温熔融金属接触，车间环境一般较差（高温、高粉尘、高噪声、高劳动强度），安全隐患较多，既有人员安全问题，又有设备、产品的安全问题。因此，铸造的安全生产问题尤为突出。下面仅对主要的安全技术问题简单介绍：

1）进入车间后，应时刻注意头上吊车，脚下工件与铸型，防止碰伤、撞伤及烧伤等事故。

2）混砂机转动时，不得用手扒料和清理碾轮，不准伸手到机盆内添加黏结剂、附加物等。

3）注意保管和摆放好自己的工具，防止被埋入砂中踩坏，或被起模针和通气针扎伤手脚。

4）工作结束后，要认真清理工具和场地，砂箱要安放稳固，防止倒塌伤人毁物。

5）铸造熔炼与浇注现场不得有积水。

6）注意浇包及所有与金属液接触的物体都必须烘干、烘热后使用，否则会引起爆炸。

7）浇包中的金属液不能盛得太满，抬包时两人动作要协调，万一金属液泼出，烫伤手脚，应招呼同伴同时放包，切不可单独丢下抬杆，以免翻包，酿成大祸。

8）浇注时，人不可站在浇包正面，否则易造成意外的烧伤事故。

9）所有破碎、筛分、落砂、混辗和清理设备，应尽量密闭，以减少车间的粉尘。同时应规范车间通风、除尘及个人劳动保护等防护措施。

10）铸造合金熔炼过程中产生的有害气体，如冲天炉排放的含有 CO 的多种废气，铝合金精炼时排放的有害气体等，应有相应的技术处理措施。现场人员也应加强防护。

复习思考题

1. 什么是铸造？铸造生产有哪些优缺点？
2. 常用的铸造方法分为哪几类？
3. 试述砂型铸造的生产工艺过程。
4. 砂型一般由哪几部分组成？何谓分型面？
5. 型砂主要由哪些材料组成？它应具备哪些性能？
6. 模样一般是用什么材料制作的？制作模样时要注意哪些问题？
7. 手工造型的基本方法有哪几种？机器造型有何特点？
8. 浇注系统由哪些部分组成？开设内浇道时要注意些什么问题？
9. 什么是特种铸造？常用的特种铸造方法有哪些？

第12章　电气工程训练基础知识

【目的与要求】

1. 了解有关人体触电的知识，熟悉引起触电的原因及常用预防措施，掌握触电后的抢救措施。

2. 掌握常用电工工具和仪表的使用方法，了解导线的连接和绝缘的恢复工艺过程。

3. 了解低压电器的分类，掌握各种低压电器的工作原理。

12.1　安全用电

12.1.1　触电的种类

人体是导电的，一旦有电流通过时，将会受到不同程度的伤害。由于触电的种类、方式及条件不同，受伤害的后果也不一样。

按触电对人体伤害的程度分，有电击和电伤两类。

（1）电击　指电流通过人体时所造成的内伤。它可使肌肉抽搐，内部组织损伤，造成发热、发麻、神经麻痹等；严重时将引起昏迷、窒息，甚至心脏停止跳动，血液循环中止等而死亡。通常说的触电，就是指电击。触电死亡中绝大部分是电击造成的。

（2）电伤　在电流的热效应、化学效应、机械效应以及电流本身作用下造成的人体外伤。常见的有灼伤、烙伤和皮肤金属化等现象。

由电流的热效应引起的主要是电弧灼伤，造成皮肤红肿、烧焦或皮下组织损伤；烙伤由电流热效应或力效应引起，是皮肤被电器发热部分烫伤或由于人体与带电体紧密接触而留下肿块、硬块，使皮肤变色等；皮肤金属化是由电流热效应和化学效应导致熔化的金属微粒渗入皮肤表层，使受伤部位皮肤带金属颜色而留下硬块。

12.1.2　常见的触电方式

常见的触电方式可分为单相触电、双相触电、跨步触电3种。

1. 单相触电

当人体的某一部位接触到相线（俗称火线），另一部分又与大地或零线（中性线）相接，电流从带电体流经人体到大地（或零线）形成回路，这种触电叫单相触电（或称单线触电），如图12-1所示。在接触电气线路（或设备）时，若不采用防护措施，一旦电气线路或设备绝缘损坏漏电，将引起间接的单相触电。若站在地上误触带电体的金属裸露部分，将造成直接的单相触电。

2. 双相触电

如图12-2所示，当人体的不同部位分别接触到同一电源的两根不同相位的相线，电流由一根相线经人体流到另一根相线的触电，称为双相触电（或称双线触电）。人体承受的电压是线电压，在低压动力线路中为380V，此时通过人体的电流将更大，而且电流的大部分经过心脏，所以比单相触电更危险。

图 12-1　单相触电

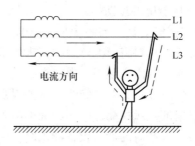

图 12-2　双相触电

3. 跨步电压触电

高压电线接触地面时，电流在接地点周围 15～20m 的范围内将产生电压降。当人体接近此区域时，两脚之间承受一定的电压，此电压称为跨步电压。由跨步电压引起的触电称为跨步电压触电，简称跨步触电，如图 12-3 所示。

跨步电压一般发生在高压设备附近，人体离接地体越近，跨步电压越大。因此在遇到高压设备时应慎重对待，避免受到伤害。

12.1.3　常见的触电原因及预防措施

触电包括直接触电和间接触电两种。直接触电是指人体直接接触或过分接近带电体而触电，间接触电是指人体触及正常时不带电而发生故障时才带电的金属导体。本节中先分析触电的常见原因，从而提出预防直接触电和间接触电的几种措施。

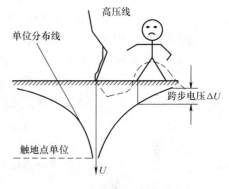

图 12-3　跨步触电

1. 触电的常见原因

触电的场合不同，引起触电的原因也不同。下面根据在工农业生产和日常生活中所发生的不同触电事例，将常见触电原因归纳如下。

（1）线路架设不合规　室内外线路对地距离、导线之间的距离小于允许值；通信线、广播线与电力线间隔距离过近或同杆架设，线路绝缘破损；有的地区为节省电线而采用一线一地制送电等均会引起触电。

（2）电气操作制度不严格　带电操作，不采取可靠的保护措施，不熟悉电路和电器，盲目修理；救护已触电的人，自身不采用安全保护措施；停电检修，不挂警告牌；检修电路和电器，使用不合格的工具；人体与带电体过分接近，又无绝缘措施或屏护措施；在架空线上操作，不在相线上加临时接地线，无可靠的防高空跌落措施等。

（3）用电设备不合要求　电气设备内部绝缘损坏，金属外壳又未加保护接地措施或保护接地线太短、接地电阻太大；开关、灯具、携带式电器绝缘外壳破损，失去防护作用；开关、熔断器误装在中性线上，一旦断开，就使整个线路带电。

（4）用电不规范　在室内乱拉电线，随意加大熔断器熔丝规格；在电线上或电线附近晾晒衣物；在电线（特别是高压线）附近打鸟、放风筝等；未断开电源，移动家用电器；打扫卫生时，用水冲洗或湿布擦拭带电电器或线路等导致触电。

2. 预防触电的措施

（1）直接触电的预防措施

1）绝缘措施。良好的绝缘是保证电气设备和线路正常运行，防止触电事故发生的重要措施。选用绝缘材料将带电体封闭起来的措施叫绝缘措施。

绝缘材料的选用必须与该电气设备的工作电压、工作环境和运行条件相适应，否则容易造成击穿。但应注意，有些绝缘材料如果受潮，会降低甚至丧失绝缘性能。

绝缘材料的绝缘性能往往用绝缘电阻表示。不同的设备或电路对绝缘电阻的要求不同。例如：新装或大修后的低压设备和线路，绝缘电阻不应低于 $0.5M\Omega$。运行中的线路和设备，绝缘电阻不应低于 $1000M\Omega$。

2）屏护措施。采用屏护装置将带电体与外界隔绝开来，以杜绝不安全因素的措施叫屏护措施。常用的屏护装置有遮栏、护罩、护盖、栅栏等。如常用电器的绝缘外壳、金属网罩、金属外壳、变压器的遮栏、栅栏等都属于屏护装置。凡是金属材料制作的屏护装置，应妥善接地或接零。

屏护装置不直接与带电体接触，对所用材料的电气性能没有严格要求，但必须有足够的机械强度和良好的耐热、耐火性能。

3）间距措施。为方便操作，在带电体与地面之间、带电体与带电体之间、带电体与其他设备之间，均应保持一定的安全间距，这叫作间距措施。安全间距的大小取决于电压的高低、设备的类型、安装的方式等因素。

（2）间接预防触电的措施

1）加强绝缘。对电气线路或设备采取双重绝缘，加强绝缘措施或对组合电气设备采用共同绝缘。采用加强绝缘措施的线路或设备绝缘牢固，不易损坏，不致发生带电的金属导体裸露而造成间接触电。

2）电气隔离。采用隔离变压器或具有同等隔离作用的发电机，使电气线路和设备的带电部分处于悬浮状态，这叫电气隔离措施。即使该线路或设备工作绝缘损坏，人站在地面上与之接触也不触电。

应注意的是：被隔离回路的电压不得超过500V，其带电部分不得与其他电气回路或地相连，方能保证其隔离要求。

3）自动断电保护。在带电线路或设备上发生触电事故时，在规定时间内能自动切断电源而起保护作用的措施叫自动断电保护。如漏电保护、过电流保护、过电压或欠电压保护、短路保护、接零保护等。

12.1.4 安全电压、电流

1. 触电伤害人体的因素

（1）电流的大小　触电时，流过人体的电流大小是造成损伤的直接因素。人们通过大量实验证明，通过人体的电流越大，对人体的损伤越严重。

（2）电压的高低　人体接触的电压越高，流过人体的电流越大，对人体的伤害越严重。但在触电事例的分析统计中，70%以上死亡者是在对地电压为250V的低压下触电的。如以触电者人体电阻为 $1k\Omega$ 计算，在220V电压作用下，通过人体的电流是220mA，能迅速将人致死。对地250V以上的高压本来危险性更大，但由于人们接触少，且对它的警惕性较高，所以，触电死亡事例约在30%以下。

（3）频率的高低　实践证明，40~60Hz 的交流电对人最危险，随着频率的增高，触电的危险程度将下降。高频电流不仅不会伤害人体，还能用于治疗疾病。

（4）时间的长短　技术上常用触电电流与触电持续时间的乘积（叫电击能量），来衡量电流对人体的伤害程度。触电电流越大，触电时间越长，则电击能量越大，对人体的伤害越严重。若电击能量超过 150mA·s 时，触电者就有生命危险。

（5）不同路径　电流通过头部可使人昏迷，通过脊髓可导致肢体瘫痪，通过心脏可造成心跳停止、血液循环中断，通过呼吸系统会造成窒息。可见，电流通过心脏时，最容易导致死亡。表 12-1 表明了电流在人体中流经不同路径时，通过心脏的电流占通过人体总电流的百分比，从中可以看出，电流从右手到左脚危险性最大。

表 12-1　电流的不同路径对人体的伤害

电流通过人体的路径	通过心脏电流占通过人体总电流百分数（%）
从一只手到另一只手	3.3
从左手到右脚	3.7
从右手到左脚	6.7
从一只脚到另一只脚	0.4

（6）人体状况　人的性别、健康状况、精神面貌等与触电伤害程度有着密切关系。女性比男性触电伤害程度约严重 30%。小孩与成人相比，触电伤害程度也要严重得多。体弱多病者比健康人容易受电流伤害。另外，醉酒、过度疲劳等都会加剧受电流伤害的程度。

（7）人体电阻的大小　人体电阻越大，受电流的伤害越轻。通常人体电阻可按 1~2kΩ 考虑。这个数值主要由皮肤表面的电阻值决定。如果皮肤表面角质层损伤、皮肤潮湿、流汗，带着导电粉尘等将会大幅度降低人体电阻，增加触电伤害程度。

2. 安全电压

电流通过人体时，人体所承受的电压越低，触电伤害越轻。当电压低到一定值以后，对人体就不会造成触电。这种不带任何防护设备，当人体接触带电体时对各部分组织（如皮肤、神经、心脏、呼吸器官等）均不会造成伤害的电压值，叫安全电压。它通常等于通过人体的允许电流与人体电阻的乘积。在不同场合，安全电压的规定是不相同的。

（1）人体电阻　人体电阻一般不低于 1kΩ，通常应考虑在 1~2kΩ 范围内。但影响人体电阻的因素很多，除皮肤厚薄外，皮肤潮湿、多汗、有损伤、带有导电粉尘，对带电体接触面大，接触压力大等都将减小人体电阻，加大人体电阻还与接触电压有关，接触电压越高，人体电阻将按非线性规律下降。

（2）人体允许电流　人体允许电流是指发生触电后触电者能自行摆脱电源，解除触电危害的最大电流。在通常情况下，人体的允许电流，男性为 9mA，女性为 6mA。在设备和线路装有触电保护设施的条件下，人体允许电流可达 30mA。但在容器中，在高空或水面上等可能因电击造成二次事故（再次触电、摔死、溺死）的场所，人体允许电流应按不引起强烈痉挛的 5mA 考虑。

必须指出，这里所说的人体允许电流不是人体长时间能承受的电流。

（3）安全电压值　我国规定 12V、24V 和 36V 三个电压等级为安全电压级别，不同场所选用安全电压等级不同。在湿度大、狭窄、行动不便、周围有大面积接地导体的场所

（如金属容器内、矿井内、隧道内等）使用的手提照明，应采用12V安全电压。凡手提照明器具，在危险环境、特别危险环境的局部照明灯、高度不足2.5m的一般照明灯，携带式电动工具等，若无特殊的安全防护装置或安全措施，均应采用24V或36V安全电压。安全电压的规定是从总体上考虑的，对于某些特殊情况或某些人也不一定绝对安全。是否安全与人的现时状况（主要是人体电阻）、触电时间长短、工作环境、人与带电体的接触面积和接触压力等都有关系。所以，即使在规定的安全电压下工作，也不可粗心大意。

12.1.5 触电急救知识

在电气操作和日常用电中，如果采取了有效的预防措施，会大幅度减少触电事故，但要绝对避免是不可能的。所以，在电气操作和日常用电中必须做好触电急救的思想和技术准备。

1. 触电的现场抢救措施

（1）使触电者尽快脱离电源 发现有人触电，最关键、最重要的措施是使触电者尽快脱离电源。由于触电现场的情况不同，使触电者脱离电源的方法也不一样。在触电现场经常采用以下几种急救方法。

1）迅速关断电源，把人从触电处移开。如果触电现场远离开关或不具备关断电源的条件，只要触电者穿着比较宽松的干燥衣服，救护者可站在干燥木板上（见图12-4），用一只手抓住衣服将其拉离电源，但切不可触及带电人的皮肤。如这种条件尚不具备，还可用干燥木棒、竹竿等将电线从触电者身上挑开，如图12-5所示。

图 12-4　将触电者拉离电源

图 12-5　将触电者身上的电线挑开

2）如果触电发生在相线与大地之间，一时又不能把触电者拉离电源，可用干燥绳索将触电者身体拉离地面，或在地面与人体之间塞入一块干燥木板，这样可以暂时切断带电导体通过人体流入大地的电流。然后再设法关断电源，使触电者脱离带电体。在用绳索将触电者拉离地面时，注意不要发生跌伤事故。

3）救护者手边如有现成的刀、斧、锄等带绝缘柄的工具或硬棒时，可以从电源的来电方向将电线砍断或撬断，如图12-6所示。但要注意切断电线时人体切不可接触电线裸露部分和触电者。

4）如果救护者手边有绝缘导线，可先将一端良好接地，另一端接在触电者所接触的带电体上，造

图 12-6　用带绝缘柄的工具切断电线体

成该相电源对地短路，迫使电路跳闸或熔丝熔断，达到切断电源的目的。在搭接带电体时，要注意救护者自身的安全。

5）在电杆上触电，地面上一时无法施救时，仍可先将绝缘软导线一端良好接地，另一端抛掷到触电者接触的架空线上，使该相对地短路，跳闸断电。在操作时要注意两点：一是不能将接地软线抛在触电者身上，这会使通过人体的电流更大；二是注意不要让触电者从高空跌落。

> 注意：以上救护触电者脱离电源的方法，不适用于高压触电情况。

触电者脱离电源后，应根据其受电流伤害的不同程度，采用不同的施救方法。判断呼吸是否停止、判断脉搏是否搏动，根据简单判断的结果，对触电者受伤害的不同程度、不同症状表现可用下面的方法进行不同的救治。

（2）对不同情况的救治

1）触电者神志清醒，只是感觉头昏、乏力、心悸、出冷汗、恶心、呕吐，应让其静卧休息，以减轻心脏负担。

2）触电者神志断续清醒，出现一度昏迷。一方面请医生救治，另一方面让其静卧休息随时观察其伤情变化，做好万一恶化的施救准备。

3）触电者已失去知觉，但呼吸、心跳尚存，应在迅速请医生的同时，将其安放在通风、凉爽的地方平卧，往其脸上洒些水，摩擦全身，使之发热。如果出现痉挛，呼吸渐渐衰弱，应立即施行人工呼吸，并准备担架，送医院救治。在去医院途中，如果出现"假死"，应边送边抢救。

4）触电者呼吸、脉搏均已停止，出现"假死"现象，应针对不同情况的"假死"现象对症处理。如果呼吸停止，用口对口人工呼吸法，迫使触电者维持体内外的气体交换。如果心脏停止跳动，可用胸外心脏按压法，维持人体内的血液循环。如果呼吸、脉搏均已停止，上述两种方法应同时使用，并尽快向医院告急。下面介绍口对口人工呼吸法和胸外心脏按压法。

2. 口对口人工呼吸法

口对口人工呼吸法适于呼吸渐弱或已经停止的触电者。人工呼吸法是行之有效的。在几种人工呼吸法中效果最好的是口对口人工呼吸法，其操作步骤如下。

1）首先使触电者仰卧在平直的木板上，解开衣领，松开上身的紧身衣服，使胸部可以自由扩张。除去口腔中的黏液、血液、食物、假牙等杂物。如果舌根下陷应将其拉出，使呼吸道畅通，如图12-7所示。

2）救护人位于触电者的一侧，一只手捏紧触电者的鼻孔，另一只手掰开其口腔。救护人深吸气后，紧贴着触电者的嘴唇吹气，使其胸部膨胀。之后，放松触电者的嘴鼻，使其自动呼气。如此反复进行，吹气2s，放松3s，大约5s一个循环，如图12-8和图12-9所示。

3）吹气时要捏紧鼻孔，紧贴嘴唇，不能漏气，放松时应能使触电者自动呼气，如图12-10所示。

4）对体弱者和儿童吹气时用力应稍轻，不可让其胸腹过分膨胀，以免肺泡破裂。当触电者自己开始呼吸时，人工呼吸应立即停止。

图 12-7　头部后仰

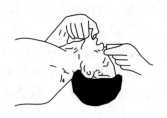
图 12-8　捏鼻掰嘴

图 12-9　贴紧吹气

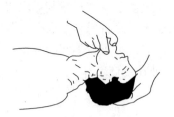
图 12-10　放松换气

3. 胸外心脏按压法

胸外心脏按压法是帮助触电者恢复心跳的有效方法。这种方法是用人工胸外按压，代替心脏的收缩作用，具体操作如图 12-11～图 12-14 所示。

1）使触电者仰卧，姿势与进行人工呼吸时相同，但后背着地应结实。先找到正确的按压点，办法是：救护者伸开手掌，中指尖抵住触电者颈部凹陷的下边缘（即：锁骨窝下边缘），手掌的根部就是正确的压点。

2）救护人跪跨在触电者腰部两侧的地上，身体前倾。两臂伸直，两手相叠，以手掌根部放至正确压点。

3）掌根均衡用力连同身体的重量向下挤压。压出心室的血液，使其流至触电者全身各部位。压陷深度成人为 3～5cm，对儿童用力要轻，太快太慢或用力过轻过重，都不能取得好的效果。

4）按压后掌根突然抬起，依靠胸廓自身的弹性，使胸腔复位，血液流回心室。重复3、4 步骤，每分钟 60 次左右为宜。

总之，要注意压点正确，下压均衡、放松迅速、用力速度适宜（慢慢压下，突然放开），要坚持做到心跳完全恢复。如果触电者心跳和呼吸都已停止，则应同时进行胸外心脏按压和人工呼吸。一人救护时，两种方法可交替进行；两人救护时，两种方法应同时进行，但要配合默契。

图 12-11　正确压点

图 12-12　两手相叠

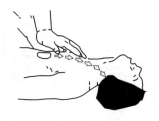
图 12-13　向下挤压

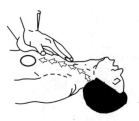
图 12-14　突然放开

12.1.6　电气安全技术知识

1. 接地与接零

（1）工作接地　为了保证电气设备的正常工作，将电路中某一点通过接地装置与大地可靠地连接，称为工作接地。如变压器低压侧的中性点、电压互感器和电流互感器的二次侧某一点接地等。

在电力系统中，中性点接地的称为中性点直接接地系统，中性点不接地的称为中性点不接地系统。在中性点接地系统中，如果一相短路，其他两相的对地电压为相电压。中性点不接地系统中，如果一相短路，其他两相的对地电压接近线电压。

（2）保护接地　将电气设备正常情况下不带电的金属外壳通过接地装置与大地可靠连接，称为保护接地，主要应用于三相三线制中性点不接地的电网系统。其原理如图 12-15 所示，图 12-15a 是未加保护接地时的情况，若绝缘损坏，一相电源碰壳，电流经人体电阻 R_r、大地和线路对地绝缘等效电阻 R_j 构成回路。若线路绝缘的性能不好，流过人体电流增大，危及人身安全。图 12-15b 中加了保护接地。当一相电源碰壳时，由于人体电阻 R_r 远大于接地电阻 R_d（一般只有几欧姆），流过人体的电流 I_r 比流过接地装置的电流 I_d 小得多，保证人身安全。

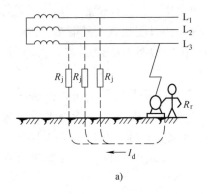
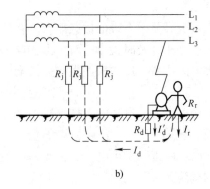
图 12-15　保护接地原理

（3）保护接零　将电气设备正常情况下不带电的金属外壳与电网的零线相连接，称为保护接零，适用于三相四线制中性点直接接地系统，其原理图如图 12-16b 所示，若一相绝缘损坏碰壳，由于外壳与电源零线相接，形成该相对零线的单相短路，短路电流使线路上的保护装置（如熔断器、低压断路器等）迅速动作，切断电源，保护人身和设备安全。图 12-16a 是未接零时的情况，对地短路电流不一定能使线路保护装置动作。

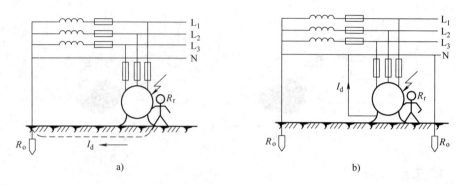

图 12-16　保护接零原理

（4）重复接地　当电源变压器离用户较远时，为防止中线断线或线路电阻过大，在用户附近将中线再次接地。图 12-16b 就采取了重复接地措施。重复接地的主要作用是，降低三相不平衡电路中零线上可能出现的危险电压，减轻单相接地或高压串入低压的危险。

2. 电气防火、防爆、防雷

（1）防火　电气火灾来势凶猛，蔓延迅速。既可能造成人身伤亡，设备、线路和建筑物的重大破坏，还可能造成大规模长时间停电，给国家财产造成重大损失。

1）电气火灾的成因。电气火灾的成因很多，几乎所有的电气故障都可能导致电气着火。如设备材料选择不当，线路过载、短路或漏电，照明及电热设备故障，熔断器烧断、接触不良以及雷击、静电等，都可能引起高温、高热或者产生电弧、放电火花，从而引发火灾事故。

2）电气火灾的预防和处理。

① 电气火灾的预防。为了防止电气火灾的发生。首先应按场所的危险等级正确地选择、安装、使用和维护电气设备及电气线路，按规定正确采用各种保护措施。在线路设计上，应充分考虑负载容量及合理的过载能力。在用电上，应禁止过度超载及乱搭接电源线。用电设备有故障应停用并及时检修。对于需在监护下使用的电气设备，应做到"人去停用"。对于易引起火灾的场所，应注意加强防火，配置防火器材。

② 电气火灾的处理。当电气设备发生火灾时，首先应切断电源，防止火势蔓延以及灭火时发生触电事故。同时，拨打火警电话报警。发生电气火灾时，不能用水或普通灭火器（如泡沫灭火器）灭火。因为水和普通灭火器中的溶液都是导体，如电源未被切断，救火者有可能触电。所以，发生电气火灾时，应使用干粉灭火器或"1211"灭火器等灭火，也可用干燥的黄沙灭火。

（2）防爆

1）电气引爆。电气引爆的原因很多，危害极大，主要发生在含有易燃、易爆气体、粉尘的场所。当空气中汽油的体积分数达到 1% ~6%，乙炔的体积分数达到 2.5% ~82%，液化石油气的体积分数达到 3.5% ~16.3%，家用管道煤气的体积分数达到 5% ~30%，氢气的体积分数达到 4% ~80%，氨气的体积分数达到 15% ~28% 时，如遇电火花或高温、高热，就会引起爆炸。碾米厂的粉尘、各种纺织纤维粉尘，达到一定浓度也会引起爆炸。

2）防爆措施。为了防止电气引爆的发生，在有易燃、易爆气体、粉尘的场所，应合理选用防爆电气设备，正确敷设电气线路，保持场所良好通风；应保证电气设备的正常运行，防止短路、过载；应安装自动断电保护装置；对危险性大的设备应安装在危险区域外；防爆场所一定要选用防爆电动机等防爆设备。使用便携式电气设备应特别注意安全；电源应采用三相五线制与单相三线制线路，线路接头采用熔焊或钎焊等连接固定。

（3）防雷　雷电是一种自然现象，它产生的强电流、高电压、高温热具有很大的破坏力和多方面的破坏作用，给电力系统和人类造成严重灾害。

1）雷电的活动规律。雷电在我国的活动规律是：南方比北方多，山区比平原多，陆地比海洋多，热而潮湿的地方比冷而干燥的地方多，夏季比其他季节多。在同一地区，凡是电场分布不均匀、导电性能较好容易感应出电荷、云层容易接近的部位或区域，更容易引雷而导致雷击。

一般来说，空旷地区的孤立物体、高于20m的建筑物，如水塔、宝塔、尖形屋顶、烟囱、旗杆、天线、输电线路杆塔等；金属结构的屋面，砖木结构的建筑物，特别潮湿的建筑物，露天放置的金属物；排放导电尘埃的厂房。排废气的管道和地下水出口，烟囱冒出的热气（含有大量导电质点、游离态分子）处；金属矿床、河岸、山谷风口处、山坡与稻田接壤的地段、土壤电阻率小或电阻率变化大的地区容易受到雷击，雷雨时应特别注意。

2）雷电的种类。根据雷电的形成机理及侵入形式，可分为下面几种类型。

① 直击雷：雷云距地面的高度较小时，在地面较高的凸出物上产生静电感应，感应电荷与雷云所带电荷相反而发生放电，称为直击雷，其电压可高达几百万伏。

② 感应雷：有静电感应雷和电磁感应雷两种。静电感应雷是雷云接近地面时，在地面凸出物顶部感应出的异性电荷失去束缚，以雷电波的形式沿地面传播，在一定时间和部位发生强烈放电所形成的；电磁感应雷是发生雷电时，巨大的雷电流在周围空间产生变化率很大的电磁场，在附近金属物上发生电磁感应产生很高的冲击电压，引发放电而形成的。感应雷产生的感应电压，其值可达数十万伏。

③ 球形雷：雷击时形成的一种发红光或白光的火球。通常从门、窗或烟囱等通道侵入室内。在触及人畜或其他物体时发生爆炸、燃烧而造成伤害。

④ 雷电侵入波：雷击时在电力线路或金属管道上产生的高压冲击波，顺线路或管道侵入室内，或者破坏设备绝缘层窜入低压系统，危及人畜和设备安全。

3）雷电的危害。雷电的危害主要有4个方面：一是电磁性质的破坏，雷击的高电压破坏电气设备和导线的绝缘，在金属物体的间隙形成火花放电，引起爆炸，雷电侵入波侵入室内，危及设备和人身安全；二是机械性质的破坏，当雷电击中树木、电杆等物体时，造成被击物体的破坏和爆炸，雷击产生的冲击气浪也对附近的物体造成破坏；三是热性质的破坏，雷击时在极短的时间内释放出强大的热能，使金属熔化、树木烧焦、房屋及物资烧毁；四是跨步电压破坏，雷击电流通过接地装置或地面向周围土壤扩散，形成电压降，使该区域的人畜受到跨步电压的伤害。

4）常用防雷装置。防雷的基本思想是疏导，即设法将雷电流引入大地，从而避免雷击的破坏。常用的避雷装置有避雷针、避雷线、避雷网、避雷带和避雷器等。其中避雷针、避雷线、避雷网、避雷带作为接闪器，与引下线和接地体一起构成完整的通用防雷装置，主要用于保护露天的配电设备、建筑物等。避雷器则与接地装置一起构成特定用途的防雷装置。

① 避雷针是一种尖形金属导体，普遍用于建筑物、露天电力设施的保护。其作用是将

雷电引到避雷针上，把雷电波安全导入大地，避免雷击的损害。避雷针应装设在保护对象的最凸出部位。根据保护范围的需要可装设单支、双支或多支。

② 避雷器通常装接在电力线路和大地之间，与电气设备并联安装。当电力线路出现雷电过电压时，避雷器内部立即放电，将雷电流导入大地，降低了线路的冲击电压。当雷电流过去后，避雷器迅速恢复为阻断状态，系统正常运行。

12.1.7 电气工程训练安全操作技术规程

1）进入实训室后未经指导教师许可不准随便使用电气设备及各种电子仪表、电工工具等。

2）操作前要做好一切准备工作，将所需的工具和仪表放在合适的位置，不得随意堆放。

3）操作前要认真听老师讲解实践规范和要求、观察老师演示操作方法，做好笔记，避免违章操作。

4）接通电源前，要注意严格检查工具、仪表和引线有无破损、漏电、短路现象，经老师检查无误方可通电，以免发生事故。

5）取用仪器、仪表、安装器件时要轻拿轻放，以免损坏。

6）如有不懂的地方要向老师请教，不得随意操作。避免造成不必要损坏。

7）仪器、仪表使用完毕，要将各种旋钮恢复原位或零位，电源开关要关掉。

8）电烙铁使用前要检查是否漏电，以免发生事故。电烙铁不用时要放在烙铁架上，不能随意摆放，以免人员烫伤、烧坏操作台及其他物品。焊接完毕，将烙铁断电，等放凉后再收起。

9）实训结束，将所有工具、仪表、材料放回指定位置，未经老师许可，不得私自带到实训室外。

10）如遇紧急情况，按下急停开关。

12.2 常用电工工具和仪表

12.2.1 常用电工工具

电工工具是电气操作的基本手段之一。工具若不合规格，质量不好或使用不当，都将影响工作质量，降低工作效率，甚至造成事故。电气操作人员必须掌握电工常用工具的结构、性能和正确的使用方法。

1. 验电笔

验电笔是检验线路和设备带电部分是否带电的工具，通常有感应式和螺钉旋具式（钢笔式）两种，外形如图 12-17 所示。

a) 感应式　　　　　　　　　　　　b) 螺钉旋具式

图 12-17　验电笔外形

（1）感应式验电笔（又称感应式验电器） 如图 12-17a 所示，以货号为 700138 雷诺感应数显验电笔为例，其适用于直接检测 12～220V 的交直流电和间接测量交流电的零线、相线和断点检测，还可以测量不带电导体的通断：

1）直接检测：如图 12-18a 所示。

① 最后的数字为所测量的电压值。

② 未到高段显示值 70% 时，显示低段值。

③ 测量直流电时应手碰另一电极。

④ 多功能检测电压：可测量不带电导体，如电线、荧光灯、电容、变压器、电动机线圈等两端是否断路，测电笔探头触一端，用手握住另一端，通路发光管亮，断路则不亮。

⑤ 测量二极管正负极，如发光亮则手握端为正极探头端为负极；如两端都亮，则二极管短路；如都不亮，则断路。用同样的方法能测量晶体管。

⑥ 可测量直流电压的正负极，如电池、直流电等，探头测一端，手摸另一端，如发光管亮则电笔端为正极，手摸端为负极。

2）间接测量：并排线路时应增大线间距或用手按住被测物，显示 N 为相线，如图 12-18b 所示。

3）断点检测：沿相线纵向移动，显示窗内无显示时断点处，如图 12-18c 所示。

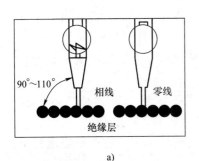
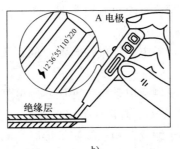
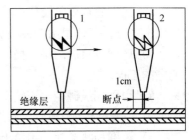

a)   b)   c)

图 12-18 感应式验电笔的使用方法

注意事项：

1）勿同时按住两个电极进行测试。

2）使用时，如灯不亮，请检查电池接触是否良好或更换电池。

（2）螺钉旋具式（钢笔式）验电笔 使用时，注意手指必须接触金属笔挂（钢笔式）或验电笔顶部的金属螺钉（螺丝刀式），使电流由被测带电体经测电笔和人体与大地构成回路，结构如图 12-19a、b 所示，正确的使用方法如图 12-19c 所示，图 12-19d 是错误的使用方法。当被测带电体与大地之间的电位超过 60V 时，用验电笔测试带电体，验电笔中的氖管就会发光。验电笔测试的范围为 60～500V。

使用时应注意：以手指握住验电笔笔身，食指触及笔身金属体（尾部），验电笔的小窗口朝向自己的眼睛。

验电笔的主要用途如下：

1）区别相线与中性线。在交流电路中，当验电笔触及导线时，氖管发亮的是相线；正常时，中性线不会使氖管发亮。

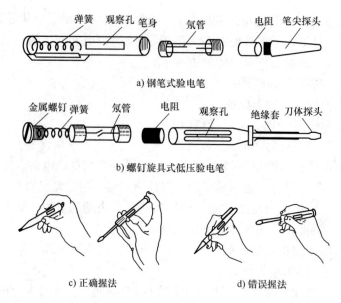

c) 正确握法   d) 错误握法

图 12-19　螺钉旋具式（钢笔式）验电笔的使用方法

2）区别电压的高低。测试时可根据氖管发光的强弱来估计电压的高低。

3）区别直流电与交流电。交流电通过验电笔时，氖管里的两个极同时发光；直流电通过验电笔时，氖管里两个极只有一个发光。

4）区别直流电的正负极。把验电笔连接在直流电的正负极之间，氖管发光的一端为直流电的正极。

5）识别相线碰壳。用验电笔触及电动机、变压器等电气设备外壳，若氖管发光，则说明该设备相线有碰壳现象。如果壳体上有良好的接地装置，氖管是不会发光的。

6）识别相线接地。用验电笔触及三相三线制星形联结的交流电路时，有两根比通常稍亮，而另一根的亮度暗些，说明亮度较暗的相线有接地现象，但不太严重。如果两根很亮，而另一根不亮，则这一相有接地现象。在三相四线制电路中，当单相接地后，中性线用验电笔测量时，也会发亮。

2. 螺钉旋具

外形结构如图 12-20 所示。螺钉旋具是紧固或拆卸螺钉的专用工具，按照其功能和头部形状不同可分为一字槽螺钉旋具和十字槽螺钉旋具，电工常用的十字槽螺钉旋具有四种规格；Ⅰ号适用的螺钉直径为 2 ~ 2.5mm；Ⅱ号为 3 ~ 5mm；Ⅲ号为 6 ~ 8mm；Ⅳ号为 10 ~ 12mm。使用时应注意：

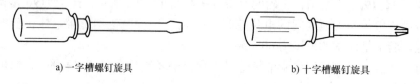

a)一字槽螺钉旋具   b)十字槽螺钉旋具

图 12-20　螺钉旋具

1）根据螺钉大小、规格选用相应尺寸的螺钉旋具，应按螺钉的规格选用适合的刀口，容易损坏螺钉与螺钉旋具。

2）使用螺钉旋具紧固或拆卸带电的螺钉时，手不得触及螺钉旋具的金属杆，以避免发生触电事故。

3．电工刀

电工刀的外形结构如图 12-21 所示。电工刀是用来切削电工器材的工具，常用来切割电线、电缆包皮等。使用时应注意以下几点：

图 12-21　电工刀

1）刀口无绝缘，不能在带电导线或器材上切割。

2）刀口朝外进行操作。

3）切割导线绝缘层时，刀面与导线成 45°角倾斜，以免割伤线芯。

4）使用后要及时把刀身折入刀柄，以免切削刃受损或危及人身。

4．钳子

（1）钢丝钳　钢丝钳又称克丝钳，一般有 150mm、175mm、200mm 三种规格，外形如图 12-22所示。其用途是夹持或折断金属薄板以及切断金属丝（导线），用来铡切粗电线线芯、钢丝或铅丝等较硬的金属。电工用钢丝钳的手柄必须绝缘，一般钢丝钳的绝缘护套耐压为 500V，适用于在低压带电设备上使用。

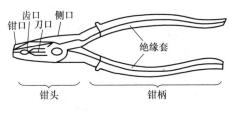

图 12-22　钢丝钳

使用钢丝钳应注意下面几点：

1）使用钢丝钳时，切勿将绝缘手柄碰伤、损伤或烧伤，并注意防潮。

2）钳轴要经常加油，防止生锈，保持操作灵活。

3）带电操作时，手与钢丝钳的金属部分要保持2cm。

4）根据不同用途，选用不同规格的钢丝钳。

（2）尖嘴钳　其外形结构如图 12-23a 所示。尖嘴钳的头部尖细，使用灵活方便，适用于在狭小的工作空间或带电操作低压电气设备，也可用于电气仪表制作或维修、钳夹细小的导线、金属丝等，夹持小螺钉、垫圈，并可将导线端头弯曲成形。电工维修时，应选用带有耐酸塑料套管绝缘手柄、耐压在 500V 以上的尖嘴钳，常用规格有 130mm、160mm、180mm、200mm。

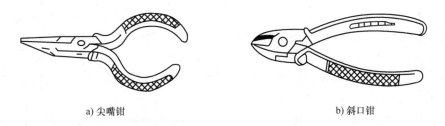

a）尖嘴钳　　　　　　　　　　　　b）斜口钳

图 12-23　钳子

使用尖嘴钳时应注意以下几点：

1）操作时，手离金属部分的距离应不小于2cm，以保证人身安全。

2）因钳头部分尖细，又经过热处理，钳夹物不可太大，用力切勿过猛，以防损坏钳头。

3）钳子使用后应清洁干净。钳轴要经常加油，以防生锈。

4）不可使用绝缘手柄已损坏的尖嘴钳切断带电导线。

（3）斜口钳　斜口钳又称断线钳，其头部扁斜，电工用斜口钳的钳柄采用绝缘柄，外形如图 12-23b 所示，其耐压等级为 1000V。斜口钳专供剪断较粗的金属丝、线材及电线、电缆等。

（4）剥线钳　剥线钳有两种：自动式剥线钳和直力式剥线钳。剥线钳由钳头和手柄组成，如图 12-24 所示。其作用如下：用来剥离小直径导线绝缘层，手柄绝缘层耐压为 500V。

1）自动式剥线钳使用方法如下：一手握住钳柄，另一手将带绝缘层的导线插入相应直径的切口中，卡好尺寸后用力一握手柄即可把插入部分的绝缘层割断自动去掉，并不损伤导线。

2）直力式剥线钳使用方法如下：一手握住钳柄，另一手将带绝缘层的导线插入相应直径的切口中，用力握手柄，另一手向外拉导线即可。

 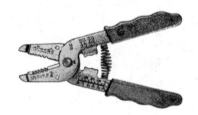

a) 自动式剥线钳　　　　　　　　　　　b) 直力式剥线钳

图 12-24　剥线钳

注意：剥线钳使用时，应量好线径，插入的切口应与线径的直径相应，使用时，切口大小必须与导线芯线直径相匹配，过大难以剥离绝缘层，过小会损伤或切断芯线。

---

5. 扳手

有活扳手和呆扳手两种，是用来拧紧或松开六角螺母、方头螺栓、螺钉、螺母的常用工具。

（1）活扳手　活扳手的钳口可在规定范围内任意调节，结构如图 12-25a 所示。

活络扳手规格较多，电工常用的有 150mm×19mm、200mm×24mm、250mm×30mm 和 300mm×36mm 等几种。扳动较大螺母时，所用力矩较大，手应握在手柄尾部，如图 12-25b 所示。扳小型螺母时，为防止钳口处打滑，手可握在接近头部的位置，且用拇指调节和稳定蜗杆，如图 12-25c 所示。

使用活扳手时，不能反方向用力，否则容易扳裂活络扳唇，也不准用钢管套在手柄上作加力杆使用，更不准用作撬棍撬重物或当锤子敲打。旋动螺母时，必须把工件的两侧平面夹牢，以免损坏螺杆或螺母的棱角。

（2）呆扳手　规格多样，外形如图 12-26 所示。

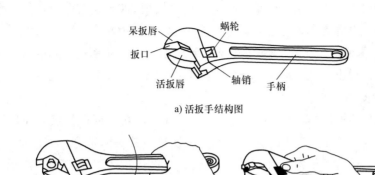

a) 活扳手结构图

b) 扳较大螺母时的握法   c) 扳较小螺母时的握法

图 12-25　扳手

呆扳手的使用方法如下：

1）选择与螺母规格相同类别的扳手。

2）顺时针转动手柄即拧紧，逆时针转动即松开。

图 12-26　呆扳手

3）对反扣的螺母要按上一条中相反方向使用。

4）小螺母握点向前、大螺母握点向后。

> 注意：
> 1）扳手使用时，一律严禁带电操作。
> 2）活扳手的开口调节应以既能夹住螺母又能方便地提取扳手、转换角度为宜。
> 3）任何时候不得将扳手当作锤子使用。

6. 镊子

镊子是电子电器维修中必不可少的小工具，主要用于挟持导线线头，元器件等小型工件或物品。通常由不锈钢制成，有较强的弹性。头部较宽、较硬，且弹性较强者可以夹持较大物件；反之可以夹持较小物件。镊子的形状如图 12-27 所示。

a) 普通镊子   b) 医用镊子

图 12-27　镊子

7. 电烙铁

电烙铁如图 12-28 所示，主要用于锡焊和镀锡等。电烙铁简介：

（1）用电烙铁的种类和功率　常用电烙铁分内热式和外热式两种。内热式电烙铁的烙铁头在电热丝的外面，这种电烙铁加热快且重量轻。外热式电烙铁的烙铁头是插在电热丝里面，它加热虽然较慢，但相对讲比较牢固。电烙铁直接用220V交流电源加热。电源线和外壳之间应是绝缘的，电源线和外壳之间的电阻应是大于200MΩ。

电烙铁通常使用30W、35W、40W、45W、50W的功率。功率较大的电烙铁，其电热丝电阻较小。欧姆定律导出公式：$R = U/I = (U/I) * (U/U) = U^2/P$。

（2）电烙铁的使用注意事项

1）新买的烙铁在使用之前必须先给它蘸上一层锡（给烙铁通电，然后在烙铁加热到一定的时候就用焊锡丝靠近烙铁头），使用久了的烙铁将烙铁头部锉亮，然后通电加热升温，并将烙铁头蘸上一点松香，待松香冒烟时再上锡，使在烙铁头表面先镀上一层锡。

2）电烙铁通电后温度高达250℃以上，不用时应放在烙铁架上，但较长时间不用时应切断电源，防止高温"烧死"烙铁头（被氧化）。要防止电烙铁烫坏其他元器件，尤其是电源线，若其绝缘层被烙铁烧坏而不注意便容易引发安全事故。

3）不要把电烙铁猛力敲打，以免振断电烙铁内部电热丝或引线而产生故障。

4）烙铁使用一段时间后，可能在烙铁头部留有锡垢，在烙铁加热的条件下，我们可以用湿布轻擦。如有出现凹坑或氧化块，应用细纹锉刀修复或者直接更换烙铁头。

5）焊接操作姿势与卫生

焊剂加热挥发出的化学物质对人体是有害的，如果操作时鼻子距离烙铁头太近，则很容易将有害气体吸入。一般烙铁离开鼻子的距离应至少不小于30cm，通常以40cm为宜。

图 12-28　电烙铁

电烙铁（见图12-28）的握法有三种，如图12-29所示。反握法动作稳定，长时间操作不宜疲劳，适于大功率烙铁的操作。正握法适于中等功率烙铁或带弯头电烙铁的操作。一般在操作台上焊印制电路板等焊件、导线镀锡时多采用握笔法。

焊锡丝一般有两种拿法，如图12-30所示。由于焊丝成分中，铅占一定比例，众所周知铅是对人体有害的重金属，因此操作时应戴手套或操作后洗手，避免食入。

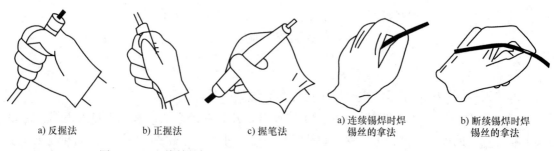

| a) 反握法 | b) 正握法 | c) 握笔法 | a) 连续锡焊时焊锡丝的拿法 | b) 断续锡焊时焊锡丝的拿法 |

图 12-29　电烙铁的握法　　　　　　　　　图 12-30　焊锡丝的拿法

使用电烙铁要配置烙铁架，一般放置在工作台右前方，电烙铁用后一定要稳妥放置在烙铁架上，并注意导线等物不要碰烙铁头，以免被烙铁烫坏绝缘后发生短路。

12.2.2 常用导线的连接及焊接工艺

连接线路时，常常需要在分接支路的接合处或导线不够长的地方连接导线，这个连接处通常称为接头。导线的连接方法很多，有绞接、焊接、压接和螺栓联接等，各种连接方法适用于不同导线及不同的工作地点。导线连接无论采用哪种方法，都有下列 4 个步骤：剥离绝缘层，导线线芯连接，接头焊接或压接，恢复绝缘。

1. 绝缘层的剥离

连接导线前，必须先剥离导线端头的绝缘层，要求剥离后的芯线长度必须适合连接需要。不应过长或过短。且不应损伤芯线。各种导线的材质和绝缘层材质不同，其剥离导线端头绝缘层的方法也不尽相同。下面分别讨论塑料绝缘硬线、塑料绝缘软线、塑料护套线、花线、橡套绝缘软电缆，铅包线等的护套层和绝缘层的剥离工艺。

（1）塑料绝缘硬线塑料绝缘层的剥离

1）用钢丝钳、拔线钳剥离硬线塑料绝缘层。线芯截面积为 4mm 及以下的塑料绝缘硬线，一般可用钢丝钳剥离。具体方法为：按连接所需长度。用钳头刀口轻切绝缘层。用左手捏紧导线，右手适当用力捏住钢丝钳头部，然后两手反向同时用力即可使端部绝缘层脱离芯线。在操作中应注意，不能用力过大，切痕不可过深，以免伤及线芯。用钢丝钳剥离导线绝缘层的方法如图 12-31 所示。

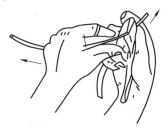

图 12-31　用钢丝钳剥离
硬线塑料绝缘层

2）用电工刀剥硬线塑料绝缘层。按连接所需长度，用电工刀刀口对准导线成 45°角切入塑料绝缘层，注意掌握使刀口刚好削透绝缘层而不伤及线芯，然后压下刀口，夹角改为约 15°后把刀身向线端推削，把余下的绝缘层从端头处与芯线剥离，接着将余下的绝缘层扳翻至刀口根部后，再用电工刀切齐。

（2）塑料绝缘软线塑料绝缘层的剥离　剥离软线塑料绝缘层除用剥线钳外，仍可用钢丝钳、拔线钳直接剥离截面积为 4mm^2 及以下的导线。方法与用钳子剥离硬线塑料绝缘层相同。塑料绝缘软线不能用电工刀剥离，因其太软，线芯又由多股铜丝组成，用电工刀极易伤及线芯。软线绝缘层剥离后。要求不存在断股（一根细芯线称为一股）和长股（即部分细芯线较其余细芯线长，出现端头长短不齐）现象。否则应切断后重新剥离。

（3）套线塑料绝缘层的剥离　塑料护套线只有端头连接，不允许进行中间连接。其绝缘层分为外层的公共护套层和内部芯线的绝缘层。公共护套层通常都采用电工刀进行剥离。常用方法有两种：一种方法是用刀口从导线端头两芯线夹缝中切入，切至连接所需长度后，在切口根部割断护套层；另一种方法是按线头所需长度。将刀尖对准两芯线凹缝划破绝缘层，将护套层向后扳，然后用电工刀齐根切去。

芯线绝缘层的剥离与塑料绝缘硬线端头绝缘层的剥离方法完全相同。但切口相距护套层长度应根据实际情况确定，一般应在 10mm 以上。

（4）铅包线护套层和绝缘层的剥离　铅包线绝缘层分为外部铅包层和内部芯线绝缘层。剥离时先用电工刀在铅包层上切下一个刀痕，再用双手来回扳动切口处，将其折断，将铅包层拉出来。内部芯线绝缘层的剥离与塑料硬线绝缘层的剥离方法相同。铅包线绝缘层的剥离的操作过程如图 12-32 所示。

a) 剖切铅包层　　　　　　b) 折扳和拉出铅包层　　　　　c) 剖削芯线绝缘层

图 12-32　铅包线绝缘层的剥离

（5）花线绝缘层的剥离　花线的结构比较复杂，多股铜质细芯线先由棉纱包扎层裹捆，接着是橡胶绝缘层，外面还套有棉织管（即保护层）。剥离时先用电工刀在线头所需长度处，切割一圈拉去棉织管，然后在距离棉织管 10mm 左右处，用钢丝钳按照剥离塑料软线的方法，将内层的橡胶层剥离，将紧贴于线芯处棉纱层散开，再用电工刀割除。

（6）橡套软电缆绝缘层的剥离　用电工刀从端头任意两芯线缝隙中割破部分护套层，然后把割破已分成两片的护套层连同芯线（分成两组）一起进行反向分拉来撕破护套层，直到所需长度，再将护套层向后扳翻，在根部分别切断。

橡套绝缘软电缆一般作为田间或工地施工现场临时电源线，使用机会较多，因而受外界拉力较大，所以护套层内除有芯线外，尚有 2~5 根加强麻线。这些麻线不应在护套层切口根部剪去，而应扣结加固，余端也应固定在插头或电具内的防拉板中。芯线绝缘层可按塑料绝缘软线的方法进行剥离。

2. 电气连接工艺

（1）导线连接的基本要求　导线连接的基本要求如下：

1）接触紧密，接头电阻小，稳定性好。接头电阻与同长度同截面积导线的电阻之比应不大于 1。

2）接头的机械强度应不小于导线机械强度的 80%。

3）耐腐蚀。对于两根铝芯导线（简称铝线）连接，如果采用熔焊法，主要应防止残余熔剂或熔渣的化学腐蚀。对于铝芯导线与铜芯导线（简称铜线）连接，主要应防止电化腐蚀。在接头前后，要采取措施，避免这类腐蚀的存在。否则，在长期运行中，接头有发生故障的可能。

4）接头的绝缘层强度应与导线的绝缘强度相同。

（2）铜芯导线的连接

1）单股铜芯线的直接连接。先按芯线直径约 40 倍长剥去线端绝缘层，并勒直芯线，再按以下步骤进行操作：

① 两根线头在离芯线根部的 1/3 处呈 X 状交叉，如图 12-33a 所示。

② 两线头如麻花状互相紧绞两圈，如图 12-33b 所示。

③ 把一根线头扳起与另一根处于下边的线头保持垂直，如图 12-33c 所示。

④ 扳起的线头按顺时针方向在另一根线头上紧缠 6~8 圈，圈间不应有缝隙。且应垂直排绕。缠毕切去芯线余端，并钳平切口，不准留有切口毛刺，如图 12-33d 所示。

⑤ 一端头的加工方法，按上述步骤③~④操作。单股铜芯线的直接连接后的效果如

图 12-33e所示。

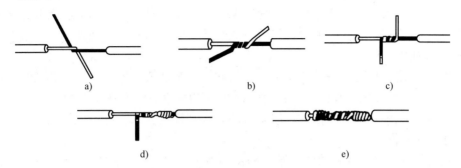

图 12-33　单股铜芯线的直接连接

2）单股铜芯线与多股铜芯线的分支连接。先按单股线芯线直径约 20 倍的长度剥除多股线连接处的中间绝缘层，并按多股线的单股芯线直径的 100 倍左右长度剥去单股线的线端绝缘层，并勒直芯线。再按以下步骤进行：

① 离多股线的左端绝缘层切口 3～5mm 处的芯线上，用一字槽螺钉旋具把多股芯线分成较均匀的两组（如 7 股线的芯线分成 3 股一组和 4 股一组），如图 12-34a 所示。

② 单股芯线插入多股线的两组芯线中间，但单股线芯不可插到底，应使绝缘层切口离多股芯线约 3mm 左右。同时，应尽量使单股芯线向多股芯线的左端靠近，以能达到距多股线绝缘层切口不大于 5mm。接着用钢丝钳把多股线的插缝钳平钳紧，如图 12-34b 所示。

③ 单股芯线按顺时针方向紧缠在多股芯线上。务必要使每圈直径垂直于多股芯线索轴心，并应使各圈紧挨密排。应绕足 10 圈，然后切断余端，钳平切口毛刺，如图 12-34c 所示。

3）多股铜芯导线的直接连接。多股铜芯导线的直接连接如图 12-35 所示。按下列步骤进行：

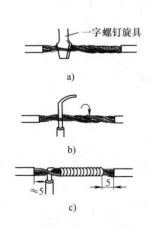

图 12-34　单股铜芯线与多股铜芯线的连接步骤

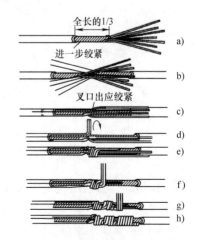

图 12-35　多股铜芯导线的直接连接

① 将剖去绝缘层的芯线头拉直，接着把芯线头全长的 1/3 根部进一步绞紧，然后把余下的 2/3 根部的芯线头按如图 12-35a 所示方法分散成伞骨状，并将每股芯线拉直。

② 两导线的伞骨状线头隔股对叉，如图 12-35b 所示，然后捏平两端每股芯线。

③ 以 7 股芯线为例，先把一端的 7 股芯线按 2～3 股分成三组，接着把第一组股芯线扳起并垂直于芯线，如图 12-35c 所示；然后按顺时针方向紧贴并缠绕两圈，再扳成与芯线平行的直角，如图 12-35d 所示。

④ 按照上一步骤相同方法继续紧缠第二组和第三组芯线，但在后一组芯线扳起时，应把扳起的芯线紧贴前一组芯线已弯成直角的根部，如图 12-35e 和图 12-35f 所示。第三组芯线应紧缠三圈，如图 12-35g 所示。每组多余的芯线端部应剪去，并钳平切口毛刺。导线的另一端连接方法相同。

多股铜芯线的直接连接后的效果如图 12-35h 所示。

4）多股铜芯线的分支连接。多股铜芯线的分支连接如图 12-36 所示。先将干线在连接处按支线的单根芯线直径约 60 倍长剥去绝缘层，支线线头绝缘层的剥离长度约为干线单根芯线直径的 80 倍左右。再按以下步骤进行操作：

① 把支线线头离绝缘层切口约 1/10 的一段芯线作进一步绞紧，把余下的约 9/10 芯线头松散，并逐根勒直后分成较均匀且排成并列的两组（如 7 股线按 3 股、4 股分组），如图 12-36a所示。

② 在干线芯线中间略偏一端部位，用一字槽螺钉旋具插入芯线股间。分成较均匀的两组，接着把支路略多的一组芯线头插入干线芯线的缝隙中。同时移动位置，要使干线芯线约以 2/5 和 3/5 分留两端，即 2/5 一段供支线 3 股芯线缠绕，3/5 一段供 4 股芯线缠绕，如图 12-36b所示。

③ 先钳紧干线芯线插口处，接着把支线 3 股芯线在干线芯线上按顺时针方向垂直地紧紧排缠至三圈，剪去多余的线头，钳平端头，修去毛刺，如图 12-36c 所示。

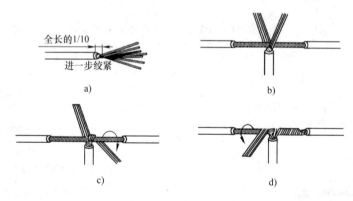

图 12-36 多股铜芯线的分支连接

④ 按步骤③方法缠绕另 4 股支线芯线头，但要缠足四圈，芯线端口也应不留毛刺，如图 12-36d 所示。

（3）铝芯导线的连接

1）小规格铝线的连接方法。

① 截面积在 4mm² 以下的铝线，允许直接与接线柱连接，但连接前必须经过清除氧化铝薄膜的技术处理。方法是：在芯线端头上涂抹一层中性凡士林。然后用细钢丝刷或铜丝刷刷擦芯线表面，再用清洁的棉纱或布条抹去含有氧化铝膜屑的凡士林，但不要彻底擦干净表

面的所有凡士林。

② 各种形状接点的弯制和连接方法，均与小规格铜质导线的各种连接方法相同，均可参照应用。

③ 铝线质地很软，压紧螺钉虽应紧压住线头，不能使其松动，但也应避免只顾拧紧螺钉，而把铝线芯压扁或压断。

2）铜线与铝线的连接。由于铜与铝在一起，长时间后铝会产生电化腐蚀。因此，对于较大负荷的铜线与铝线连接应采用铜铝过渡连接管。使用时，连接管的铜端插入铜导线，连接管的铝端插入铝导线，利用局部压接法压接。

（4）导线端头的压接　导线与接线柱的连接称为压接。接线柱又称接线桩或接线端子，是各种电气装置或设备的导线连接点。导线与接线柱的连接是保证装置或设备安全运行的关键工序，必须接得正规可靠。

1）导线与针孔式接线柱的连接。

① 单股芯线端头应折成双根并列状后。再以水平状插入承接孔，并能使并列面承受压紧螺钉的顶压。芯线端头所需长度应是两倍孔深，如图12-37a所示。

② 芯线端头必须插到孔的底部。凡有两个压紧螺钉的针孔式接线柱，应先拧紧近孔口的一个，再拧紧近孔底的一个，如图12-37b所示。

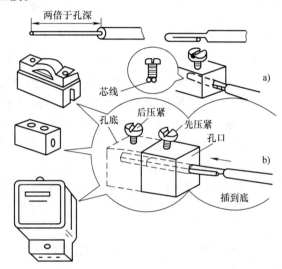

图12-37　导线与针孔式接线柱的连接

2）线头与螺钉平压式接线桩的连接。

① 单股芯线线头与螺钉平压式接线桩的连接。在螺钉平压式接线桩上接线时，如果是较小截面单股芯线，则必须把线头弯成羊眼圈，如图12-38所示。羊眼圈弯曲的方向应与螺钉拧紧的方向一致。

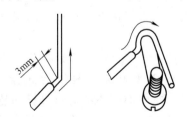

图12-38　单股芯线羊眼圈弯法

② 多股芯线与螺钉平压式接线柱的连接。多股芯线与螺钉平压式接线柱连接时，压接圈的弯法如图12-39所示。较大截面单股芯线与螺钉平压式接线柱连接时，线头须装上接线耳，由接线耳与接线柱连接。

3. 导线的焊接工艺

这里讲的焊接指的是锡焊。锡焊是利用受热熔化的焊锡对铜、铜合金、钢、镀锌薄钢板

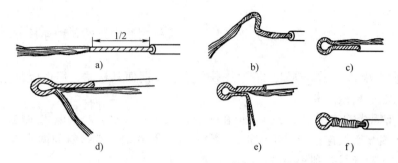

图 12-39　多股芯线压接圈弯法

等材料进行焊接的一种方法。锡焊接头具有良好的导电性、一定的机械强度以及对焊锡加热熔化后，可方便地拆卸等优点，所以在生产上应用较广。在电工操作中，电烙铁（见 12.2.1）用于导线接头、电气元件接点的焊接。

（1）焊料　焊料包括焊锡和焊剂。焊锡是由锡、铅和锑等元素组成的低熔点（185～260℃）合金。为了便于使用，焊锡常制成条状和盘丝状。

焊剂能起清除污物和抑制工件表面氧化的作用，它是保证焊接过程顺利进行和获得致密接头的辅助材料。锡焊时常用下列三种焊剂：

1）松香液。天然松香溶解在酒精中而形成的糊状液体，适用于铜及铜合金焊件。

2）焊锡膏。用氧化锌、树脂和脂肪类材料调和而成的膏剂，适用于对绝缘及防腐要求不高的小焊件。

3）氧化锌溶液。把适量的锌放在盐酸中，产生化学反应后得到的液体，适用于薄钢板焊件。

现在为了使用方便，把焊剂直接加工到焊锡中。

（2）锡焊的方法　焊接前应对母材焊接处进行清洁处理，这是保证焊接质量的重要条件。常用砂布、锉刀和刀片进行这项工作，以清除焊接处的油漆或氧化层。清洁处理后的母材要及时涂上焊剂。

常用焊接方法如下：

1）电烙铁加焊。电烙铁的操作使用很方便，适用于薄板和铜导线的焊接。焊接时要注意控制焊锡的熔化温度。过高的温度易使焊锡氧化而失去焊接能力；过低的温度会造成虚焊，降低焊接质量。

2）沾焊。沾焊时用加热设备（如电炉、煤炉等），将容器中的焊锡熔化，再将涂有焊剂的焊接头浸入熔化的焊锡中进行焊接。这种焊接法生产率很高，焊接质量也较好。

3）喷灯加焊。喷灯是一种喷射火焰的加热工具。加焊时先用喷灯将母材加热并不时地涂擦焊剂，当达到合适温度时，将焊锡接触母材使之熔化并铺满焊接处。这种方法适合较大尺寸母材的焊接。

（3）锡焊的注意事项　焊接时，要注意下面几点：

1）电烙铁在使用中一般用松香作为焊剂，特别是电线接头、电子元器件的焊接，一定要用松香作焊剂，严禁用盐酸等带有腐蚀性焊锡膏焊接，以免腐蚀印刷电路板或便电气线路短路。

2）电烙铁在焊接金属铁、锌等物质时，可用焊锡膏焊接。

3）如果在焊接中发现纯铜制的烙铁头氧化不易沾锡时，可将铜头用锉刀锉去氧化层，在酒精内浸泡后再用，切勿浸入酸性溶液内浸泡以免腐蚀烙铁头。

（4）焊接电子元器件时，最好选用低温焊丝，头部涂上一层薄锡后再焊接。焊接场效应晶体管时，应将电烙铁电源线插头拔下，利用余热去焊接，以免损坏管子。

4. 导线的封端与绝缘层的恢复

安装好的配线最终要与电气设备相连，为了保证导线线头与电气设备接触良好并具有较强的力学性能。对于多股铝线和截面大于 2.5mm 的多股铜线，都必须在导线终端焊接或压接一个接线端子，再与设备相连，这种工艺过程叫作导线的封端。

（1）铜导线的封端

1）锡焊法。锡焊前，先将导线表面和接线端子孔用砂布擦干净，涂上一层无酸焊锡膏，将线芯搪上一层锡。然后把接线端子放在喷灯火焰上加热，当接线端子烧热后，把焊锡熔化在端子孔内，并将搪好锡的线芯慢慢插入，待焊锡完全渗透到线芯缝隙中后，即可停止加热。

2）压接法。将表面清洁且已加工好的线头直接插入内表面已清洁的接线端子线孔，用压接钳压接。

（2）铝导线的封端　铝导线一般用压接法封端。压接前，剥离导线端部的绝缘层，其长度为接线端子孔的深度加上 5mm，除掉导线表面和端子内壁的氧化膜，涂上中性凡士林，再将线芯插入接线端子内，用压接钳进行压接。当铝导线出线端与设备铜端子连接时。由于存在电化腐蚀问题，因此应采用预制好的铜铝过渡接线端子，压接方法同前文所述。

（3）导线绝缘层的恢复　导线的绝缘层，因连接需要被剥离后或遭到意外损伤后，均需恢复绝缘层，而且经恢复的绝缘性能不能低于原有的标准。在低压电路中，常用的恢复材料有黄蜡布带、聚氯乙烯塑料带和黑胶布等多种，一般采用 20mm 的规格。其包缠方法如下：

1）包缠时。先将绝缘带从左侧的完好绝缘层上开始包缠，应包入绝缘层 30～40mm 左右。包缠绝缘带时，要用力拉紧，绝缘带与导线之间应保持约 45°倾斜，如图 12-40a 所示。

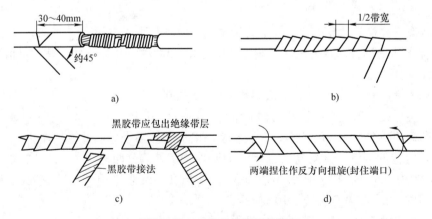

图 12-40　对接点绝缘层的恢复

2）进行每圈斜叠缠包，后一圈必须压叠住前一圈的 1/2 带宽，如图 12-40b 所示。

3）包至另一端也必须包入与始端同样长度的绝缘带，然后接上黑胶布，并应使黑胶布包出绝缘带层至少半根带宽，即必须使黑胶布完全包住绝缘带，如图 12-40c 所示。

4）黑胶布也必须进行 1/2 叠包，包到另一端也必须完全包住绝缘带，收尾后应用双手的拇指和食指紧捏黑胶布两端口，进行一正一反方向拧旋，利用黑胶布的黏性。将两端口充分密封起来。尽可能不让空气流通。这是一个关键的操作步骤，决定着绝缘层恢复操作质量的优劣，如图 12-40d 所示。

在实际应用中，为了保证经恢复的导线绝缘层的绝缘性能达到或超过原有标准。一般均包两层绝缘带后再包一层黑胶布。

12. 2. 3　常用电工仪表

1. 万用表

万用表是电工在安装、维修电气设备时用得最多的仪器，其用途广、便于携带。一般可测量电阻，交、直流电流及电压等，还可测量音频电平、电感、电容和三极管的β值。图 12-41 为 MS8261 型数字万用表。

（1）面板结构　如图 12-41 所示。

（2）基本使用方法

1）检验好坏。首先应检查数字万用表外壳及表笔是否无损伤，然后再作如下检查：

① 将电源开关打开，显示器应有数字显示。若显示器出现欠电压符号，应及时更换电池。

② 表笔孔旁的"MAX"符号，表示测量时被测电路的电流、电压不得超过量程规定值，否则损坏内部测量电路。

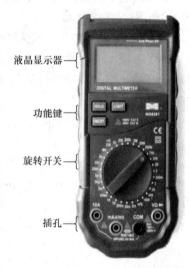

液晶显示器

功能键

旋转开关

插孔

图 12-41　MS8261 型数字万用表

③ 测量时，应选择合适量程，若不知被测值大小，可将转换开关置于最大量程档，在测量中按需要逐步下降。

④ 如果显示器显示"1"，一种表示量程偏小，称为"溢出"，需选择较大的量程；另一种表示无穷大。

⑤ 当转换开关置于"Ω"档，二极管测量档位时不得引入电压。

2）直流电压的测量。直流电压的测量范围为 0～1000V，共分五档，被测量值不得高于 1000V 的直流电压。

① 将黑表笔插入 COM 插孔，红表笔插入 V/Ω 插孔。

② 将转换开关置于直流电压档的相应量程。

③ 将表笔并联在被测电路两端，红表笔接高电位端，黑表笔接低电位端。

3）直流电流的测量。直流电流的测量范围 0～10A，共分四档。

① 范围在 0～200mA 时，将黑表笔插入 COM 插孔，红表笔插"mA"插孔；测量范围在 200mA～10A 时，红表笔应插"10A"插孔。

② 转换开关置于直流电流档的相应量程。

③ 两表笔与被测电路串联，且红表笔接电流流入端，黑表笔接电流流出端。

④ 被测电流大于所选量程时，电流会烧坏内部熔丝。

4）交流电压的测量。测量范围为 0～750V，共分五档。

① 将黑表笔插入 COM，红表笔插入 V/Ω 插孔。

② 将转换开关置于交流电压档的相应量程。

③ 红黑表笔不分极性且与被测电路并联。

5）交流电流的测量。测量范围为 0～10A，共分三档。

① 表笔插法与"直流电流测量"相同。

② 将转换开关置于交流电流档的相应量程。

③ 表笔与被测电路串联，红黑表笔不需考虑极性。

6）电阻的测量。测量范围为 0～200MΩ 共分七档。

① 黑表笔插入 COM 插孔，红表笔插入 V/Ω 插孔

② 将转换开关置于电阻挡的相应量程。

③ 表笔开路或被测电阻值大于量程时，显示为"1"。

④ 仪表与被测电路并联。

⑤ 严禁被测电阻带电，且所得阻值直接读数无须乘以倍率。

⑥ 测量大于 1MΩ 电阻值时，几秒钟后读数方能稳定，这属于正常现象。

7）电容的测量。测量范围为 0～20μF，共分五档。

① 将转换开关置于电容档的相应量程。

② 将待测电容两脚插入 CX 插孔即可读数。

8）二极管测试和电路通断检查。

① 将黑表笔插入 COM 插孔，红表笔插入 V/Ω 插孔。

② 将转换开关置于二极管符号和"200Ω 档"位置。

③ 红表笔接二极管正极，黑表笔接其负极，则可测得二极管正向压降的近似值。

④ 将两只表笔分别触及被测电路两点，当两点电阻值小于 70Ω 时，表内蜂鸣器发出叫声，则说明电路是通的；反之，则不通。以此可用来检查电路通断。

9）晶体管共发射极直流电流放大系数的测试。

① 将转换开关置于 h_{FE} 位置。

② 测试条件为 $I_b = 10\mu A$，$U_{cE} = 2.8V$。

③ 三只引脚分别插入仪表相应插孔，显示器将显示出 h_{FE} 的近似值。

（3）注意事项

1）数字万用表内置电池后方可进行测量，使用前应检查电池电源是否正常。

2）检查仪表正常后方可接通仪表电源开关。

3）用导线连接被测电路时，导线应尽可能短，以减少测量误差。

4）接线时先接地线端，拆线时后拆地线端。

5）测量小电压时，逐渐减小量程，直至合适为止。

6）数显表和晶体管（电子管）电压表过负荷能力较差。为防止损坏仪表，通电前应将量程选择开关置于最高电压档位置，并且每测一个电压以后，应立即将量程开关置于最高档。

7）一般多数电压表均为测量电压有效值（有的仪表测量的基本量为最大值或平均值）。

2. 钳形电流表

钳形电流表的精确度虽然不高（通常为 2.5 级或 5.0 级），但由于它具有不需要切断电

即可测量的优点，所以得到广泛的应用。例如，用钳形电流表测试三相异步电动机的三相电流是否正常，测量照明线路的电流平衡程度等。

钳形电流表按结构原理的不同，分为交流钳形电流表和交、直流两用钳形电流表。如图 12-42 为钳形电流表结构图。

（1）测量原理及使用　钳形电流表主要由一只电流互感器和一只电磁式电流表组成，如图 12-42a 所示。电流互感器的一次线圈为被测导线，二次线圈与电流表相连接，电流互感器的变比可以通过旋钮来调节，量程从 1A 至几千 A。

测量时，按动扳手，打开钳口，如图 12-42b 所示，将被测载流导线置于钳口中。当被测导线中有交变电流通过时，在电流互感器的铁芯中便有交变磁通通过，互感器的二次线圈中感应出电流。该电流通过电流表的线圈，使指针发生偏转，在表盘标度尺上指出被测电流值。

（2）使用注意事项

1）测量前，应检查仪表指针是否在零位。若不在零位，则应调到零位，同时应对被测电流进行粗略估计，选择适当的量程。如果被测电流无法估计，则应先把钳形表置于最高档，逐渐调整，至指针在刻度的中间段为止。

2）应注意钳形电流表的电压等级，不得将钳形电流表用于测量高压电路的电流。

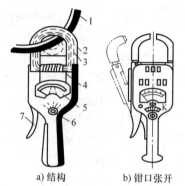

a) 结构　　　b) 钳口张开

图 12-42　钳形电流表结构图
1—载流导线　2—铁心　3—磁通
4—线圈　5—电流表　6—旋钮
7—扳手

3）每次只能测量一根导线的电流，不可将多根载流导线都夹入钳口测量。被测导线应置于钳口中央，否则误差将很大（大于 5%）。当导线夹入钳口时，若发现有振动或碰撞声，应将仪表扳手转动几下，或重新开合一次，直到没有噪声才能读取电流值。测量大电流后，如果立即测量小电流，应开合钳口数次，以消除铁心中的剩磁。

4）在测量过程中不得切换量程，以免造成二次回路瞬间开路，感应出高电压而击穿绝缘。必须变换量程时，应先将钳口打开。

5）在读取电流读数困难的场所测量时，可先用制动器锁住指针，然后到读数方便的地点读值。

6）若被测导线为裸导线，则必须事先将邻近各相用绝缘板隔离，以免钳口张开时出现相间短路。

7）测量时，如果附近有其他载流导线，所测值会受载流导体的影响产生误差。此时，应将钳口置于远离其他导体的一侧。

8）每次测量后，应把调节电流量程的切换开关置于最高档位，以免下次使用时因未选择量程就进行测量而损坏仪表。

9）有电压测量档的钳形表，电流和电压要分开测量，不得同时测量。

10）测量时，应戴绝缘手套，站在绝缘垫上。读数时要注意安全，切勿触及其他带电体。

3. 绝缘电阻表

绝缘电阻表又称兆欧表，是专门用来测量电气线路和各种电气设备绝缘电阻的便携式仪表。它的计量单位是兆欧（MΩ），所以又叫作兆欧表。

（1）绝缘电阻表的组成和测量原理　绝缘电阻表的主要组成部分是一个磁电式流比计和一只手摇发电机。发电机是绝缘电阻表的电源，可以采用直流发电机，也可以用交流发电机，并与整流装置配用。直流发电机的容量很小，但电压很高（100～5000V）。磁电式流比计是绝缘电阻表的测量机构，由固定的永久磁铁和可在磁场中转动的两个线圈组成。绝缘电阻表的外形和线路如图12-43和图12-44所示。

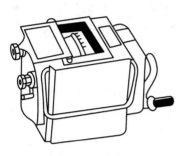

图12-43　绝缘电阻表外形

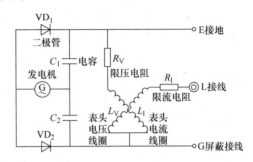

图12-44　绝缘电阻表线路图

当用手摇动发电机时，两个线圈中同时有电流通过，在两个线圈上产生方向相反的转矩；表针就随着两个转矩的合成转矩的大小而偏转某一角度，这个偏转角度取决于上述两个线圈中电流的比值。由于附加电阻的阻值是不变的，所以，电流值仅取决于待测电阻阻值的大小。

值得一提的是，绝缘电阻表测得的是在额定电压作用下的绝缘电阻值。万用表虽然也能测数千欧的绝缘电阻值，但它所测得的绝缘电阻，只能作为参考。因为万用表所使用的电池电压较低，绝缘材料在电压较低时不易击穿，而一般被测量的电气线路和电气设备均要在较高电压下运行，所以，绝缘电阻只能采用绝缘电阻表来测量。

（2）使用方法和注意事项

1）绝缘电阻表的选择。

① 电压等级的选择：绝缘电阻表的选择应以所测电气设备的电压等级为依据。通常，额定压在500V以下的电气设备，选用500V或1000V的绝缘电阻表；额定电压在500V以上的电设备，选用1000V或2500V的绝缘电阻表。电气设备究竟选用哪种电压等级的绝缘电阻表来测量绝缘电阻，有关规程都有具体说明，按说明选用即可。

必须指出，切不可任意选用电压过高的绝缘电阻表，以免将被测设备的绝缘击穿而造成事故。同样，也不得选用电压过低的绝缘电阻表，否则无法测出被测对象在额定工作电压下的实际绝缘阻值。

② 量程的选择：所选量程不宜过多地超出被测电气设备的绝缘电阻值，以免产生较大差。测量低压电气设备的绝缘电阻时，一般可选用0～200MΩ档；测量高压电气设备或电的绝缘电阻时，一般可选用0～2500MΩ档。有些绝缘电阻表的刻度不是从零开始，而是从1MΩ或2MΩ开始。这种绝缘电阻表不宜用来测量潮湿环境中的低压电气设备的绝缘电阻。因为在潮湿环境下电气设备的绝缘电阻值有可能小于1MΩ，导致测量时在仪表上得不到读数，容易误认为绝缘电阻值为零而得出错误的结论。

2）测量前的准备。

① 测量前，应切断被测设备的电源，并进行充分放电（约需 2～3min），以确保人身和设备的安全。

② 擦拭被测设备的表面，使其保持清洁、干燥，以减小测量误差。

③ 将绝缘电阻表放置平稳，并远离带电导体和磁场，以免影响测量的准确度。

④ 对有可能感应出高电压的设备，应采取必要的措施。

⑤ 对绝缘电阻表进行一次开路和短路试验，以检查绝缘电阻表是否良好。试验时，先将绝缘电阻表"接线（L）""接地（E）"两端开路，摇动手柄，指针应指在"∞"位置；再将两端短接，缓慢摇手柄，指针应指在"0"处。否则，表明绝缘电阻表有故障，应进行检修。

3）测量方法和注意事项。

① 绝缘电阻表接线柱与被测设备之间的连接导线，不可使用双股绝缘线、平行线或绞线，而，选用绝缘良好的单股铜线，并且两条测量导线要分开连接，以免因绞线绝缘不良面引起测量误差。

② 摇动手柄的速度应由慢逐渐加快，一般保持转速在 120r/min 左右为宜，在稳定转速 1min 后即可读数。如果被测设备短路，指针摆到"0"，应立即停止摇动手柄，以免烧坏仪表。

③ 绝缘电阻表上有分别标有"接地（E）""接线（L）"和"屏蔽接线（G）"的三个端钮。测量线路对地的绝缘电阻时，将被测线路接于 L 端钮上，E 端钮与地线相接，如图 12-45a 所示。测量电动机定子绕组与机壳间的绝缘电阻时，将定子绕组接在 E、L 端钮上，机壳与 E 端连接，如图 12-45b 所示。测量电缆芯线对电缆绝缘保护层的绝缘电阻时，将 L 端钮与电缆芯线连接，E 端钮与电缆绝缘保护层外表面连接，将电缆内层绝缘层表面接于保护环端钮 G 上，如图 12-45c 所示。

a) 测量设备对地绝缘电阻　　　　b) 测量电动机相间绝缘电阻　　　　c) 测量电缆芯线绝缘电阻

图 12-45　绝缘电阻表测量绝缘电阻的接法

④ 测量电容器的绝缘电阻时应注意，电容器的击穿电压必须大于绝缘电阻表发电机发出的额定电压值。测试电容后，应先取下绝缘电阻表表线再停止摇动手柄，以免已充电的电容向绝缘电阻表放电而损坏仪表。

⑤ 同杆架设的双回路架空线和双母线，当一路带电时，不得测试另一路的绝缘电阻，以防感应高压危害人身安全和损坏仪表。

⑥ 测量时，所选用绝缘电阻表的型号、电压值以及当时的天气、温度、湿度和测得的绝缘电阻值，都应一一记录下来，并据此判断被测设备的绝缘性能是否良好。

⑦ 测量工作一般由两人完成。测量完毕，只有在绝缘电阻表完全停止转动和被测设备对地充分放电后，才能拆线。被测设备放电的方法是：用导线将测点与地（或设备外壳）

短接 2 ~ 3min。

4. 电能表

电能表也叫电度表，是用来测量用电量的仪表。

（1）电度表的分类

1）按用途分：按用途可分为有功电度表和无功电度表。

2）按结构分：单相电度表和三相电度表。

照明电路中用的是单相电度表，有机械式、电子式两种，如图 12-46 所示。

a) 机械式　　　　　　　　　　b) 电子式

图 12-46　电能表

DDS666 型号的数字电能表可用于测量额定频率 50Hz，额定电压为 220V 单相交流有功电能。型号的含义为：666 是设计序号，S 表示电子式，第二个 D 表示单相表，第一个 D 是电能表的意思。

（2）单相电能表的接线　接线方法一般采用两种：一种是 1、3 接进线，2、4 接出线（中国）。另一是 1、2 接进线，3、4 接出现（英国、美国）。接线图如图 12-47 所示。

（3）新型电能表

1）长度式机械电能表。它是在充分吸收国内外电能表设计选材和制造经验的基础上开发的，具有宽负载、长寿命、低功耗、高精度等优点。

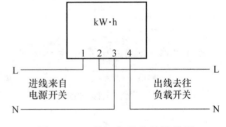

图 12-47　单相电能表的接线图

2）静止式电能表。它借助于电子电能计量先进的原理，继承传统感应式电能表的优点，具有良好的抗电磁干扰性能。它是集节电、可靠、轻巧、高精度、高过载、防窃电等为一体的新型电能表。

3）电子预付费电能表（又称 IC 卡表或磁卡表）。它不仅有电子式电能表的各种优点，而且采用先进的微电子技术进行数据采集、处理和保存，实现先付费后用电的管理功能。

4）防窃型电能表。它集防窃与计量功能于一体，有效地防止违章窃电行为。

（4）电能的测量　所用的仪表为电能表，单位为 kW·h。所耗电量表示一定功率的电，在一定时间内所做的功。1kW·h 表示 1kW 功率的电在 1h 内所做的功。那么，当月的用电量 = 当月表指数 - 上月表指数。

12.3 常用低压电器

12.3.1 低压电器概述

凡是对电能的生产、输送、分配和应用起控制、调节、检测、转换及保护作用的器件均称为电器。

低压电器通常是指工作在 1000V 以下的电力线路中起保护、控制或调节等作用的电气设备。低压配电电器主要用于低压配电系统中。要求工作可靠，在系统发生异常情况下动作准确，并有足够的热稳定性和动稳定性。低压控制电器主要用于电力传动系统中，要求使用寿命长、体积小、质量轻、动作可靠。低压电器的种类繁多、用途广泛、造形各异、功能多样，但就其用途或所控制的对象可分为低压配电电器和低压控制电器两大类。

通常可分为以下几类：

1. 按工作电压分类

（1）低压电器 指工作电压在交流 1000V、直流 1200V 以下的电器。低压电器常用于低压供配电系统和机电设备自动控制系统中。实现电路的保护、控制、检测和转换等。例如，各种刀开关、按钮、继电器、接触器等。

（2）高压电器 指工作电压在交流 1000V、直流 1200V 以上的电器。高压电器常用于高压供配电电路中。实现电路的保护和控制等。例如，高压断路器、高压熔断器等。

2. 按动作方式分类

（1）手动电器 这类电器的动作是由工作人员手动操纵的，例如刀开关、组合开关及按钮等。

（2）自动电器 这类电器是按照操作指令或参量变化信号自动动作的。例如，接触器、继电器、熔断器和行程开关等。

3. 按作用分类

（1）执行电器 用来完成某种动作或传递功率。例如，电磁铁、电磁离合器等。

（2）控制电器 用来控制电路的通断。例如，开关、继电器等。

（3）主令电器 用来控制其他自动电器的动作，以发出控制"指令"。例如，按钮、行程开关等。

（4）保护电器 用来保护电源、电路及用电设备，使它们不致在短路、过负荷等状态下运行遭到损坏。例如，熔断器、热继电器等。

4. 按工作环境分类

（1）一般用途的低压电器 用于海拔高度不超过 2000m；周围环境温度在 −25 ~ 40℃之间；空气相对湿度为 90%；安装倾斜度不大于 5°；无爆炸危险的介质及无显著摇动和冲击振动的场合。

（2）特殊用途的电器 在特殊环境和工作条件下使用的各类低压电器，通常是在一般用途的低压电器基础上派生而成，如防爆电器、船舶电器、化工电器、热带电器、高原电器以及牵引电器等。

12.3.2 低压电器结构的基本组成和主要性能参数

1. 基本组成

低压电器的结构种类繁多，且没有固定的结构型式。因此，在讨论各种低压电器的结构时显得较为烦琐。但是从低压电器各组成部分的作用上去理解，低压电器一般有三个基本组成部分：感受部分、执行部分和灭弧机构。

（1）感受部分　用来感受外界信号并根据外界信号作特定的反应或动作。不同的电器，感受部分结构不一样。对手动电器来说，操作手柄就是感受部分；而对电磁式电器而言，感受部分一般指电磁机构。

（2）执行部分　根据感受部分的指令，对电路进行"通断"操作。对电路实行"通断"控制的工作由触点来完成，所以，执行部分一般是指电器的触点。

（3）灭弧机构　触点在一定条件下断开电流时往往伴随有电弧或火花。电弧或火花对断开电流的时间和触点的使用寿命都有极大的影响，特别是电弧，必须及时熄灭。用于熄灭电弧的机构称为灭弧机构。

从某种意义上说，可以将低压电器定义为：根据外界信号的规律（有无或大小等），实现电路通断的一种"开关"。

2. 主要性能参数

低压电器的种类繁多，控制对象的性质和要求也不一样。为正确、合理、经济地使用电器，每一种电器都有一套用于衡量电器性能的技术指标。电器主要的技术参数有：额定绝缘电压、额定工作电压、额定发热电流、额定工作电流、通断能力、电器寿命和机械寿命等。

（1）额定绝缘电压　这是一个由电器结构、材料、耐压等因素决定的名义电压值。额定绝缘电压为电器最大的额定工作电压。

（2）额定工作电压　额定工作电压是指低压电器在规定条件下长期工作时，能保证电器正常工作的电压值。通常是指主触点的额定电压。有电磁机构的控制电器还规定了吸引线圈的额定电压。

（3）额定发热电流　在规定条件下，低压电器长时间工作。各部分的温度不超过极限值时所能承受的最大电流值。

（4）额定工作电流　额定工作电流是保证低压电器在正常工作时的电流值。相同电器在不同的使用条件下，有不同的额定电流等级。

（5）通断能力　低压电器在规定的条件下，能可靠接通和分断的最大电流为通断能力。通断能力与电器的额定电压、负荷性质、灭弧方法等有很大关系。

（6）电器寿命　低压电器在规定条件下，在不需修理或更换零件时的负荷操作循环次数。

（7）机械寿命　低压电器在需要修理或更换机械零件前所能承受的负荷操作次数。

12.3.3　常用低压电器

1. 刀开关

刀开关又称闸刀开关，是结构最简单、应用最广泛的一种手动电器。适用于频率为50Hz或60Hz、额定电压为380V（直流为440V）、额定电流在150A以下的配电装置中，主要作为电气照明电路、电热回路的控制开关，也可作为分支电路的配电开关，具有短路或过负荷保护功能。在降低容量的情况下。还可作为小容量（功率在5.5kW及以下）动力电路不频繁起动的控制开关。在低压电路中。刀开关常用作电源引入开关，也可用于不频繁接通的小容量电动机或局部照明电路的控制开关。

（1）刀开关结构　刀开关主要由手柄、熔丝、静触点（触点座）、动触点（触刀片）、瓷底座和胶盖组成。胶盖使电弧不致飞出灼伤操作人员，并防止极间电弧短路；熔丝对电路起短路保护作用。

常用的刀开关有开启式负荷开关和半封闭式负荷开关。

1）开启式负荷开关。开启式负荷开关又名瓷底胶盖闸刀开关。它由刀开关和熔断器组合而成。瓷质底座上装有静触点、熔丝接头、瓷质手柄等，并有上、下胶盖，其结构如图 12-48a 所示。电气符号如图 12-48b 所示。

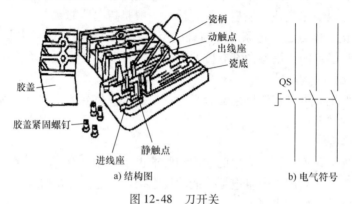

图 12-48　刀开关

这种开关易被电弧烧坏，因此不宜带负荷接通或分断电路；但其结构简单，价格低廉，安装使用维修方便，常用作照明电路的电源开关，也用于 5.5kW 以下三相异步电动机不频繁起动和停止的控制。在拉闸与合闸时动作要迅速，以利于迅速灭弧，减少刀片和触座的灼损。

2）半封闭式负荷开关。半封闭式负荷开关又名铁壳开关，它由刀开关、熔断器、灭弧装置、操作机构和钢板（或铸铁）做成的外壳构成。这种开关的操作机构中，在手柄转轴与底座间装有速动弹簧，使刀开关的接通和断开速度与手柄操作速度无关，这样有利于迅速灭弧。为了保证用电安全，装有机械联锁装置，必须将壳盖闭合后，手柄才能（向上）合闸；只有当手柄（向下）拉闸后，壳盖才能打开，其结构如图 12-49 所示。

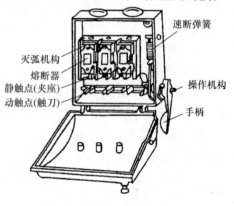

图 12-49　铁壳开关

（2）刀开关的主要技术参数和型号

1）额定电压：指刀开关长期工作时能承受的最大电压。

2）额定电流：指刀开关在合闸位置时允许长期通过的最大电流。

3）断电流能力：指刀开关在额定电压下能可靠分断最大电流的能力。

4）型号含义：负荷开关可分为二极和三极两种，二极式额定电压为 250V，三极式额定电压为 500V。常用刀开关的型号为 HK 和 HH 系列，其型号含义如下：

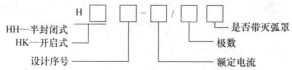

例如：HKI—30/20。其含义是："HK"表示开关类型为开启式负荷开关，"I"表示设计序号，"30"表示额定电流为30A，"2"表示单相，"0"表示不带灭弧罩。

（3）刀开关选用

1）额定电压选用。刀开关的额定电压要大于或等于线路实际的最高电压。控制单相负荷时，选用250V二极开关；控制三相负荷时，选用500V三极开关。

2）额定电流选用。

① 当作为隔离开关使用时，刀开关的额定电流要等于或稍大于线路实际的工作电流。当直接用其控制小容量（小于5.5kW）电动机的起动和停止时，则需要选择电流容量比电动机额定值大的刀开关。

② 用于控制照明电路或其他电阻性负荷时，开关熔丝额定电流应不小于各负荷额定电流之和。若控制电动机或其他电感性负荷时，开启式负荷开关的额定电流为电动机额定电流的3倍，封闭式负荷开关额定电流可选电动机额定电流的1.5倍左右。其开关的熔丝额定电流是最大一台电动机额定电流的2.5倍。

（4）安装方法　选择开关前，应注意检查动刀片对静触点接触是否良好，是否同步。如有问题，应予以修理或更换。

安装时，瓷底板应与地面垂直，手柄向上推为合闸，不得倒装和平装。因为闸刀正装便于灭弧；而倒装或横装时灭弧比较困难，易烧坏触点；再则因刀片的自重或振动，可能导致误合闸而引发危险。

接线时，螺钉应紧固到位，电源进线必须接闸刀上方的静触点接线柱，通往负荷的引线接下方的接线柱。

（5）注意事项

1）安装后应检查闸刀和静触点是否成直线连接是否紧密可靠。

2）更换熔丝时，必须先拉闸断电后，按原规格安装熔丝。

3）胶壳刀开关不适合用来直接控制5.5kW以上的交流电动机。

4）合闸、拉闸动作要迅速，使电弧很快熄灭。

2. 组合开关

组合开关包括转换开关和倒顺开关。其特点是用动触片的旋转代替闸刀的推合和拉开，实质上是一种由多组触点组合而成的刀开关。这种开关可用作交流50Hz、380V和直流220V以下的电路电源引入开关或控制5.5kW以下小容量电动机的直接起动，以及电动机正、反转控制和机床照明电路控制。额定电流有6A、10A、15A、25A、60A、100A等多种。在电气设备中作为电源引入开关，主要用于非频繁接通和分断电路。在机床电气系统中，组合开关多用作电源开关，一般不带负荷接通或断开电源，而是在开机前空载接通电源，在应急、检修或长时间停用时，空载断开电源。其优点是体积小、寿命长、结构简单、操作方便、灭弧性能较好，多用于机床控制电路。

（1）结构组成

1）转换开关。它主要由手柄、转轴、凸轮、动触片、静触片及接线柱等组成。当转动手柄时，每层的动触片随方形转轴一起转动，或使动触片插入静触片中，使电路接通；或使动触片离开静触片，使电路分断。各极是同时通断的。

HZ5-30/3转换开关的外形结构如图12-50a所示，电气符号如图12-50b所示。

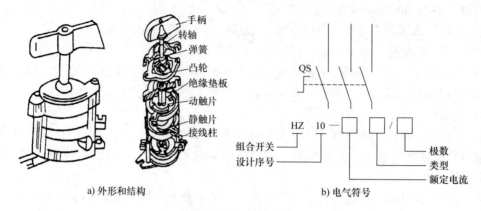

图 12-50　转换开关

2）倒顺开关。倒顺开关又称可逆转开关，是组合开关的一种特例，多用于机床的进刀、退刀，电动机的正、反转和停止的控制或升降机的上升、下降和停止的控制，也可用作控制小电流负荷的负荷开关，其外形结构如图 12-51a 所示，电气符号如图 12-51b 所示。

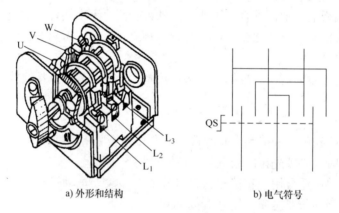

图 12-51　倒顺开关

（2）组合开关的主要技术参数与型号含义　组合开关的主要技术参数与刀开关相同，有额定电压、额定电流、极数和可控制电动机的功率等。

HZ 系列组合开关其型号含义如下：

例如：HZ5—30P/3 中"HZ"表示开关类型为组合开关，"5"表示设计序号，"30"表示额定电流值为 30A，"P"表示二路切换，"3"表示极数为三极。

（3）组合开关的选用　选用转换开关时，应根据电源种类、电压等级、所需触点数及电动机的容量选用，开关的额定电流一般取电动机额定电流的 1.5～2 倍。用于一般照明、电热电路，其额定电流应大于或等于被控电路的负荷电流总和。当用作设备电源引入开关时，其额定电流稍大于或等于被控电路的负荷电流总和。当用于直接控制电动机时，其额定电流一般可取电动机额定电流的 2～3 倍。

（4）安装方法

1）安装转换开关时应使手柄保持平行于安装面。

2）转换开关需安装在控制箱（或壳体）内时，其操作手柄最好伸出在控制箱的前面或侧面，应使手柄在水平旋转位置时为断开状态。

3）若需在控制箱内操作时，转换开关最好装在箱内右上方，而且在其上方不宜安装其他电器，否则应采取隔离和绝缘措施。

（5）注意事项

1）由于较换开关的通断能力较低，所以不能用来分断故障电流。当用于控制电动机正、反转时，必须在电动机完全停转后，才能操作。

2）当负荷功率因数较低时，转换开关要降低额定电流使用，否则会影响开关寿命。

3. 低压断路器

低压断路器又称自动空气开关。它主要用于交、直流低压电路中，手动或电动分合电路中。当电气设备出现过负荷、短路、失电压等故障时产生的保护，也可控制电动机不频繁地起动、停止控制和保护。低压断路器具有多种保护功能、动作后不需要更换元件、动作电流可按需要整定、工作可靠。安装方便和分断能力较强等特点，因此广泛应用于各种动力线路和机床设备中。它是低压电路中重要的保护电器之一。但低压断路器的操作传动机构比较复杂，因此不能频繁开关动作。

（1）断路器的结构　断路器有框架式（又称万能式）和塑料外壳式（又称装置式）两大类。框架式断路器为敞开式结构，适用于大容量配电装置。塑料外壳式断路器的特点是各部分元件均安装在塑料壳体内，具有良好的安全性，结构紧凑简单，可独立安装，常用作供电线路的保护开关、电动机或照明系统的控制开关，也广泛用于电器控制设备及建筑物内作电源线路保护及对电动机运行过负荷和短路保护。低压断路器一般由触点系统、灭弧系统、操作系统、脱扣器及外壳或框架等组成。各部分的作用如下：

1）触点系统。触点系统用于接通和断开电路。触点的结构型式有对接式、桥式和插入式三种，一般由银合金材料和铜合金材料制成。

2）灭弧系统。灭弧系统有多种结构型式，采用的灭弧方式有窄缝灭弧和金属栅灭弧。

3）操作机构。操作机构用于实现断路器的闭合与断开。有手动操作机构、电动机操作结构、电磁操作机构等。

4）脱扣器。脱扣器是断路器的感测元件，用来感测电路特定的信号（如过电压、过电流等）。电路一旦出现非正常信号，相应的脱扣器就会动作。通过联动装置使断路器自动跳闸而切断电路。

脱扣器的种类很多，有电磁脱扣、热脱扣、自由脱扣、漏电脱扣等。电磁脱扣又分为过电流、欠电流、过电压、欠电压脱扣及分励脱扣等。

几种常用断路器的结构如图 12-52 所示。

（2）断路器的工作原理与型号

1）工作原理。通过手动或电动等操作机构可使断路器合闸，从而使电路接通。当电路发生故障（短路、过负荷、欠电压等）时。通过脱扣使断路器自动跳闸，达到不发生故障的目的。断路器的电气符号如图 12-53 所示。

如图 12-54 为断路器工作原理示意图。断路器工作原理分析如下：当主触点闭合后，若1 相电路发生短路或过电流（电流达到或超过过电流脱扣器动作值）事故时，过电流脱扣器的衔铁吸合，驱动自由脱扣器动作，主触点在弹簧的作用下断开；当电路过负荷时（1 相），

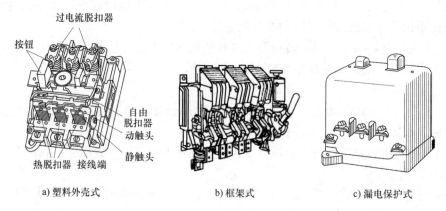

过电流脱扣器

按钮

自由
脱扣器
动触头

静触头

热脱扣器　接线端

a) 塑料外壳式　　　　　　　　b) 框架式　　　　　　　　c) 漏电保护式

图 12-52　几种常用断路器结构示意图

热脱扣器的热元件发热使双金属片产生足够的弯曲，推动自由脱扣器动作，从而使主触点切断电路；当电源电压不足（小于欠电压脱扣器释放值）时，欠电压脱扣器的衔铁释放使自由脱扣器动作，主触点切断电路。分励脱扣器用于远距离切断电路。当需要分断电路时，按下分断按钮，分励脱扣器线圈通电，衔铁驱动自由脱扣器动作，使主触点切断电路。

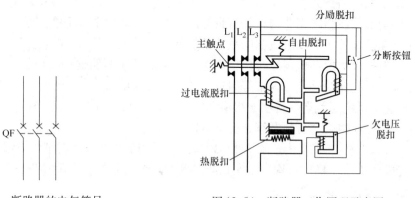

图 12-53　断路器的电气符号　　　　　图 12-54　断路器工作原理示意图

2）型号。低压断路器有塑料外壳式（DZ 系列）和框架式（DW 系列）两类，其型号含义如下：

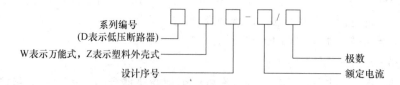

系列编号
(D表示低压断路器)

W表示万能式，Z表示塑料外壳式

设计序号

极数

额定电流

例如：DZ15—200/3，其中"DZ"表示开关类型为断路器，"Z"表示塑料外壳式（若为"S"则表示快速式，"M"表示灭弧式），"15"表示设计序号，"200"表示额定电流为 200A，"3"表示极数为三极。

常用的框架结构低压断路器有 DW10、DW15 两个系列；塑料外壳式低压断路器有 DZ5、DZ10、DZ20 等系列，其中 DZ20 为统一设计的新产品。

（3）断路器选用

1）断路器应根据具体使用条件和被保护对象的要求选择合适的类型。

2）一般在电气设备控制系统中，常选用塑料外壳式或漏电保护断路器；在电力网主干线路中主要选用框架式断路器；而在建筑物的配电系统中则一般采用漏电保护断路器。

3）断路器的额定电压和额定电流应不小于电路的额定电压和最大工作电流。

4）脱扣器整定电流的计算。热脱扣器的整定电流应与所控制负荷（如电动机等）的额定电流一致。电磁脱扣器的瞬时动作整定电流应大于负荷电路正常工作的最大电流。

对于单台电动机来说，DZ 系列自动空气开关电磁脱扣器的瞬时动作整定电流 I_Z 可按下式计算，即

$$I_Z \geqslant K I_q$$

式中 K——安全系数，可取 1.5~1.7；

I_q——电动机的起动电流（A）。

对于多台电动机来说，可按下式计算，即

$$I_Z \geqslant K I_{qmax} + \sum I$$

式中 $\sum I$——电路中其余电动机额定电流的总和（A）；

I_{qmax}—— 最大一台电动机的起动电流（A）。

5）断路器用于电动机保护时，一般电磁脱扣器的瞬时脱扣整定电流应为电动机起动电流的 1.7 倍。

6）选用断路器作多台电动机短路保护时，一般电磁脱扣器的整定电流为容量最大的一台电动机起动电流的 1.3 倍，还要再加上其余电动机额定电流。

7）用于分断或接通电路时，其额定电流和热脱扣器的整定电流均应等于或大于电路中负荷额定电流的 2 倍。

8）选择断路器时，在类型、等级、规格等方面要与上、下级开关的保护特性相配合，不允许因下级保护失灵导致上级跳闸，扩大停电范围。

（4）安装维护方法

1）断路器在安装前应将脱扣器的电磁铁工作面的防锈油脂擦净，以免影响电磁机构的动作。

2）断路器应上端接电源，下端接负荷。

3）断路器与熔断器配合使用时，熔断器应尽可能装于断路器之前，以保证使用安全。

4）电磁脱扣器的整定值一经调好后就不允许随意更改，使用日久后要检查其弹簧是否生锈卡住，以免影响其动作。

5）断路器在分断短路电流后应在切除上一级电源的情况下及时检查触点。若发现有严重的电灼痕迹，可用干布擦去；若发现触点烧毛，可用砂纸或细锉小心修整，但主触点一般不允许用锉刀修整。

6）应定期清除断路器上的积尘和检查各种脱扣器的动作值，操作机构在使用一段时间后（1~2 年），在传动机构部分应加润滑油（小容量塑料壳断路器不需要）。

7）灭弧室在分断短路电流后，或较长时间使用之后，应清除其内壁和栅片上的金属颗粒和黑烟灰，如灭弧室已破损，绝不能再使用。

（5）注意事项

1）在确定断路器的类型后，再进行具体参数的选择。

2）断路器的底板应垂直于水平位置，固定后应保持平整，倾斜度不大于5°。

3）有接地螺钉的断路器应可靠连接地线。

4）具有半导体脱扣装置的断路器，其接线端应符合相序要求，脱扣装置的端子应可靠连接。

4. 熔断器

熔断器是电网和用电设备的安全保护电器之一。低压熔断器广泛用于低压供配电系统和控制系统中，主要用作短路保护，有时也可用于过负荷保护。其主体是用低熔点金属丝或金属薄片制成的熔体，串联在被保护的电路中。在正常情况下，熔体相当于一根导线。当发生短路或严重过负荷时，电流很大，熔体因过热熔化而切断电路，使线路或电气设备脱离电源，从而起到保护作用。由于熔断器结构简单、体积较小、价格低廉、工作可靠、维护方便，所以应用极为广泛。熔断器是低压电路和电动机控制电路中最简单、最常用的过负荷和短路保护电器。但熔断器大多只能一次性使用，功能单一，更换需要一定时间，而且时间较长，所以，现在很多电器电路使用断路器代替低压熔断器。

熔断器的种类很多，按其结构可分为半封闭插入式熔断器、螺旋式熔断器、无填料封闭管式熔断器、有填料管式快速熔断器、半导体保护熔断器及自复式熔断器等。熔断器的种类不同，其特性和使用场合也有所不同，在工厂电气设备自动控制中，半封闭插入式熔断器、螺旋式熔断器使用最为广泛。

（1）熔断器结构　常用的熔断器有 RCIA 系列瓷插式（插入式）和 RL1 系列螺旋式。RCIA 系列熔断器价格低廉，更换方便，广泛用于照明和小容量电动机的短路保护。RL1 系列熔断器断流能力强，体积小，安装面积小，更换熔丝方便，安全可靠，熔丝熔断后有显示，常用于电动机控制电路作短路保护。

1）瓷插式熔断器。瓷插式熔断器也称为半封闭插入式熔断器，它主要由瓷座、瓷盖、静触点、动触点和熔丝等组成，熔丝安装在瓷插件内。熔丝通常用铅锡合金或铅锑合金等制成，也有的用铜丝作熔丝。常用 RCIA 系列瓷插式（插入式）熔断器结构和电气符号如图 12-55所示。

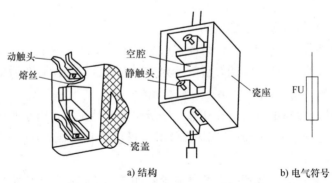

a) 结构　　　　　　　　　　b) 电气符号

图 12-55　RCIA 系列瓷插式（插入式）熔断器结构及其电气符号

瓷座中部有一空腔，与瓷盖的凸出部分组成灭弧室。60A 以上的瓷插式熔断器空腔中还垫有纺织石棉层，用以增强灭弧能力。它具有结构简单、价格低廉、体积小、带电更换熔丝方便等优点，且具有较好的保护特性，主要用于中、小容量的控制。瓷插式熔断器主要用于交流 400V 以下的照明电路中作保护电器。但其分断能力较小，电弧较大。只适用于小功率负荷的保护，在城市趋于淘汰。常用的型号有 RCIA 系列，其额定电压为 380V，额定电流有 5A、10A、15A、30A、60A、100A 和 200A 七个等级。

2）螺旋式熔断器。螺旋式熔断器主要由瓷帽、熔断管、瓷套、底座等组成。熔丝安装在熔断体的瓷质熔管内，熔管内部充满起灭弧作用的石英砂。熔断体自身带有熔体熔断指示装置。螺旋式熔断器是一种有填料的封闭管式熔断器，结构较瓷插式熔断器复杂，其结构如图 12-56 所示。

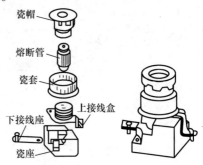

图 12-56　RL1 系列螺旋式熔断器

螺旋式熔断器用于交流 400V 以下、额定电流在 200A 以内的电气设备及电路的过负荷和短路保护，具有较好的抗振性能，灭弧效果与断流能力均优于瓷插式熔断器，它广泛用于机床电气控制设备中。螺旋式熔断器常用的型号有 RL6、RL7（取代 RL1、RL2）、RLS2（取代 RLS1）等系列。

3）有填料封闭管式熔断器。有填料封闭管式熔断器的结构如图 12-57 所示。它由瓷底座、熔断体两部分组成，熔体安放在瓷质熔管内，熔管内部充满石英砂作灭弧用。填料封闭管式熔断器具有熔断迅速、分断能力强、无声光现象等良好性能；但其结构复杂，价格昂贵。其主要用于供电线路及要求分断能力较高的配电设备中，填料封闭管式熔断器常用的型号有 RT12、RT14、RT15、RT17 等系列。

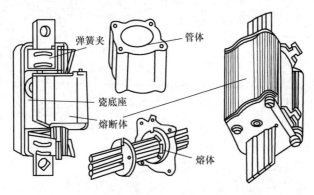

图 12-57　有填料封闭管式熔断器

4）无填料封闭管式熔断器。这种熔断器主要用于低压电网以及成套配电设备中填料封闭管式熔断器，该熔断器由插座、熔断管、熔体等组成。主要型号有 RM10 系列。

5）自复式熔断器。自复式熔断器是一种新型限流元件，图 12-58a 为结构示意图。它的工作原理简单分析如下：在正常条件下，电流从电流端子通过绝缘管（氧化铍材料）的细孔中的金属钠到另一电流端子构成通路；当发生短路或严重过负荷时，故障电流使钠急剧发热而汽化，很快形成高温、高压、高电阻的等离子状态，从而限制短路电流的增加。在高压作用下，活塞使氩气压缩，当短路或过负荷电流切除后，钠温度下降，活塞在压缩氩气作用下使熔断器迅速回复到正常状态。由于自复式熔断器只能限流，不能分断电流，因此它常与断路器配合使用，以提高组合分断能力。

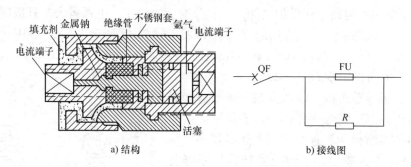

a) 结构　　　　　　b) 接线图

图 12-58　自复式熔断器

图 12-58b 所示为其接线图，正常工作时自复式熔断器的电阻是很小的，与它并联的电阻中仅流过很小的电流。在短路时，自复熔断器的电阻值迅速增大，电阻中的电流也增大，使得断路器 QF 动作，分断电路。电阻的作用一方面是降低自复式熔断器动作时产生的过电压，另一方面为断路器的电磁脱扣器提供动作电流。自复式熔断器在电路中主要起短路保护作用。过负荷保护则由断路器来承担。自复式熔断器的优点是：具有限流作用，重复使用时不必更换熔体等。它的主要技术参数有额定电压 380V 和额定电流 100A、200A；与断路器组合后分断能力可达 100kA。

6）快速熔断器。快速熔断器主要用于半导体元件或整流装置的短路保护。由于半导体元件的过负荷能力很低，只能在极短的时间内承受较大的过负荷电流，因此要求短路保护器件具有快速熔断能力。快速熔断器的结构与有填料封闭管式熔断器基本相同，但熔体材料和形状不同，一般熔体用片冲成，其形状如同 V 形深槽的变截面，如图 12-59 所示。快速熔断器主要型号有 RS0、RS3、RLS1、RLS2 等系列。

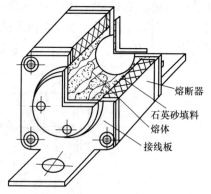

图 12-59　快速熔断器

（2）熔断器的主要参数与型号

1）额定电压。这是从灭弧角度出发，规定熔断器所在电路工作电压的最高限额。如果线路的实际电压超过熔断器的额定电压，一旦熔体熔断时，有可能发生电弧不能及时熄灭的现象。

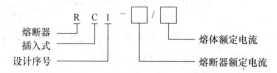

2）额定电流。实际上是指熔座的额定电流，这是由熔断器长期工作所允许的温升决定的电流值。配用的熔体的额定电流应小于或等于熔断器的额定电流。

3）熔体的额定电流。熔体长期通过不被熔断的最大电流为熔体的额定电流。生产厂家生产不同规格的熔体供用户选择使用。

4）极限分断能力。熔断器所能分断的最大短路电流值。分断能力的大小与熔断器的灭弧能力有关，而与熔断器的额定电流值无关。熔断器的极限分断能力必须大于线路中可能出现的最大短路电流。

型号含义如下：

例如：RS1－25/20 中"RS"表示电器型熔断器，其中"S"表示熔断器型快速式（其余常用类型分别为："C"表示瓷插式、"M"表示无填料密闭管式、"r"表示有填料密闭管式、"L"表示螺旋式、"IS"表示螺旋快速式），"1"表示设计序号，"25"表示熔断器额定电流为25A，"20"表示熔体额定电流为20A。

（3）熔断器的选择

1）熔断器的类型应根据不同的使用场合、保护对象有针对性地选择。

2）熔断器的选择包括熔断器种类选择和额定参数的选择。

3）熔断器的种类选择应根据各种常用熔断器的特点、应用场所及实际应用的具体要求来确定。熔断器在使用中选用恰当，才能既保证电路正常工作又能起到保护作用。

4）在选用熔断器的具体参数时，应使熔断器的额定电压大于或等于被保护电路的工作电压，其额定电流大于或等于所装熔体的额定电流。

① 熔体的额定电流是指相当长时间流过熔体而不熔断的电流。额定电流值的大小与熔体线径粗细有关，熔体线径越粗的额定电流值越大。

② 用于电炉、照明等阻性负荷电路的短路保护时，熔体额定电流不得小于负荷额定电流。

③ 用于单台电动机短路保护时，熔体额定电流 $I = (1.5 \sim 2.5) \times$ 电动机额定电流。

④ 用于多台电动机短路保护时，熔体额定电流 $I = (1.5 \sim 2.5) \times$ 容量最大一台电动机额定电流 + 其余电动机额定电流总和。

系数 $1.5 \sim 2.5$ 的选用原则是：电动机功率越大，系数选用得越大；相同功率时，起动电流较大，系数也选得较大。一般只选到 2.5，小型电动机带负荷启动时，允许取系数为 3，但不得超过 3。一般首先选择熔体的规格，再根据熔体的规格来确定熔断器的规格。

（4）熔断器安装方法

1）装配熔断器前应检查熔断器的各项参数是否符合电路要求。

2）安装熔断器时必须在断电情况下操作。

3）安装时熔断器必须完整无损（不可拉长），接触紧密可靠，但也不能绷紧。

4）熔断器应安装在线路的各相线上，在三相四线制的中性线上严禁安装熔断器；单相二线制的中性线上应安装熔断器。

5）螺旋式熔断器在接线时，为了更换熔断管时安全，下接线端应接电源，而连接螺口的上接线端应接负荷。

（5）注意事项

1）只有正确选择熔体和熔断器才能起到保护作用。

2）熔断器的额定电流不得小于熔体的额定电流。

3）对保护照明电路和其他非电感设备的熔断器，其熔丝或熔断管额定电流应大于电路工作电流。保护电动机电路的熔断器，应考虑电动机的起动条件，按电动机起动时间长短、频繁起动程度来选择熔体的额定电流。

4）多级保护时应注意各级间的协调配合，下一级熔断器熔断电流应比上一级熔断电流小，以免出现越级熔断，扩大动作范围。

5. 按钮

按钮是一种手动操作接通或分断小电流控制电路的主令电器。一般情况下它不直接控制主电路的通断，而是在控制电路中发出"指令"去控制接触器、继电器等电器，再由它们来控制主电路。根据按钮触点结构、触点组数和用途的不同，按钮可分为起动按钮、停止按钮和复合按钮，一般使用的按钮多为复合按钮。

（1）按钮的结构　按钮由按钮帽、复位弹簧、桥式动触点、静触点和外壳等组成。其触点允许通过的电流很小，一般不超过5A。根据使用要求、安装形式和操作方式的不同，按钮的种类很多。根据触点结构不同，按钮可分为停止按钮（动断按钮）、起动按钮（动合按钮）及复合按钮（动断、动合组合为一体的按钮）。复合按钮在按下按钮帽时，首先断开动断触点，再通过一小段时间后接通动合触点；松开按钮帽时，复位弹簧先使动合触点分断，通过一小段时间后动开触点才闭合，如图12-60所示。部分常见按钮开关的外形如图12-61所示。

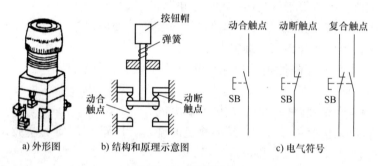

图 12-60　按钮开关

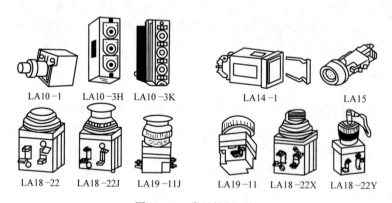

图 12-61　常见按钮开关

（2）型号　其含义如下：

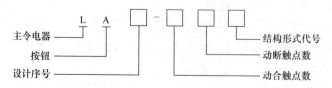

例如：LA19 – 22K 中"LA"表示电器类型为按钮开关，"19"表示设计序号，前面的"2"表示动合触点数为 2 对，后面的"2"表示动断触点数为 2 对，"K"表示按钮开关的结构类型为开启式（其余常用类型分别为："H"示保护式、"X"示旋钮式、"D"表示带指示灯式、"J"表示紧急式，若无标示则表示为平钮式）。

（3）按钮的选用

1）根据使用场合，选择按钮的种类，如开启式、保护式、防水式和防腐式等。

2）根据用途，选用合适的形式，如手把旋钮式、钥匙式、紧急式和带灯式等。

3）按控制回路的需要，确定不同按钮数，如单钮、双钮、三钮和多钮。

4）按工作状态指示和工作情况要求，选择按钮和指示灯的颜色（参照国家有关标准）。

5）核对按钮的额定电压、电流等指标是否满足要求。

常用控制按钮的型号有 LA4、La10、La18、La19、LA20 和 LA25 等系列。

（4）按钮的安装　按钮安装在面板上时，应布置合理，排列整齐。可根据生产机械或机床起动、工作的先后顺序，从上到下或从左至右依次排列。如果它们有几种工作状态（如上、下，前、后，左、右，松、紧等），应使每一组正反状态的按钮安装在一起。

在面板上固定按钮时安装应牢固；停止按钮用红色，起动按钮用绿色或黑色；按钮较多时，应在显眼且便于操作处用红色蘑菇头设置总停按钮，以应付紧急情况。

（5）注意事项　由于按钮的触点间距较小，如有油污时极易发生短路故障，故使用时应经常保持触点间的清洁。用于高温场合时，容易使塑料变形老化，导致按钮松动，引起接线螺钉间相碰短路，在安装时可视情况再多加一个紧固垫圈，使两个并紧。带指示灯的按钮由于灯泡要发热，时间长时易使塑料灯罩变形，造成调换灯泡困难，故此按钮不宜长时间通电。

6. 行程开关

行程开关又称位置开关或限位开关，其作用与按钮开关相同，只是触点的动作不靠手动操作，而是利用生产机械运动部件的碰撞使触点动作来实现接通或分断控制电路，达到一定的控制目的。通常，这类开关被用来限制机械运动的位置或行程，使运动机械按一定位置或行程自动停止、反向运动、变速运动或自动往返运动等。根据机械运动部件的不同规律与要求，行程开关的形式很多，常用的有滚轮式（即旋转式）和按钮式（即直动式），有的能自动复位，有的则不能自动复位。

（1）行程开关的结构　行程开关又称为限位开关，其作用是将机械位移转变为触点的动作信号，以控制机械设备的运动，在机电设备的行程控制中有很大作用。行程开关的工作原理与控制按钮相同，不同之处在于行程开关是利用机械运动部分的碰撞而使其动作。按钮则是通过人力使其动作。

根据机械运动部件的不同规律与要求，行程开关的形式很多，常用的有滚轮式（即旋转式）、按钮式（即直动式）和微动式三种。有的能自动复位，有的则不能自动复位。图 12-62 为行程开关的外形。图 12-63 所示为其结构和电气符号。行程开关由操作头、触点系统和金属壳组成。金属壳里有顶杆、弹簧片、动断触点、动合触点、弹簧。

1）直动式行程开关。其结构如图 12-64a 所示。这种行程开关的特点是：结构简单、成本较低，但触点的运行速度取决于挡铁移动的速度。若挡铁移动速度太慢，则触点就不能瞬时切断电路，使电弧或电火花在触点上滞留时间过长，易使触点损坏。这种开关不宜用于挡铁移动速度小于 0.4m/min 的场合。

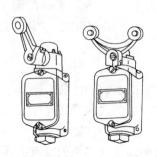

图 12-62　行程开关的外形

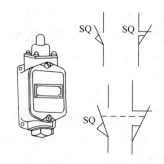

图 12-63　行程开关的结构和电气符号

2）微动式行程开关。其结构如图 12-64b 所示。这种开关的特点是：有储能动作机构，触点动作灵敏，速度快，与挡铁的运动速度无关。缺点是触点电流容量小、操作头的行程短，使用时操作头部分容易损坏。

3）滚轮式行程开关

其结构如图 12-64c 所示。这种开关具有触点电流容量大、动作迅速，操作头动作行程大等特点，主要用于低速运行的机械。行程开关还有很多种不同的结构型式，一般都是在直动式或微动式行程开关的基础上加装不同的操作头构成。

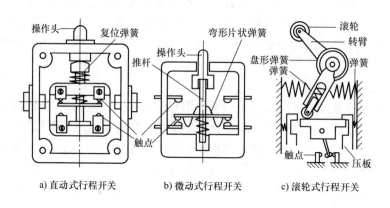

a) 直动式行程开关　　b) 微动式行程开关　　c) 滚轮式行程开关

图 12-64　几种常见行程开关结构示意图

（2）行程开关的型号　行程开关型号含义如下：

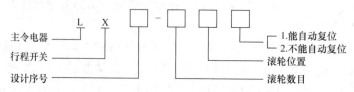

例如：JLXK1 – 211 中"J"表示电器类型为机床电器，"L"表示为主令电器，"X"表示为行程开关，"K"表示为快速式，"1"表示设计序号，"2"表示行程开关类型为双轮式（其余常用类型分别为："1"表示单轮式，"3"表示直动不带轮式，"4"表示直动带轮式），第一个"1"表示动合触点数为 1 对，第二个"1"表示动断触点数为 1 对。

（3）行程开关的选用

1）根据应用场合及控制对象选择，有一般用途行程开关和起重设备用行程开关。

2）根据安装环境选择结构型式，有开启式、防护式等。

3）应根据被控制电路的特点、要求和所需触点数量等因素综合考虑。

4）根据机械运动与行程开关相互间的传动与位移的关系选择合适的操作头形式。

5）根据控制回路的额定电压和额定电流选择系列。常用行程开关的型号有 LX5、LX10、LX19、LX31、LX32、LX33、LXW – 11 和 JLXK1 等系列。

（4）行程开关的安装　安装应检查所选行程开关是否符合要求，滚轮固定应恰当，有利于生产机械经过预定位置或行程时能较准确地实现行程控制。

（5）注意事项　行程开关安装时，应注意滚轮方向不能装反，与生产机械的撞块相碰撞位置应符合线路要求。

7. 接触器

接触器是一种通用性很强的开关式电器，是电力拖动与自动控制系统中一种重要的低压电器。它可以频繁地接通和分断交直流主电路，是有触点电磁式电器的典型代表，相当于一种自动电磁式开关，是利用电磁力的吸合和反向弹簧力作用使触点闭合和分断，从而使电路接通和断开。具有欠电压释放保护及零电压保护，控制容量大，可运用于频繁操作和远距离控制，具有工作可靠、寿命长、性能稳定、维护方便等优点。主要用来控制电动机，也可用来控制电焊机、电阻炉和照明器具等电力负荷。接触器不能切断短路电流，因此通常须与熔断器配合使用。

接触器的分类方法较多，可以按驱动触点系统动力来源的不同，分为电磁式接触器、气动式接触器和液动式接触器；也可按灭弧介质的性质，分为空气式接触器、油浸式接触器和真空接触器等；还可按主触点控制的电流性质，分为交流接触器和直流接触器等。本节主要介绍在电力控制系统中使用最为广泛的电磁式交流接触器。

（1）交流接触器结构　交流接触器由电磁机构、触点系统和灭弧系统三部分组成。电磁机构一般为交流电磁机构，也可采用直流电磁机构。吸引线圈为电压线圈，使用时并接在电压相应的控制电源上。触点可分为主触点和辅助触点，主触点一般为三极动合触点，电流容量大，通常装设灭弧机构，因此，具有较大的电流通断能力，主要用于大电流电路（主电路）。辅助触点电流容量小，不专门设置灭弧结构，主要用在小电流电路（控制电路或其他辅助电路）中作联锁或自锁之用。图 12-65 为交流接触器的结构外形及电气符号。

1）电磁系统。电磁系统是接触器的重要组成部分，它由吸引线圈和磁路两部分组成，磁路包括静铁心、动铁心、铁轭和空气隙，利用气隙将电磁能转化为机械能，带动动触点与静触点接通或断开。

图 12-66 为 CJ20 接触器电磁系统结构图。

交流接触器的线圈由漆包线绕制而成，以减少铁心中的涡流损耗，避免铁心过热。在铁心上装有一个短路的铜环作为减振器，使铁心中产生不同相位的磁通量，以减少交流接触器吸合时的振动和噪声，如图 12-67 所示，其材料一般为铜、康铜或镍铬合金。

电磁系统的吸力与气隙的关系曲线称为吸力特性，它随励磁电流的种类（交流和直流）和线圈的连接方式（串联或并联）而有所差异。反作用力的大小与反作用弹簧的弹力和动铁心质量有关。

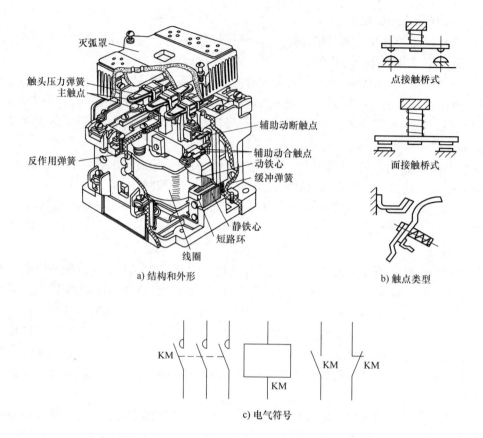

a) 结构和外形

b) 触点类型

c) 电气符号

图 12-65　交流接触器的结构外形及电气符号

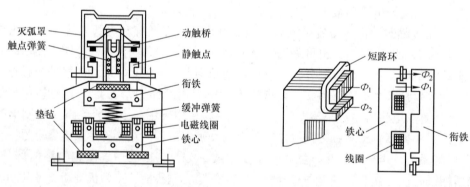

图 12-66　CJ20 接触器电磁系统结构图

图 12-67　交流接触器的短路环

2）触点系统。触点系统用来直接接通和分断所控制的电路，根据用途不同，接触器的触点分主触点和辅助触点两种。辅助触点通过的电流较小，通常接在控制回路中。主触点通过的电流较大，接在电动机主电路中。触点是用来接通和断开电路的执行元件。按其接触形式可分为点接触、面接触和线接触三种。

① 点接触。它由两个半球形触点或一个半球形与另一个平面形触点构成，如图 12-65b 所示。常用于控制小电流的电器中，如接触器的辅助触点或继电器触点。

② 面接触。可允许通过较大的电流，应用较广，如图 12-65b 所示。在这种触点的表面镶有合金，以减小接触电阻和提高耐磨性，多用于较大容量接触器上的主触点。

③ 线接触。它的接触区域是一条直线，如图 12-65b 所示。触点在通断过程中是滚动接触的。其好处是可以自动清除触点表面的氧化膜，保证了触点的良好接触。这种滚动接触多用于中等容量的触点，如接触器的主触点。

3）电弧的产生与灭弧装置。当接触器触点断开电路时，若电路中的动、静触点之间电压超过 10～12V，电流超过 80～100mA 时，动、静触点之间将出现强烈火花，这实际上是一种空气放电现象，通常称为"电弧"。所谓空气放电，就是空气中有大量的带电质点作定向运动。当触点分离瞬间，间隙很小，电路电压几乎全部降落在动、静两触点之间，在触点间形成了很高的电场强度，负极中的自由电子会逸出到气隙中，并向正极加速运动。由于撞击电离、热电子发射和热游离的结果，在动、静两触点间呈现大量向正极飞驰的电子流，形成电弧。随着两触点间距离的增大，电弧也相应地拉长，不能迅速切断。由于电弧的温度高达 3000℃ 或更高，导致触点被严重烧灼，缩短了电器的寿命，给电气设备的运行安全和人身安全等都造成了极大的威胁。因此，必须采取有效方法，尽可能消灭电弧。常采用的灭弧方法和灭弧装置有：

① 电动力灭弧。电弧在触点回路电流磁场的作用下，受到电动力作用拉长，并迅速离开触点而熄灭。

② 纵缝灭弧。电弧在电动力的作用下，进入由陶土或石棉水泥制成的灭弧室窄缝中，电弧与室壁紧密接触，被迅速冷却而熄灭。

③ 栅片灭弧。电弧在电动力的作用下，进入由许多定间隔的金属片所组成的灭弧栅之中，电弧被栅片分割成若干段短弧，使每段短弧上的电压达不到燃弧电压，同时栅片具有强烈的冷却作用，致使电弧迅速降温而熄灭。

④ 磁吹灭弧。灭弧装置设有与触点串联的磁吹线圈，电弧在吹弧磁场的作用下受力拉吹离触点，加速冷却而熄灭。

（2）接触器的基本技术参数与型号

1）额定电压。接触器额定电压是指主触点上的额定电压。其电压等级为：

交流接触器：220V、380V 和 500V。

直流接触器：220V、440V 和 660V。

2）额定电流。接触器额定电流是指主触点的额定电流。其电流等级为：

交流接触器：10A、15A、25A、40A、60A、150A、250A、400A、600A，最高可达 2500A。

直流接触器：25A、40A、60A、100A、150A、250A、400A 和 600A。

线圈的额定电压等级为：

交流线圈：36V、110V、127V、220V 和 380V。

直流线圈：24V、48V、110V、220V 和 440V。

3）额定操作频率。额定操作频率，即每小时通断次数。交流接触器可高达 6000 次/h，直流接触器可达 1200 次/h。电器寿命达 500～1000 万次。

4）型号。交流接触器和直流接触器的型号分别为 CJ 和 CZ。

① 交流接触器型号的含义为：

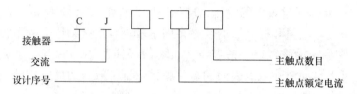

我国生产的交流接触器常用的有 CJ20 等系列产品。CJ20 系列接触器，所有受冲击的部件均采用了缓冲装置，合理地减小了触点开距和行程。运动系统布置合理、结构紧凑。

② 直流接触器型号的含义为：

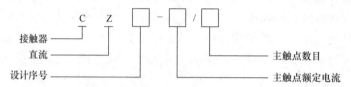

直流接触器常用的有 CZ1 和 CZ3 等系列和新产品 CZ20 系列。新系列接触器具有寿命长、体积小、工艺性能更好、零部件通用性更强等优点。

（3）接触器的选用

1）类型的选择。根据所控制的电动机或负荷电流类型来选择接触器类型，交流负荷应采用交流接触器，直流负荷应采用直流接触器。

2）主触点额定电压和额定电流的选择。接触器主触点的额定电压应大于等于负荷电路的额定电压，主触点的额定电流应大于负荷电路的额定电流，或者根据经验公式计算，计算公式如下（适用于 CJ0、CJ10 系列）

$$I_e = \frac{P_N \times 103}{KU_N}$$

式中　K——经验系数，一般取 $1 \sim 1.4$；

　　P_N——电动机额定功率（kW）；

　　U_N——电动机额定电压（V）；

　　I_e——接触器主触点电流（A）。

如果接触器控制的电动机起动、制动或正反转较频繁，一般将接触器主触点的额定电流降一级使用。

3）线圈电压的选择。接触器线圈的额定电压不一定等于主触点的额定电压，从人身和设备安全角度考虑，线圈电压可选择低一些；但当控制线路简单，线圈功率较小时，为了节省变压器，可选 220V 或 380V。

4）接触器操作频率的选择。操作频率是指接触器每小时通断的次数。当通断电流较大及通断频率过高时，会引起触点过热，甚至熔焊。操作频率若超过规定值，应选用额定电流大一级的接触器。

5）触点数量及触点类型的选择。通常接触器的触点数量应满足控制支路数的要求，触点类型应满足控制线路的功能要求。

（4）接触器的安装方法

1）接触器安装前应检查线圈的额定电压等技术数据是否与实际使用相符，然后将铁心及面上的防锈油脂或锈垢用汽油擦净，以免多次使用后被油垢粘住，造成接触器断电时不能释放触点。

2）接触器安装时，一般应垂直安装，其倾斜度不得超过5°，否则会影响接触器的动作特性。安装有散热孔的接触器时，应将散热孔放在上下位置，以利于线圈散热。

3）接触器安装与接线时，注意不要把杂物掉落到接触器内，以免引起卡阻而烧毁线圈，同时应将螺钉拧紧，以防振动松脱。

（5）注意事项

1）接触器的触点应定期清扫并保持整洁，但不得涂油；当触点表面因电弧作用形成金属小珠时，应及时铲除，但银及银合金触点表面产生的氧化膜，由于接触电阻很小，可不必修复。

2）触点过热：主要原因有接触压力不足，表面接触不良，表面被电弧灼伤等，造成触点接触电阻过大，使触点发热。

3）触点磨损：有两种原因，一是电气磨损，由于电弧的高温使触点上的金属氧化和蒸发所造成；二是机械磨损，由于触点闭合时的撞击，触点表面相对滑动摩擦所造成。

4）线圈失电后触点不能复位：其原因有触点被电弧熔焊在一起；铁心剩磁太大，复位弹簧弹力不足；活动部分被卡住等。

5）衔铁振动有噪声：主要原因是短路环损坏或脱落；衔铁歪斜；铁心端面有锈蚀尘垢，使动静铁心接触不良；复位弹簧弹力太大；活动部分有卡滞，使衔铁不能完全吸合等。

6）线圈过热或烧毁：主要原因是线圈匝间短路；衔铁吸合后有间隙；操作频繁超过允许操作频率。外加电压高于线圈额定电压等，引起线圈中电流过大所造成。

8. 继电器

继电器是根据电流、电压、温度、时间、速度等信号的变化来自动接通和分断小电流电路的控制元件。它与接触器不同，继电器一般不直接控制主电路，而是通过接触器或其他电器对主电路进行控制。因此继电器触点的额定电流较小（5～10A），不需要灭弧装置，具有结构简单、体积小、质量轻等优点，但对其动作的准确性则要求较高。

继电器的种类很多，分类方法也较多。按用途来分，可分为控制继电器和保护继电器；按反应的信号来分，可分为电压继电器、电流继电器、时间继电器、热继电器和速度继电器等；按功能来分，可分为中间继电器、热继电器、电压继电器、电流继电器、功率继电器、时间继电器、速度继电器、极化继电器、冲击继电器等；按动作原理来分，可分为电磁式、电子式和电动式等。电磁式继电器主要有电压继电器、电流继电器和中间继电器等。

（1）电磁式继电器的基本结构与工作原理　电磁式继电器的结构、工作原理与接触器相似，由电磁系统、触点系统和反力系统部分组成。当吸引线圈通电（或电流、电压达到一定值）时，衔铁运动驱动触点动作。图12-68所示为电磁式继电器基本结构示意图。如图12-69所示为电磁式继电器的电

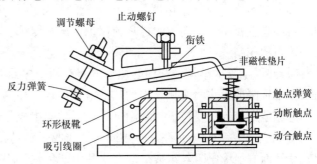

图12-68　电磁式继电器基本结构示意图

气符号。

（2）中间继电器　中间继电器是将一个输入信号变成一个或多个输出信号的继电器。它的输入信号为通电和断电，输出信号是触点的动作，并可将信号分别传给几个元件或回路。

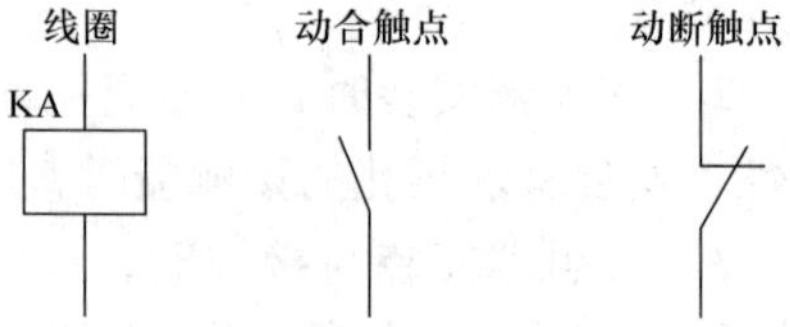

1）中间继电器的结构。中间继电器的结构及工作原理与接触器基本相同，JZ7 中间继电器由线圈、静铁心、动铁心及触点系统等组成。它的触点较多，一般有八对，可组成四对动合、四对动断或六对动合、两对动断或八对动合等三种形式。其工作原理和结构如图 12-70 所示。中间继电器一般根据负荷电流的类型、电压等级和触点数量来选择。其安装方法和注意事项与接触器类似，但中间继电器由于触点容量较小，一般不能接到主线路中应用。中间继电器的触点数量较多，并且无主、辅触点之分，各对触点允许通过的电流大小也是相同的，额定电流约为 5A。在控制额定电流不超过 5A 的电动机时，也可用它来代替接触器。

图 12-69　电磁式继电器的电气符号

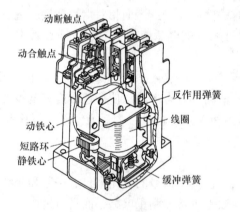

图 12-70　中间继电器结构原理图

常用的中间继电器有 JZ7、JZ8 系列，其型号含义是：

例如：JZ7－53 中"JZ"表示电器类型为中间继电器，"7"表示设计序号，"5"表示动合触点数，"3"表示动断触点数。

2）中间继电器的选用。中间继电器应根据被控制电路的电压等级、所需触点的数量和种类以及容量等要求来选择。

（3）热继电器　热继电器是利用电流的热效应来推动动作机构使触点闭合或断开的保护电器。它主要用于电动机的过负荷保护、断相保护、电流不平衡运行保护及其他电气设备发热状态的控制。

1）热继电器的结构。常用的热继电器有两个热元件组成的两相结构和三个热元件组成的三相结构两种形式。两相结构的热继电器主要由加热元件、主双金属片动作机构、触点系统、电流整定装置、复位机构和温度补偿元件等组成，如图 12-71 所示。

① 加热元件。加热元件是使热继电器接收过负荷信号的部分，它由双金属片及绕在双金属片外面的绝缘电阻丝组成。双金属片由两种热膨胀系数不同的金属片复合而成。如铁镍铬合金和铁镍合金。电阻丝用康铜和镍铬合金等材料制成，使用时串联在被保护的电路中。

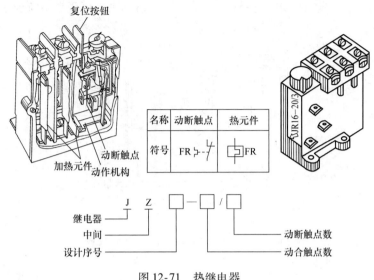

图 12-71　热继电器

当电流通过热元件时。热元件对双金属片进行加热，使双金属片受热弯曲。热元件对双金属片加热方式有三种：直接加热、间接加热和复式加热，如图 12-72 所示。

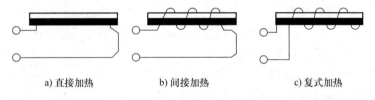

a) 直接加热　　　　　b) 间接加热　　　　　c) 复式加热

图 12-72　热继电器双金属片加热方式示意图

　　② 触点系统。触点系统一般配有一组切换触点，可形成一个动合触点和一个动断触点。

　　③ 动作机构。由导板、补偿双金属片、推杆、杠杆及拉簧等组成，用来补偿环境温度的影响。

　　④ 复位按钮。热继电器动作后的复位有手动复位和自动复位两种。手动复位的功能由复位按钮来完成。自动复位功能由双金属片冷却自动完成，但需要一定的时间。

　　⑤ 整定电流装置。整定电流装置由旋钮和偏心轮组成，用来调节整定电流的数值。热继电器的整定电流是指热继电器长期不动作的最大电流值，超过此值就要动作。

　　2）热继电器的工作原理。

　　① 普通热继电器。三相结构热继电器工作原理如图 12-73 所示。当电动机电流未超过额定电流时，双金属片自由弯曲的程度（位移）不足以触及动作机构，因此热继电器不会动作；当电路过负荷时，热元件使双金属片向上弯曲变形，扣板在弹簧拉力作用下带动绝缘牵引板，分断接入控制电路中的动断触点，切断主电路，从而起到负荷保护作用。由于双金属片弯曲的速度与电流大小有关，电流越大时，弯曲的速度也越快，于是动作时间就短；反之，则时间就长，这种特性称为反时限特性。只要热继电器的整定值调整得恰当，就可以使电动机在温度超过允许值之前停止运转，避免因高温造成损坏。热继电器动作后，一般不能立即自动复位，要等一段时间，只有待双金属片冷却后，当电流恢复正常和双金属片复原

后，再按复位按钮方可重新工作。热继电器动作电流值的大小可用调节旋钮进行调节。

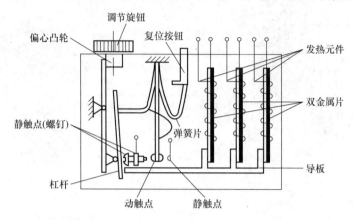

图 12-73 三相结构热继电器工作原理示意图

当电动机起动时，电流往往很大，但时间很短，热继电器不会影响电动机的正常起动。

② 具有断相保护能力的热继电器。用普通热继电器保护电动机时，若电动机是Ｙ形接线，当线路发生有一相断电时，另外两相将发生过负荷。过负荷相电流将超过普通热继电器的动作电流，由于线电流等于相电流，这种热继电器可以对此进行保护。但若电动机定子为△形接线，发生断相时，线电流可能达不到普通热继电器的动作值而使电动机绕组已过热，此时用普通的热继电器已经不能起到保护作用，必须采用带断相保护的热继电器。它利用各相电流不均衡的差动原理实现断相保护。

具有断相保护能力的热继电器的动作机构中有差分放大机构，这种差分放大机构在电动机断相运行时，对动作机构的移动有放大作用。差分放大机构如图 12-74 所示。

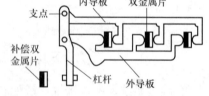

图 12-74 差分放大机构示意图

差分放大机构的放大工作原理可通过图 12-75 说明：当电动机正常运行时，由于三相双金属片均匀加热，因而整个差分机构向左移动，动作不能被放大；当电动机断相运行时，由于内导板被未加热的双金属片卡住而不能移动，外导板在另两相双金属片的驱动下间左移动，使杠杆绕支点转动将移动信号放大，这样使热继电器动作加速，提前切断电源。由于差分放大作用，通过热继电器的电流在尚未到达整定电流之前就可以动作，从而达到断相保护的目的。电动机断相运行是造成大多数电动机烧毁的主要原因，因此对电动机断相保护的意义十分重大。

3）热继电器的技术参数与型号。

① 额定电压：指触点的电压值。

② 额定电流：指允许装入的热元件的最大额定电流值。

③ 热元件规格用电流值：指热元件允许长时间通过的最大电流值。

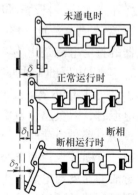

图 12-75　差分放大机构的放大工作原理

④ 热继电器的整定电流：指长期通过热元件又刚好使热继电器不动作的最大电流值。

⑤ 热继电器型号。热继电器其型号含义如下：

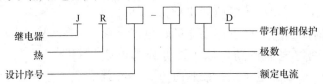

例如：JR16 – 20/3D 中"JR"表示电气型热继电器，"16"表示设计序号，"20"表示额定电流，"3"表示三相，"D"表示具有断相保护。

热继电器的主要产品型号有：JR20、JRS1、JR0、JR10、JR14 和 JR15 等系列；引进产品有 T 系列、3UA 系列和 LR1 – D 系列等。

4）热继电器的选用。

① 热继电器种类的选择：应根据被保护电动机的连接组别进行选择。当电动机为星形连接时，选用两相或三相热继电器均可进行保护；当电动机为三角形连接时，应选用三相差分放大机构的热继电器进行保护。

② 热继电器主要根据电动机的额定电流来确定其型号和使用范围。

③ 选用热继电器额定电压时，要求额定电压大于或等于触点所在线路的额定电压。

④ 热继电器额定电流选用时，要求额定电流大于或等于被保护电动机的额定电流。

⑤ 热元件规格用电流值选用时，一般要求其电流规格小于或等于热继电器的额定电流。

⑥ 热继电器的整定电流要根据电动机的额定电流、工作方式等情况调整而定。一般情况下可按电动机额定电流值整定。

⑦ 对过负荷能力较差的电动机，可将加热元件整定值调整到电动机的额定电流的 0.6 ~ 0.8 倍。对起动时间较长，拖动冲击性负荷或不允许停机的电动机，加热元件的整定电流应调节到电动机额定电流的 1.1 ~ 1.15 倍。

⑧ 对于重复短时工作制的电动机（例如起重电动机等），由于电动机不断重复升温，热继电器双金属片的温升跟不上电动机绕组的温升变化，因而电动机将得不到可靠保护。因此，不宜采用双金属片式热继电器作过负荷保护。

5）热继电器的安装。

① 热继电器安装接线时，应清除触点表面污垢，以避免电路不通或因接触电阻加大而影响热继电器的动作特性。

② 如电动机起动时间过长或操作次数过于频繁，将会使热继电器误动作或烧坏热继电器，故这种情况一般不用热继电器作过负荷保护，如仍用热继电器，则应在热元件两端并接一副接触器或继电器的动断触点，待电动机起动完毕，使动断触点断开，热继电器再投入工作。

③ 热继电器周围介质的温度，原则上应和电动机周围介质的温度相同；否则，势必要破坏已调整好的配合情况。当热继电器与其他电器安装在一起时，应将它安装在其他电器的下方，以免其动作特性受到其他电器发热的影响。

④ 热继电器出线端的连接不宜过细，如连接导线过细，轴向导热性差，热继电器可能提前动作。反之，连接导线太粗，轴向导热快，热继电器可能滞后动作。在电动机起动或短时过负荷时，由于热元件的热惯性，热继电器不能立即动作，从而保证了电动机的正常工

作。如果过负荷时间过长，超过一定时间（由整定电流的大小决定），热继电器的触点动作，切断电路，起到保护电动机的作用。

（4）时间继电器 当继电器的感测机构接受外界动作信号，经过一段时间延时后触点才动作的继电器，称为时间继电器。时间继电器按动作原理，可分为电磁式、空气阻尼式、电动式和电子式；按延时方式，可分为通电延时和断电延时两种。图12-76所示为时间继电器的电气符号。

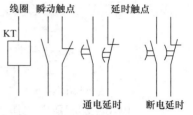

图12-76 时间继电器的电气符号

1）直流电磁式时间继电器。

① 基本结构。在通用直流电压继电器的铁心上安装一个阻尼圈后就制成了直流电磁式时间继电器，其结构如图12-77所示。

② 工作原理。直流电磁式时间继电器是利用电磁阻尼原理产生延时的。当线圈通电时，由于衔铁是释放的，动、静铁心间气隙大，磁阻大，磁通变化小，铜套上产生的感应电流小，阻尼作用小，因此衔铁吸合延时不显著（可忽略

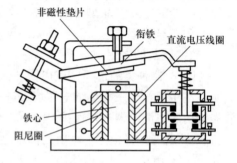

图12-77 直流电磁式时间继电器结构示意图

不计）。当线圈失电时，磁通变化大，铜套上产生的感应电流大，阻尼作用大，使衔铁的释放延时显著。这种延时称为断电延时。由此可见，直流电磁式时间继电器适用于断电延时；对于通电延时，因为延时时间太短，没有多少现实意义。直流电磁式时间继电器用在直流控制电路中，结构简单，使用寿命长，允许操作频率高。但延时时间短，准确度较低。

2）空气阻尼式时间继电器。空气阻尼式时间继电器也称为空气式时间继电器或气囊式时间继电器。空气阻尼式时间继电器的结构简单、延时时间长、整定方便、价格低廉，广泛用于电动机控制等电路中，延时精度低且受周围环境影响较大，延时精度较低，主要用于延时精度要求不高的场合。主要型号有JS7、JS16和JS23等。

① 空气阻尼式时间继电器的结构。其电磁系统由电磁线圈、静铁心、动铁心、反作用弹簧和弹簧片组成；工作触点由两对瞬时触点（一对瞬时闭合，一对瞬时分断）和两对延时触点组成；气囊主要由橡皮膜、活塞和壳体组成，橡皮膜和活塞可随气室进气量移动，气室上的调节螺钉用来调节气室进气速度的大小以调节延时时间；传动机构由杠杆、推杆、推板和塔形弹簧等组成。图12-78为空气阻尼式时间继电器外形图。

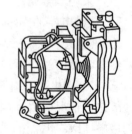

图12-78 空气阻尼式
时间继电器外形图

② 空气阻尼式时间继电器的工作原理如图12-79所示，当线圈通电后衔铁吸合，活塞杆在塔形弹簧作用下带动活塞及橡皮膜向上移动，橡皮膜下方空气室空气变得稀薄而形成负压，活塞杆只能缓慢移动，其移动速度由进气孔气隙大小来决定。经过一段时间延时后，活塞杆通过杠杆压动微动开关使其动作，达到延时的目的。当线圈断电时，衔铁释放，橡皮膜下方空气室的空气通过活塞肩部所形成的单向阀迅速排放，使活塞杆、杠杆、微动开关迅速复位。通过调节进气孔气隙大小可改变延时时间的长短。通过改变

电磁机构在继电器上的安装方向可以获得不同的延时方式。

空气阻尼式时间继电器的动作过程有断电延时和通电延时两种。

a. 断电延时：断电延时时间继电器当电路通电后，电磁线圈的静铁心产生磁场力，使衔铁克服反作用弹簧的弹力被吸合，与衔铁相连的推板向右运动，推动推杆，压缩宝塔弹簧，使气室内橡皮膜和活塞缓慢向右移动，通过弹簧片使瞬时触点动作，同时也通过杠杆使延时触点作好动作准备。线圈断电后，衔铁在反作用弹簧的作用下

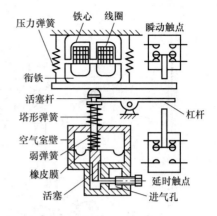

图 12-79　空气阻尼式时间继电器工作原理

被释放，瞬时触点复位，杠杆在宝塔弹簧作用下，带动橡皮膜和活塞缓慢问左移动，经过一段时间后，推杆和活塞移动到最左端。使延时触点动作，完成延时过程。

b. 通电延时：只需将断开延时时间继电器的电磁线圈部分旋 180° 安装，即可改装成通电延时时间继电器。其工作原理与断电延时原理基本相同。

3）电动式时间继电器。这种延时继电器定时精度高，调节方便，延时范围很大，且误差较小，可以从几秒到几小时。延时时间不受电源电压与环境温度变化的影响，但因同步电动机的转速与电源频率成正比，所以当电源频率降低时，延时时间加长，反之则缩短。这种延时继电器的缺点是结构复杂，价格较贵，齿轮容易磨损，受电源频率影响较大，不适于频繁操作的电路控制。

常用电动式时间继电器的型号有 JS11、JS－10 和 JS－17 等系列。

① 电动式时间继电器的结构。电动式时间继电器是利用小型同步电动机带动减速齿轮而获得延时的。它由同步电动机、离合电磁铁、减速齿轮、差动游丝、触点系统和推动延时触点脱扣的凸轮等组成，其外形和结构如图 12-80a、b 所示。

② 工作原理。当接通电源后，齿轮空转。需要延时时，再接通离合电磁铁，齿轮带动凸轮转动，经过一定时间，凸轮推动脱扣机构使延时触点动作，同时其动断触点同步电动机和离合电磁铁的电源等所有机构在复位游丝的作用下返回原来位置，为下次动作做好准备，其工作原理如图 12-80c 所示。

延时的长短可以通过改变指针在刻度盘上的位置进行调整。

4）电子式时间继电器。电子式时间继电器主要利用电子电路来实现传统时间继电器的时间控制作用，可用于电力传动、生产过程自动控制等系统中。它具有延时范围广、精度高、体积小、消耗功率小、耐冲击、返回时间短、调节方便、使用寿命长等优点，所以多应用在传统的时间继电器不能满足要求的场合，要求延时的精度较高时或控制回路相互协调需要无触点输出时多用电子式时间继电器。目前在自动控制系统中的使用十分广泛。

电子式时间继电器所有元件装在印制电路板上，JS14 系列时间继电器采用场效应晶体管电路和单结晶体管电路进行延时。图 12-81 所示为其外形和接线图。

电子式时间继电器工作原理　电子式时间继电器的种类很多，通常按电路组成原理可分为阻容式和数字式两种。

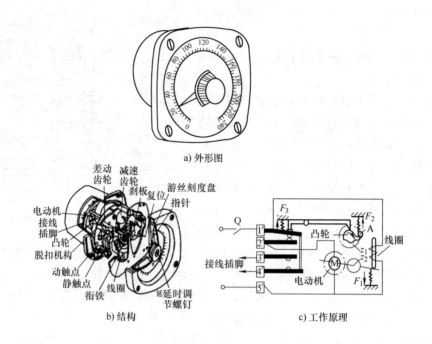

a) 外形图

b) 结构

c) 工作原理

图 12-80 电动式时间继电

a. 阻容式晶体管时间继电器基本原理是利用 RC 积分器充放电电路中电容的端电压在接通电源之后逐渐上升的特性获得的。电源接通后，经变压器降压后整流、滤波、稳压，提供延时电路所需的直流电压。从接通电源开始，稳压电源经定时器的电阻向电容充电，经过一定时间充电至某电位，使触发器翻转，控制继电器动作，为继电器触点提供所需的延时，同时断开电源，为下一次动作做准备。调节电位器电阻即可改变延时时间的大小，图 12-82 为其原理框图。

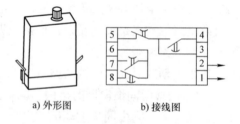

a) 外形图　　　b) 接线图

图 12-81　JS14 电子式时间
继电器外形和接线图

常用的阻容式晶体管时间继电器为 JS20 系列，其延时时间可在 1～900s 之间可调。

b. 数字式时间继电器主要是利用对标准频率的脉冲进行分频和计数，并作为电路的延时环节，使延时性能大大增强，而且其内部可采用先进的微电子电路及单片机等新技术，使得它具有更多优点，其延时时间长、精度高、延时类型多，各种工作状态可直观显示等，常用的数字式时间继电器有 ST3P、ST6P 等系列，其延时时间可在 0.1s ～24h 间可调。其电路组成如图 12-83 所示。

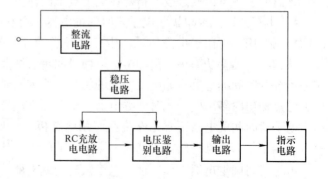

图 12-82　阻容式晶体管时间继电器电路原理框图

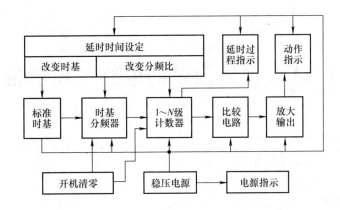

图 12-83　数字式时间继电器电路组成框图

5）时间继电器的型号。时间继电器型号的含义如下：

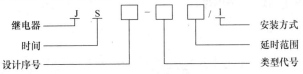

例如：JS23 – 12/1 中"JS"表示继电器型时间继电器，"23"表示设计序号，"12"中的"1"表示触点形式及组合序号为 1，"12"中的"2"表示延时范围为 10 ~ 180s，"1"表示安装方式为螺钉安装式。

6）时间继电器的选用方法。

① 延时方式的选择。时间继电器有通电延时和断电延时两种，应根据控制线路的要求来选择延时方式。

② 线圈电压的选择。根据控制线路电压来选择时间继电器的线圈电压。

复习思考题

1. 人体触电有哪几种类型？有哪几种方式？各有何特点？

2. 在电气操作和日常用电中，哪些因素会导致触电？

3. 发现有人触电，你将采取哪些措施？

4. 电工操作常用的通用电工工具有哪些？试简述各自的使用方法。

5. 试述单股铜芯线一字连接的工艺过程。

6. 如何恢复导线接头的绝缘层？

7. 电能表有何功用？绘制其接线图。

8. 数字式万用表有哪些功能？

9. 用万用表测量电阻时，如何使测量结果更为准确？

10. 自动空气开关可以起到哪些保护作用？说明其工作原理。

11. 简述交流接触器的工作原理。

12. 交流接触器的常见故障现象有哪些？是何原因？如何排除？

13. 在电动机控制线路中，为什么安装了熔断器还要安装热继电器？

第13章　室内照明电路工程实践

【目的与要求】

1. 了解三相五线制供电系统。
2. 了解室内照明电路的相关知识。
3. 掌握灯具、开关及插座安装的工艺要求。
4. 完成 N 地控制一盏灯照明电路安装实践。
5. 能按要求设计或完成简单的照明电路和 LED 灯制作。

13.1　三相五线制供电系统

13.1.1　三相五线制

根据 GB 51348—2019《民用建筑电气设计标准》，凡是新建、扩建、企事业、商业、居民住宅、智能建筑、基建施工现场及临时线路，一律实行三相五线制供电方式，做到保护零线和工作零线单独敷设。对现有企业应逐步将三相四线制改为三相五线制供电，具体办法应按三相五线制敷设要求的规定实施。

三相五线包括三相电的三个相线（A、B、C 线）、中性线（N 线，称工作零线），以及地线（PE 线，也称作保护零线）。在电气装置的接地系统中三相五线制称为 TN－S 系统，地线只在供电变压器侧和中性线接到一起，并且做重复接地，之后在全系统内 N 线和 PE 线是分开的。保护零线还必须在配电系统中间处和末端处做重复接地，重复接地电阻小于 10Ω。三相五线制的接线方式如图 13-1 所示。

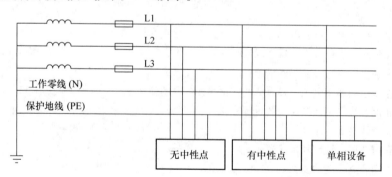

图 13-1　三相五线制的接线方式

三相五线制标准导线颜色为：A 相黄色，B 相绿色，C 相红色，N 线浅蓝色，PE 线黄绿双色。

13.1.2　三相五线制的特点

采用三相五线制供电方式，用电设备上所连接的工作零线 N 和保护零线 PE 是分别敷设的，有下面几个特点：

1）系统正常运行时，专用保护线上没有电流，只是工作零线上有不平衡电流。PE 线对地没有电压，所以电气设备金属外壳接零保护是接在专用保护线 PE 上，安全可靠。

2）工作零线只用作单相照明负载回路。

3）专用保护线 PE 不许断线，也不许进入漏电开关。

4）干线上使用漏电保护器，工作零线不得有重复接地，而 PE 线有重复接地，但是不经过漏电保护器，所以 TN－S 系统供电干线上也可以安装漏电保护器。

5）三相五线制（TN－S 方式）供电系统安全可靠，适用于工业与民用建筑等低压供电系统。

13.1.3　单相三线制

国家规定，民用供电线路相线之间的电压（即线电压）为 380V，相线和地线或中性线之间的电压（即相电压）均为 220V。进户线一般采用单相三线制，即三个相线中的一个和中性线（作零线）、地线。

对于照明电路，从线路的性质上来说，相线是提供能源的线路，零线是单相电路中，给提供能源的线路一条电流回路（和相线形成电流通道）的线路，地线是作为保护电气设备、防止漏电而发生事故的一条"非正常"电流通道。这三条线，正常工作时，由相线（某一个单位时间内）提供电流，经过用电设备（负载）后由零线回到电源端；正常情况下，地线是没有任何电流通过的。所以从性质上来看，这三条线路中的零线和地线，是不允许合用的。

13.2　线管配线

13.2.1　线管配线的概念

将绝缘导线穿在管内配线称为线管配线。这种配线方式比较安全可靠，可避免腐蚀性气体的侵蚀和避免遭受机械损伤，更换导线方便，在工业与民用建筑中使用最为广泛。

线管配线分线管敷设和线管穿线两部分。线管敷设在土建施工时进行，管内穿线应在建筑物的抹灰及地面工程结束后进行。

13.2.2　线管配线工序

为了使室内配线工作有条不紊地进行，应按下列工序进行配线。

1）首先应熟悉设计施工图，根据施工图确定灯具、插座、开关、配电箱等的位置。

2）根据建筑物的结构确定导线敷设的路径以及穿过墙壁和楼板的位置。

3）要配合土建施工，搞好管路、接线盒及工件的预埋工作。

4）装设绝缘支持物、线夹、支架或保护管。

5）敷设导线。敷设导线前，将盘绕的导线顺着缠绕方向放线，以免弯折或打结。

6）将导线连接、分支和封端，并将导线出线端子与器件或设备连接。

7）校验、试通电、验收。

13.2.3　线管穿线方法

1）在穿线前应将管内的积水及杂物清理干净。对于弯头较多或管路较长的钢管，为减少导线与管壁摩擦，可向管内吹入滑石粉，以便穿线。这样有利于管内清洁、干燥，并便于维修和更换导线。

2）为避免钢管的锋利管口磨损导线绝缘层及防止杂物进入管内，故导线穿入钢管前，管口处应装设护圈保护导线；在不进入接线盒（箱）的垂直管口，穿入导线后应将管口密封。导线穿入硬塑料管前，应先清理管口毛刺刃口，防止穿线时损坏导线绝缘层。

3）导线穿入线管前，如导线数量较多或截面较大，为了防止导线端头在管内被卡住，要把导线端部剥出线芯，并斜错排好，采用 $\phi1.2 \sim \phi2.0$mm 的钢丝作为引线，然后按如图 13-2a 所示方法与电线缠绕，用钢丝的一端逐渐送入管中，直到在管的另一端露出为止，从此将导线拉出。

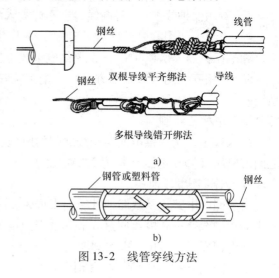

钢丝　　线管

双根导线平齐绑法　　导线

钢丝

多根导线错开绑法

a)

钢管或塑料管　　钢丝

b)

图 13-2　线管穿线方法

4）当从一端穿钢丝受阻而滞留在管路途中时，可转动钢丝，使钢丝头部在管内转动，让其前进或者在另一端再穿入一根头部弯成钩状的引线钢丝，并转动使其与原有头部带钩状的钢丝绞在一起，以便拉出从另一头穿入的拉线钢丝，如图 13-2b 所示。

13.2.4　线管配线工艺要求

线管配线的工艺要求可参照《电工手册》，主要注意以下几点：

1. 导线的型号、规格和颜色

1）根据设计要求选择导线的截面，铜导线的安全载流量是 $5 \sim 8$A/mm^2，铝导线的安全载流量为 $3 \sim 5$A/mm^2。穿管敷设的绝缘导线最小截面，其铜线和铜芯软线不得低于 1.0mm^2、铝线不低于 2.5mm^2。

2）为提高管内配线的可靠性，防止因穿线而磨损绝缘，故低压线路穿管均应使用额定电压不低于 500V 的绝缘导线。

3）配管内所穿电线作用各不相同，应尽量使用各种颜色的塑料绝缘线，以便于识别，方便与电气元器件接线。一般火线为黄、绿或红色，零线为蓝色，地线为黄绿双色，其他线（控制火线）为白色或其他颜色。

2. 导线在管内不应有接头，接头设在接线盒内

导线接头若设置在管内时，既造成穿线难度大，且线路发生故障时，不利于检查和修理。因此导线在管内不应有接头和扭结，接头应设在接线盒（箱）内。放线时为使导线不扭结，最好使用放线架。无放线架时，应把线盘平放在地上，从内圈抽出线头，并把导线放得长一些。

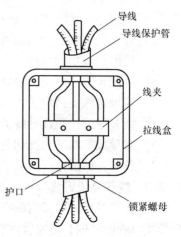

导线

导线保护管

线夹

拉线盒

护口

锁紧螺母

图 13-3　拉线盒

3. 导线过长，使用拉线盒

为保证安全，便于检修，敷设于垂直线路中的导线，当导线的截面、长度和管路弯曲超过规定时，应采用拉线盒在其中加以固定，如图 13-3 所示。

4. 导线穿好后应适当留出余量

导线穿好后，应适当留出余量，一般在出盒口留线长度不应小于 0.15m，箱内留线长度为箱的半周长；出户线处导线预留长度为 1.5m，以便于日后接线。在分支处可不剪断公用直通导线，在接线盒内留出一定余量，可省去接线中的不必要接头。

5. 管内穿线困难应查找原因，不得强行穿线

由于在穿线时长度不足而产生管内导线出现接头，此种现象在检查时不易被发现，操作者应及时换线重穿，否则将引起后患。若管内穿线困难，应查找原因，不得用力强行穿线，否则会损伤导线绝缘层或线芯。

13.3　电能表及配电箱配线

低压配电柜、配电箱是连接电源与用电设备的中间装置，它除了分配电能外，还具有对用电设备进行控制、测量、指示及保护等功能。

13.3.1　配电柜（箱）安装要求

1. 配电箱安装的一般要求

配电柜（箱）应安装在干燥、明亮、不易受震动、便于操作和维护的场所。安装时一般应满足以下要求：

1）配电箱的安装高度，暗装时底口距地面为 1.4m，明装时为 1.2m，但明装电度表箱应加高到 1.8m；安装时应使配电板垂直于地面。

2）安装配电板箱所需木砖、金属构件等均需随土建施工预先埋入墙内。

3）在 240mm 厚的墙壁内暗装配电箱时，在墙后壁需加装 10mm 厚的石棉板和直径为 2mm 孔洞的铁丝网，再用 1:2 水泥砂浆抹平，以防开裂。墙壁预留的孔洞，应比配电箱的外形尺寸大 20mm 左右。

4）配电板（箱）后面的配线应排列整齐，绑扎成束，并用卡钉紧固在盘板上。从配电箱中引出和引入的导线，应留出适当长度，以利于检修。

5）配电箱中的金属构件、铁盘面应实行可靠的保护接地（或保护接零）。

2. 照明配电板（箱）的安装

照明配电箱的安装主要有墙上安装、嵌墙式安装、支架上安装、柱上安装和落地式安装等方式。下面简单介绍墙上安装和嵌墙式安装。

（1）墙上安装

1）预埋固定螺栓。在现有墙上安装配电箱以前，应量好配电箱安装孔的尺寸，然后凿孔洞，预埋固定螺栓（有时采用塑料胀管固定）。预埋螺栓的长度应为埋没深度（一般为 120~150mm）加箱壁、螺母和垫圈的厚度，再加 3~5mm 的余留长度。

2）配电箱的固定。待预埋件的填充材料凝固干透，就可进行配电箱的安装固定。固定前，先用水平尺和线锤校正箱体的水平度和垂直度。若不符合要求，则应查明原因，调整后再将配电箱可靠固定。

（2）嵌墙式安装　配电箱的嵌墙式安装应配合配线工程的暗敷设进行。待预埋线管施工完毕，将配电箱的箱体嵌入墙内（有时将线管与箱体组合后，在土建施工时埋入墙内），并做好线管与箱体的连接固定和跨接地线的连接工作，如果墙壁的厚度不能满足配电箱嵌入式安装的要求，则可实行半嵌入式安装，其安装方法与嵌入式相同。

13.3.2 量电及配电装置的配线工艺

1. 电能表的测量接线

电能表的接线方式分为直接式和间接式两种。对低压供电，负荷电流为 50A 及以下时，易采用直接接入式电能表；负荷电流为 50A 以上时，易采用间接接入式的接线方式。电能表的测量接线方法应按出厂说明书的测量接线图进行连接。单相有功电能表的接线方式如图 13-4 所示。

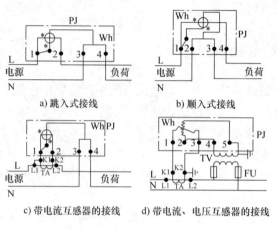

图 13-4　单相有功电能表的接线方式

2. 楼层计量配电箱

在多层或高层住宅中，一般在每单元第一层设置终端组合配电箱，负荷大的，每单元每层设一个或若干个楼层计量配电箱；负荷小的，可每单元几层设一个楼层计量配电箱。终端组合配电箱上装有单元进线总开关；计量配电箱上装有用户电能表及出线分开关。楼层计量配电箱接线如图 13-5 所示。

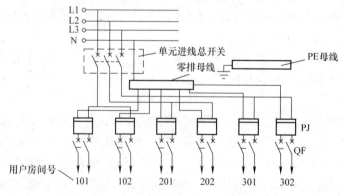

图 13-5　楼层计量配电箱接线图

3. 住户配电箱（开关箱）的接线

在高层住宅中，住户配电箱常采用塑壳式小型低压断路器（如 C45N 型）组装的组合配电箱，以"放射 – 树干"混合方式供电。其优点是某一回路故障不致影响其他回路供电，可使事故范围尽量缩小。为了简化线路，对一般照明及小容量插座采用树干式接线，即住户配电箱中每一分路开关可带几盏灯或几个小容量插座；而对电热水器、窗式空调器等用电量大的家电设备，则采用放射式供电。关于住户配电箱及灯具、插座的住宅供电电气原理图如图 13-6 所示。

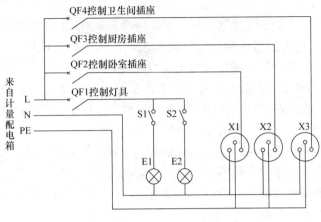

图 13-6　住宅供电电气原理图

13.4　电气照明的基本知识

在电气安装和维修中，照明电路的安装与维修占着十分重要的地位。要从事照明电路的装修，必须懂得有关电气照明的基本知识。

1. 常用电光源及其特点

（1）白炽灯　白炽灯是曾经使用最为广泛的光源。它具有结构简单、使用可靠、安装维修方便、价格低廉、光色柔和、可适用于各种场所等优点，但发光效率低，寿命短。其寿命通常只有 1000h 左右。

（2）荧光灯　荧光灯也是使用得特别广泛的照明光源。其寿命比白炽灯长 2～3 倍，发光效率比白炽灯高 4 倍。但附件多，造价较高，功率因数低（仅 0.5 左右），而且故障率比白炽灯高，安装维修比白炽灯难度大。由于它优点特别突出，所以使用仍然很广泛。

（3）LED 灯　LED 灯是代替白炽灯和荧光灯的新型绿色光源。其光度柔和，节能效果好，使用寿命长，唯一的缺点是造价和维护成本高。

（4）高压汞灯　高压汞灯又叫高压水银灯，使用寿命是白炽灯的 2.5～5 倍，发光效率是白炽灯的 3 倍，耐振耐热性能好，线路简单，安装维修方便。其缺点是造价高，启辉时间长，对电压波动适应能力差。

（5）碘钨灯　碘钨灯构造简单，使用可靠，光色好，体积小，发光效率比白炽灯高 30% 左右，功率大，安装维修方便。但灯管温度高达 500～700℃，安装必须水平，倾角不得大于 4°，造价也较高。

（6）氖虹灯　氖虹灯管内充有非金属元素或金属元素，它们在电离状态下，不同的元素能发出不同的色光，广泛使用于大、中、小城镇的夜间宣传广告牌。配用专门的氖虹灯电源变压器供电，供电电压为 4000～15000V。

（7）低压安全灯　在一些特殊场合特别是危险场所，不能直接用 220V 交流电源提供照明，必须用降压变压器将220V市电降到36V及以下的安全电压作为照明灯具电源。这种低压照明灯可以确保使用人员在特殊场所或危险场所的人身安全。光源要选用36V或以下的白炽灯泡。

2. 常用照明方式

电气照明按其用途不同分为生活照明、工作照明和事故照明三种方式。

（1）生活照明　指人们日常生活所需要的照明。属于一般照明，它对照度要求不高，可选用光通量较小的光源。但应能比较均匀地照亮周围环境。

（2）工作照明　指人们从事生产劳动、工作学习、科学研究和实验所需要的照明。它要求有足够的照度。在局部照明、光源与被照物距离较近等情况下，可用光通量不太大的光源；在公共场合，则要求有较大光通量的光源。

（3）事故照明　在可能因停电造成事故或较大损失的场所，必须设置事故照明装置，如医院急救室、手术室、矿井、地下室、公众密集场所等。事故照明的作用是，一旦正常的生活照明或工作照明出现故障，它能自动接通电源，代替原有照明。可见，事故照明是一种保护性照明，可靠性要求很高，绝不允许在运行时出现故障。

13.5　照明电路的安装及故障检修

照明电路通常指照明灯具和采用单相电源的电气设备（如单相电动机、电热设备等）及其开关、电气控制回路的总称。照明电路及单相电气设备的安装主要包括元件的检查、测试、线路的敷设，控制箱、灯具及开关元件的安装、接线、试灯直至竣工验收等工序。照明电路及单相电气设备的安装应符合电气装置施工及验收规范的要求。

13.5.1　灯具、单相设备及其开关元件的安装要求

照明电路器件的安装，是室内配线工程的最后步骤。灯具接线及安装可参照相关《电工手册》，主要注意以下几点：

1）多股铜软线和电器端子的连接应先将其绝缘去掉，然后把铜芯拧成小辫镀锡处理后，才能和端子连接。独股导线可与端子直接连接。

2）任何情况下管内导线不得有接头，导线的接头应在接线盒、分线盒、灯头盒、开关盒、端子盒中或箱内进行，同时应尽量减少导线的接头。

3）接线必须按照预先确定的导线颜色、编号或记号进行，不得混用，零线就是零线，相线就是相线，否则系统将发生混乱而引起事故。

4）任何场所灯具及单相电器的固定均不得采用木楔固定，如没有预埋金属固定件，通常应采用膨胀螺栓、埋注螺栓、射钉枪射钉来补救，特别是对重量较大、固定后弯矩较大或经常拔插的电具。塑料胀管和膨胀螺栓如图13-7所示。

5）在实际工程中，盒内接线与电具的安装是分步进行的。也就是说，先将盒内所有的线接好并将接于灯具、开关、插座的线甩出来，并做好记号；等所有的线接完并摇测绝缘正常后，再进

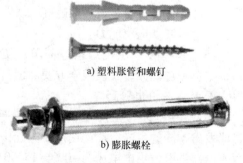

a）塑料胀管和螺钉

b）膨胀螺栓

图13-7　塑料胀管和膨胀螺栓

行灯具开关的安装，有时也称"吊灯"。灯具、开关、插座安装好后应及时锁门，以免丢失。

13.5.2 开关和插座的安装

1. 开关的安装

对于单刀单掷灯开关（拉线、扳把、翘板、单极空气开关、触摸或红外自动开关等），相线也就是电源的进线，应接在开关的静触头的端子上，控制相线也就是开关的出线，应接在开关的动触头的端子上。任何单相电器（包括灯具）的控制开关都必须控制相线，零线一般可不加控制，而零线上不得有人为的断开点。目前家庭常用的灯开关的安装如图13-8所示。

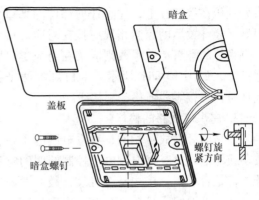

图 13-8　灯开关的安装示意图

2. 插座的安装

插座一般不用开关控制，它始终是带电的。在照明电路中，一般可用双孔插座，接法是零线 N 接左孔，相线 L 接右孔，即左零右相；但在公共场所、地面具有导电性物质或电气设备有金属壳体时，应选用三孔插座，接法仍为左零右相，地线 PE 接上面大孔。用于动力系统中的插座，应是三相四孔。它们的接线要求如图13-9所示。

图 13-9　插座插孔极性连接法

L—火线　N—零线　PE—地线

13.5.3 白炽灯的安装与检修

1. 白炽灯功能和构造

白炽灯也称钨丝灯泡，是白炽灯照明电路的电光源，它由灯丝、玻璃外壳和灯头三部分组成。灯泡的形式有插口和螺口两种，如图13-10所示，使用时应与相应的插口或螺口灯座相配套。

民用照明白炽灯的工作电压为220V，功率为15、20、25、40W 等多种规格。白炽灯的优点是结构简单，安装方便，价格低廉，广泛用于照明电路。但其发光效

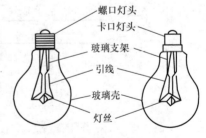

图 13-10　白炽灯泡的构造

率较低。寿命短，平均在 1000h 左右。白炽灯还有磨砂泡、乳白泡等类型，其发光效率更低。

2. 白炽灯的安装

白炽灯的安装通常有悬吊式、嵌顶式和壁式等几种，常见的悬吊式安装方法如下：

（1）天棚座的安装　接线盒预埋在棚顶，先将接线盒内引出的电线头从天棚座底座中穿出，再用木螺钉将天棚座固定在接线盒上。然后将线头剥去绝缘层后弯成线圈，分别压在天棚座与灯头之间的连接线上。为不使接线头承受灯具的重量，从接线螺钉引出的电线两端打个电工结，使结扣卡在天棚座上盖的出线孔处，如图13-11a所示。

（2）吊灯头的安装　将软线穿入灯头盖孔中，打一个电工结，然后把去除绝缘层的导线头分别压在接线柱上，注意任何部位的螺口白炽灯，经开关后的控制相线应接在对应灯口内中央舌片的螺钉上，零线则应接在对应螺口的螺钉上，如图 13-11b 所示。卡口灯的两个接线柱可任意接零线或接控制相线。

3. 白炽灯线路的检修

若房间灯泡故障相同，看看电网电压是否波动或停电，检查室内配电箱控制照明的空气开关，是否跳闸，接线是否可靠，最后考虑更换空开。下面假定只有一个灯泡出现故障，根据故障现象，分析可能的故障点。

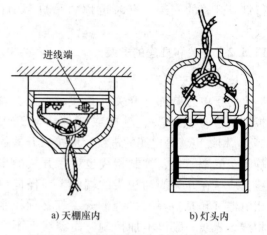

a) 天棚座内　　b) 灯头内

图 13-11　天棚座及灯头中软导线的接法

1）灯泡不亮，检查这个房间的灯泡，看是否灯泡断丝，再检查灯开关是否损坏。

2）灯光闪烁，主要是线路接触不好，检查灯开关和导线，灯泡和灯座接触是否可靠，灯开关是否损坏。

3）上级空开跳闸，检查并更换灯座。

13.5.4　荧光灯的安装与检修

1. 荧光灯组成

荧光灯电路组成按镇流器不同，分电感式镇流器荧光灯电路和电子镇流器荧光灯电路两种形式，如图 13-12 所示。

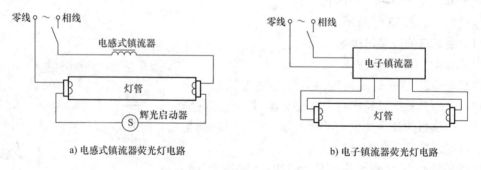

a) 电感式镇流器荧光灯电路　　　　　　　　b) 电子镇流器荧光灯电路

图 13-12　荧光灯常用电路

2. 荧光灯的安装

荧光灯广泛用于照度要求较高、能识别颜色的场所，安装过程如下：

（1）准备工作　备好灯架，检查灯管、电子式镇流器是否完好配套。对于电感式镇流器，还要看辉光启动器是否完好。

（2）组装灯架　对于分散控制的荧光，将镇流器装在灯架的中间位置，对于集中控制的几盏荧光灯，几只镇流器应集中安装在控制点的一块配电板上。然后将辉光启动器安装在灯架的一端，两个灯座分别固定在灯架两端，中间距离要按所用灯管长度量好。各配件位置固定后，按电路图接线。接线完毕后应进行详细检查。

（3）固定灯架　灯架安装的方式有吸顶式和悬吊式。悬吊式又分为金属链条悬吊和钢管悬吊两种。将灯架固定在事先埋设好的紧固件上即可。其安装和接线如图 13-13 所示。

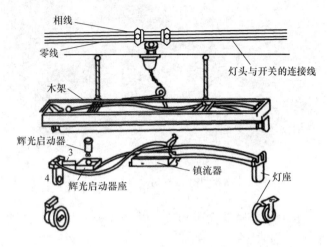

图 13-13　悬吊式荧光灯的安装和接线

最后把辉光启动器旋入底座，把荧光灯管装入灯座，开关、熔断器等按白炽灯安装方法进行接线。检查无误后，即可通电试用。

3. 荧光灯的故障检修

若房间所有荧光灯故障相同，参照上面白炽灯检修方法进行检修。下面假定只有一个荧光灯出现故障，根据故障现象，分析可能的故障点。

1）接通电源，灯管不亮。首先考虑依次更换灯管、辉光启动器和镇流器；若故障没有解除，取下灯具，处理辉光启动器底座、灯管灯座，排除可能接触不良的故障点。

2）灯管亮度变低或色彩变差，更换灯管，故障没解除，再更换镇流器。

3）灯光闪烁，更换灯管或辉光启动器，若故障没有排除，检查灯管座、灯开关是否存在虚接，进而排除故障。

4）灯管两头发黑或有黑斑，更换灯管。

5）灯管启辉后有交流嗡声和杂声，更换镇流器。

13.5.5　LED 吸顶灯的安装与检修

1. LED 吸顶灯组成

LED 吸顶灯由灯板、驱动电源、灯具底盘、灯罩及部分组成，图 13-14 是 220V 18W LED 吸顶灯的组成示意图。

2. LED 吸顶灯安装

（1）灯具检测　将磁柱装在灯板上，将驱动电源直流电源输出端和灯板相连，连上测试线，检查灯具是否完好。

（2）固定灯具底盘　以灯具底盘固定孔尺寸为标准，用冲击钻在顶部接线盒的周围适当位置钻 ϕ6mm 孔，将塑料胀塞打入；将接线盒引出的两根导线从灯具底盘适当位置穿过来，用螺钉将灯具底盘固定在顶部。

（3）固定驱动电源和灯板　将驱动电源上的测试线取下，将灯板吸附在灯具底盘上，将驱动电源用螺钉固定在灯具底盘上。

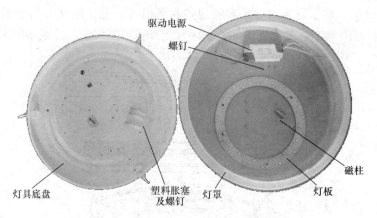

驱动电源
螺钉
磁柱
灯板
灯罩
塑料胀塞
及螺钉
灯具底盘

图 13-14　圆形 LED 吸顶灯组成示意图

（4）连接接线盒引出线　将接线盒引出线（零线和控制相线）分别和驱动电源交流电源输入端的两根导线相连，并做绝缘处理。

（5）扣好灯罩，送电试灯　将灯罩扣上，旋转卡扣，灯罩就固定好了。若是带螺口的灯罩，将灯罩扣在灯具底盘适当位置上，顺时针旋转灯罩，就固定好了。

3. LED 吸顶灯维修

对于 LED 吸顶灯，若出现灯具不亮、亮度不稳或有杂声，首先检查来电电压是否稳定，灯开关是否损坏；若都正常，故障点就在灯板和驱动电源上，可以和厂家联系更换同等型号的灯板或驱动电源，也可以找专业人员，维修损坏的灯板或驱动电源。

13.6　N 地控制一盏灯安装实践

13.6.1　一个开关控制一盏灯电路

1. 电路原理图

一个开关控制一盏灯即一地控制一盏灯，电路原理图如图 13-15 所示。

2. 设备、器件和材料

电气工程训练实践操作台，电能表、两相断路器、白炽灯、灯座、单刀双掷开关各一个，接线盒、线管、多种颜色独股 $1mm^2$ 铜导线、测试线、螺钉若干。

3. 工具和仪表

剥线钳、尖嘴钳、螺钉旋具，万用表。

4. 电路连接步骤及注意事项

（1）器件布置　将电能表、负载开关、接线盒固定在实践台网板上，将接线盒用线管联通起来，器件布置图如图 13-16 所示。

（2）计量配线　完成从实践台电源到电能表、负载开关的连线，如图 13-17 所示。注意以下几点：

1）电能表接线，相线 1#进 2#出，零线 3#进 4#出。

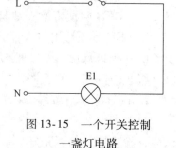

图 13-15　一个开关控制
一盏灯电路

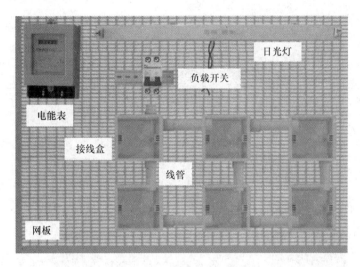

图 13-16　器件布置示意图

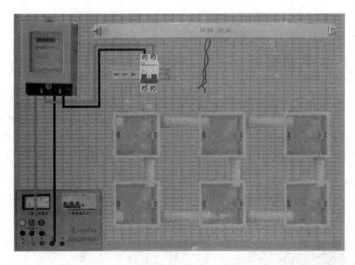

图 13-17　计量配电示意图

2）负载开关接线，上进下出，左零右相。

3）导线颜色，相线红色，零线蓝色或黑色。

（3）布局设计　根据原理图，选择灯座和灯开关位置，设计器件接线图。

（4）线管穿线　根据连线图进行线管穿线，如图 13-18 所示。注意以下几点：

1）相线去灯开关，即灯开关上没有零线。

2）零线去灯具，即灯具上没有相线。

3）相线红色，零线黑色，控制相线（灯开关到灯具的线）蓝色。

（5）连接灯具　根据连线图，将灯座和灯开关与接线盒内引出的导线相连，如图 13-19 所示。注意以下几点：

1）零线与灯座螺口对应的接线柱相连，控制火线与灯座中央铜片对应接线柱相连。

2）对于单刀双掷灯开关，一定要确定哪个接线柱对应的是灯开关动触点，将接线盒引

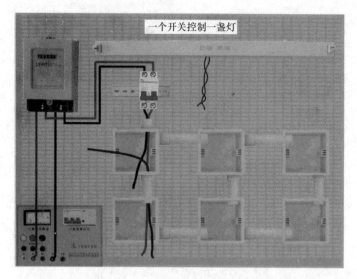

图 13-18　线管穿线示意图

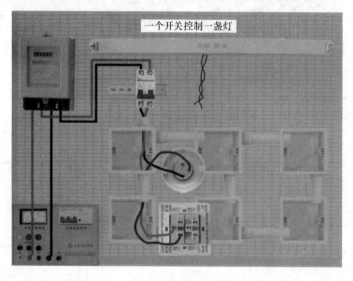

图 13-19　一个开关控制一盏灯连线示意图

出的两根导线，分别接在灯开关的一个动触点和一个动触点上。

5. 电路检测及送电试灯

1）依照电路原理图，按节点查线，每个节点相连的接线柱个数和原理图相同；

2）在断电状态下，灯开关动作，测量负载开关下端 L、N 之间的电阻值，将测量数据记录在表 13-1 中，分析电路连接是否正确，灯具和灯开关是否有损坏。

共有三种情况：

① 正确：灯开关 S1 断开，$R_{\mathrm{L-N}} = \infty$；灯开关 S1 闭合，$R_{\mathrm{L-N}} = R_{灯泡}$。

② 短路故障：灯开关 S1 动作，$R_{\mathrm{L-N}} = 0$。

③ 断路故障：灯开关 S1 动作，$R_{\mathrm{L-N}} = \infty$。

表 13-1 一个开关控制一盏灯电路检测数据表

	R_{L-N} （Ω）
S1 断开	
S1 闭合	

结论：

3）试灯，闭合电源开关和负载开关，拨动灯开关 S1，看灯具能否正常工作。

6. 评分标准

1）满分 5 分。

2）线路正确，器件完好，3 分。

3）线路不正确，或者因为器件损坏导致灯不亮，酌情给 1~2 分。

4）完成线管穿线，线路工整，1 分。

5）试灯过程中保险管无损坏，1 分。

13.6.2 两地控制一盏灯电路

1. 电路原理图

两地控制一盏灯即两个开关控制一盏灯，电路原理图如图 13-20 所示。

2. 设备、器件和材料

电气工程训练实践操作台，电能表、两相断路器、白炽灯、灯座各一个，单刀双掷开关两个，接线盒、线管、多种颜色独股 1mm² 铜导线、测试线、螺钉若干。

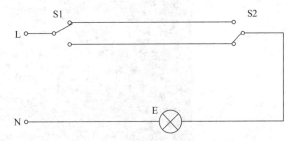

图 13-20 两地控制一盏灯电路

3. 工具和仪表

剥线钳、尖嘴钳、螺钉旋具，万用表。

4. 电路连接步骤及注意事项

（1）布局设计 根据原理图，选择灯座和灯开关位置，设计器件接线图。

（2）线管穿线 根据连线图进行线管穿线，如图 13-21 所示。注意以下几点：

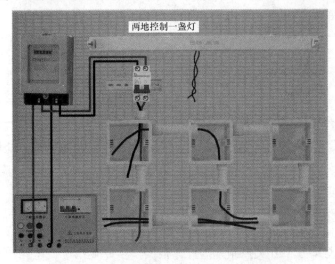

图 13-21 两地控制一盏灯线管穿线示意图

1）相线红色去灯开关；零线黑色去灯具。

2）控制相线（灯开关－灯开关、灯开关－灯具）蓝色。

（3）连接灯具　根据连线图，将灯座和灯开关与接线盒内引出的导线相连，如图 13-22 所示。注意两个灯开关的接法：

1）第一个灯开关的动触点接相线，第二个灯开关的动触点接灯具。

2）每个开关的两个定触点，分别同两个开关之间的两根导线相连。

5. 电路检测及送电试灯

1）依照电路原理图，按节点查线，每个节点相连的接线柱个数和原理图相同；

2）在断电状态下，灯开关动作，测量负载开关下端 L、N 之间的电阻值，将测量数据记录在表 13-2 中，分析电路连接是否正确，灯具和灯开关是否有损坏。

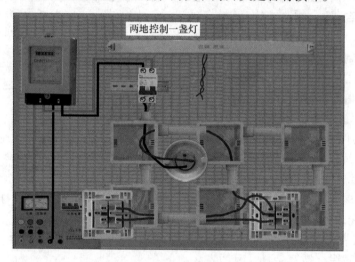

图 13-22　两地控制一盏灯连线示意图

表 13-2　两地控制一盏灯电路检测数据表

	R_{L-N}（Ω）
S1 拨上	
S1 拨下	
S2 拨上	
S2 拨下	

结论：

3）试灯，闭合电源开关和负载开关，分别拨动灯开关 S1 和灯开关 S2，看灯具能否正常工作。

6. 评分标准（与 13.6.1 节相同）

13.6.3　三地控制一盏灯电路

1. 电路原理图

三地控制一盏灯即三个开关控制一盏灯，根据学生专业情况，电路原理图可自行设计，这里不再给出。

2. 设备、器件和材料

电气工程训练实践操作台，电能表、两相断路器、白炽灯、灯座、双刀双掷开关各一个，单刀双掷开关两个，接线盒、线管、多种颜色独股 1mm² 铜导线、测试线、螺钉若干。

3. 工具和仪表

剥线钳、尖嘴钳、螺钉旋具，万用表。

4. 电路连接步骤

（1）布局设计　根据原理图，选择灯座和灯开关位置，设计器件接线图。

（2）线管穿线　根据连线图进行线管穿线，如图 13-23 所示。

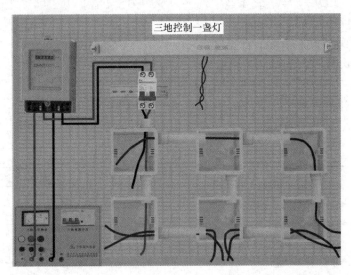

图 13-23　三地控制一盏灯线管穿线示意图

（3）连接灯具　根据连线图，将灯座和灯开关与接线盒内引出的导线相连。

5. 电路检测及送电试灯

1）依照电路原理图，按节点查线，每个节点相连的接线柱个数和原理图相同。

2）在断电状态下，灯开关动作，测量负载开关下端 L、N 之间的电阻值，将测量数据记录在表 13-3 中，分析电路连接是否正确，灯具和灯开关是否有损坏。

3）试灯，闭合电源开关和负载开关，分别拨动灯开关 S1、S2、S3，看灯具能否正常

表 13-3　三地控制一盏灯电路检测数据表

	$R_{\mathrm{L-N}}$（Ω）
S1 拨上	
S1 拨下	
S2 拨上	
S2 拨下	
S3 拨上	
S3 拨下	
结论：	

工作。

6. 评分标准（与 13.6.1 节相同）

13.7 照明电路创新实践

13.7.1 三盏灯串并联电路

1. 器件和材料

断路器一个，白炽灯、灯座各三个，单刀双掷开关两个，独股 1mm² 铜导线若干。

2. 电路原理图

三盏灯串并联电路原理图如图 13-24 所示。

3. 电路分析

两个灯开关对应 4 种工作状态，分析电路，将电路工作状态，填入表 13-4 中。

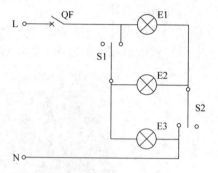

图 13-24　三盏灯串并联电路原理图

表 13-4　三盏灯串并联电路工作状态分析表

S1	S2	E1、E2、E3
断开	断开	
闭合	闭合	
断开	闭合	
闭合	断开	

4. 电路连接

根据电路原理图，画出器件连线图，在此基础上连接电路。

5. 实践效果

首先检查是否有短路故障，然后送电试灯。

13.7.2 两盏灯串并联电路

1. 器件和材料

断路器一个，白炽灯、灯座、单刀双掷开关各两个，独股 1mm² 铜导线若干。

2. 电路原理图

通过两个灯开关控制，既能实现两盏灯并联工作，也能实现两盏灯串联工作，还能实现单独一盏灯发光。根据学生专业情况，电路原理图可自行设计。

3. 电路分析

两个灯开关对应 4 种工作状态，分析电路，将电路工作状态，填入表 13-5 中。

表 13-5　两盏灯串并联电路工作状态分析表

S1	S2	E1、E2

4. 电路连接

根据电路原理图，画出器件连线图，在此基础上连接电路。

5. 实践效果

首先检查是否有短路故障，然后送电试灯。

13.7.3　长明灯简易调光电路

1. 器件和材料

断路器一个，白炽灯、灯座、单刀双掷开关、整流二极管 IN4007 各 1 个，独股 1mm^2 铜导线若干。

2. 电路原理图

用一只二极管构成白炽灯简易调光电路，电路原理图如图 13-25 所示。

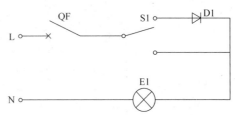

3. 电路分析

利用二极管的单向导电性，滤掉（截断）220V 交流电的正半周或负半周电流，进而实现简易调光的作用。

图 13-25　白炽灯简易调光电路原理图

4. 电路连接

根据电路原理图，画出器件连线图，在此基础上连接电路。

5. 实践效果

送电试灯，看看是否实现了调光作用。

13.7.4　220V 0.5W 38LED 节能灯制作

1. 器件清单

220V 0.5W 38LED 灯由电源驱动、灯板、LED 灯珠、配套的螺口外壳、灯罩几部分组成，散件如图 13-26 所示。

图 13-26　220V 0.5W 38LED 灯散件

2. 工具及材料

万用表、电烙铁、焊锡丝、软导线。

3. 电路原理图

220V 交流电经阻容降压、二极管桥式整流、滤波后为串联的 38 个 LED 灯珠提供直流电，原理图如图 13-27 所示。

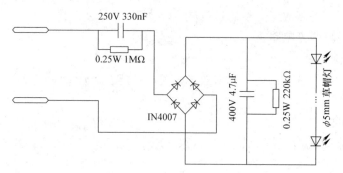

图 13-27　220V 0.5W 38LED 灯电路原理图

4. 实践步骤及注意事项

1）参照图 13-28，将螺口外壳的两根线，分别焊接在对应驱动电源板上 ~220V 输入端的两个焊盘上。

2）在对应驱动电源板上直流输出端的两个焊盘上，焊接红色和白色两根软导线，红色接标记的"＋"端，白色接标记的"－"端。

3）将 38 个 LED 灯珠焊接在灯板上，注意正负极标记不能焊反。

4）将驱动电源的直流输出两根软导线，焊接在灯板的对应位置，注意正负极标记。

5）检查是否有虚焊，连错的地方，然后送电试灯，成功后扣上灯罩。

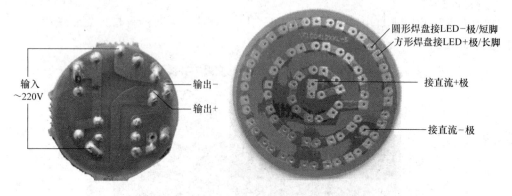

图 13-28　220V 0.5W 38LED 焊接连线示意图

5. 实践效果

学生的切身体会：在老师的精心指导下，通过自己的动手能力完成了 38LED 灯的制作并进行试验，结果我们成功了！在制作过程中我们齐心协力、互相帮助，当灯亮了时我们欣喜若狂，那种成功的喜悦涌上心头！我们的体会就是没有什么不可能，只要你有自信心、认真的态度以及动手能力，你就能做到你认为不可能的事！

13.7.5　220V 7W 7LED 灯制作

1. 器件清单

7W 7LED 灯由电源驱动、灯板、LED 灯珠、配套的螺口外壳、散热器、灯罩几部分组成，散件如图 13-29 所示。

图 13-29 7W 7LED 灯散件

2. 工具及材料

万用表、电烙铁、焊锡丝、软导线。

3. 电路原理图

电源驱动部分是一个电流源电路，为 LED 灯板提供固定的直流电流，实现电能到光能的转换。电路原理图如图 13-30 所示。

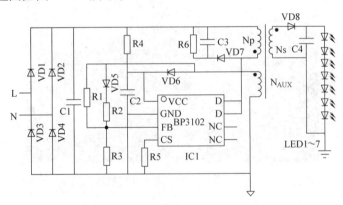

图 13-30 220V 7W 7LED 灯电路原理图

4. 实践步骤及注意事项

1）将 LED 铝基板用螺钉固定在外壳上。

2）驱动电源红线正极，白线负极，从壳体内穿出，焊接在铝基板中间对应焊盘（先镀上少许焊锡）上。不要剪短或再次剥绝缘层。

3）铝基板对应处涂薄薄一层导热硅脂，将 LED 灯珠底部压在上面，正、负极分别焊接在对应焊盘（不用镀锡;）上。灯珠负极有标识，不能反。焊接时，烙铁（给焊盘和灯珠管脚）预热→添加焊锡（3～5mm）→（焊锡从灯脚熔化到焊盘上）撤焊锡→撤烙铁。

4）驱动电源交流输入（两白色线），绝缘层剥离前长度先比量好，一条缠在塑料壳体螺口外侧和金属螺纹相连，另一条从金属螺纹中央穿出，用螺钉固定。两条线长度：尽可能把驱动电源拉在塑料壳体内，使不接触散热器，以免短路。

5）灯亮后，再上灯罩，用工具固定螺口。

5. 实践效果

学生的切身体会：通过本次实践，完成 7W 7LED 节能灯的制作。在实践过程中，我们学会了电烙铁的正确操作方法以及巧妙穿导线的方法。经过反复思考和实验，以及在老师的指导帮助下，我们集体协作圆满完成了本次实验。通过本次操作，更加深刻地体会到了理论与实践相结合、分工合作的重要性。

13.7.6 220V 0.5W 10LED 灯制作

1. 器件清单

220V 0.5W 10LED 灯由电源驱动板、灯板、贴片 LED 灯珠、配套的螺口外壳、灯罩几部分组成，散件如图 13-31 所示。

2. 工具及材料

万用表、电烙铁、焊锡丝、软导线。

3. 电路原理图

电源驱动部分是一个阻容降压和桥式蒸馏电路，为 LED 灯板提供脉动直流电压，实现电能到光能的转换。电路原理图如图 13-32 所示。

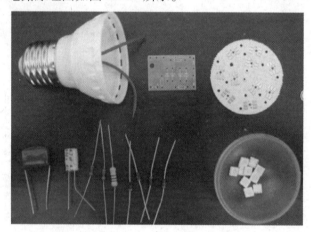

图 13-31　0.5W 10LED 灯散件

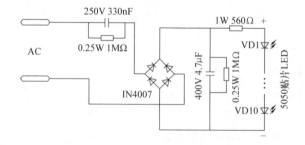

图 13-32　220V 0.5W 10LED 灯电路原理图

4. 实践步骤及注意事项

（1）关于驱动电源板

1）元件位置不能错。

2）二极管，电解电容有正负极。

3）直流输出到灯板 + 、 – 极。

（2）关于 LED 灯板

1）贴片二极管正负极不能焊反，可靠焊接。

2）时间尽可能短，以免烫坏元件和焊盘。

3）焊点焊锡尽可能少，以免三个管脚短路。

电源驱动板和 LED 灯板焊接示意图如图 13-33 所示。

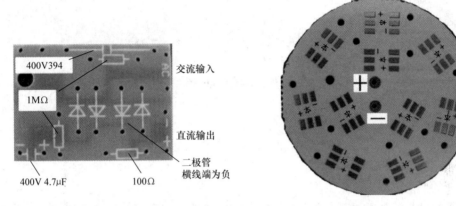

图 13-33　电源驱动板和 LED 灯板焊接示意图

5. 实践效果

学生切身体会：通过对小灯泡的制作，能够熟练掌握一些电子工具的运用，了解到劳动人民的不容易，能很好地锻炼自己的动手能力，在按照电路图装好灯泡之后，还得反复检查，充分利用万能表，磨炼自己的意志，做东西不能着急，要一步步来，即使是再小的元器件，也要按照步骤，把它装好了，小灯泡才能发光。

复习思考题

1. 三相五线制供电系统有哪些特点？单相三线制是指哪三线？

2. 如何进行线管穿线？线管配线的工艺要求主要有哪些？

3. 在实践过程中电能表是如何接线的？

4. 试着画出自己家里关于室内照明和各房间插座的电气原理图。

5. 说明自己家里各房间所用灯具的类型、规格和用途。

6. 灯具安装工艺要求主要有哪些？

7. 单刀单掷灯开关应该如何接线？

8. 单线三孔插座应该如何接线？

9. 天棚座内的电工结有什么作用？看图 13-11，练习打电工结。

10. 吊灯头（灯座）内的零线和控制相线如何接线？

11. 房间里有一个灯泡不亮了，分析一下可能是什么原因造成的？

12. 简述 LED 吸顶灯的安装步骤。

13. 用万用表如何确定单刀双掷灯开关的动触点？

14. 如何实现 N 地控制一盏灯？

15. 简易调光电路利用了二极管的什么特性？

16. 使用电烙铁在灯板上焊接 LED 灯珠时，应该注意哪些事项？

第14章　综合创新训练

【目的与要求】

1. 了解创新的概念和特性。
2. 熟悉创新与实践的关系。
3. 掌握创新的思维方式和创新的技法。
4. 熟悉创新能力的培养途径和训练方法。
5. 综合创新训练的教学目的是进一步培养创新意识、创新精神和创新能力。

14.1　创新的概念及特性

14.1.1　创新及其相关概念

1. 创新的概念

创新是人们把新设想、新成果运用到生产实际或社会实践而取得进步的过程，是获得更高社会效益和经济效益的综合过程。或者可以认为是对旧的一切所进行的革新、替代或覆盖。这种效益可能是物质的，也可能是精神的，但必须是对人类社会有益的。由以上定义不难看出，构成创新的基本要素是人、新成果、实施过程和更高效益。

创新从经济现象开始，随着科学技术的进步和经济的发展，人们对创新的认识也在不断扩展和深化，而且已扩展至科学、政治、文化和教育等各个方面。其中既有涉及技术性变化的创新，如知识创新、技术创新和工艺创新等；也有涉及非技术性变化的创新，如组织创新、管理创新、政策创新等等，创新已经成为人类社会进步中的普遍现象。我们主要研究涉及机电工程技术方面的创新。

2. 创新与其他相关概念的关系

（1）创造　创造与创新的内涵没有太大的差别，两者都具有首创性特征。但创造与创新的首创性特征的含义并不完全相同。创造是指新构思、新观念的产生，创造的"首创性"是指"无中生有"，着重于一个具体的结果。创新的含义要广泛得多，创新的"首创性"不仅指"无中生有"，更多的是指"推陈出新"，它指的是事物内部新的进步因素通过矛盾斗争战胜旧的落后因素，最终发展成为新事物的过程，是一切事物向前发展的根本动力。

创新与创造的主要差别是：创新有很强的目的性，它更着重于市场需求，着重于与市场相关的技术；创造着重的是研究活动本身或它的直接结果，而创新着重的是新事物的发展过程和最终结果。譬如，怎样把创造应用于生产过程和商业经营活动中去，并由此带来更高的经济效益和社会效益。

（2）发现和发明　发现是指经过探索研究找出以前还没有认识的事物规律。如科学家发现地球本身自转一周为一天等。

发明是指获得人为性的创造成果。如人类发明了第一艘宇宙飞船进入太空飞行等。

发明加上成功的开发才可以称为创新。付诸实践的创新也不一定必然是任何的一种发明，创新是把发明创造应用于生产经营活动中去的一个过程，过程的起始应该是发明创造。有了发明创造出来的新理论、新产品、新工艺和新技术，创新也就有了起始点。小的发明有时可以引发大的创新，如集装箱的出现算不上大的发明，甚至谈不上技术上的发明创造，但它引发了世界运输革命，使航运业的效率增加了 3 倍，因此被认为是重大创新。

3. 创新能力

创新能力是指一个人（或群体）通过创新活动、创新行为而获得创新性成果的能力。它是人的能力中最重要、层次最高的一种综合能力。创新能力包含多方面的因素，如探索问题的敏锐力、联想能力、侧向思维能力和预见能力等。

对于在校就读的学生而言，创新能力是求职、就业、创业乃至其一生事业发展过程中的一种通用能力。

创新能力在创新活动中，主要是提出问题和解决问题这两种能力的合成。提出问题包括了发现问题和提出问题，首要的是发现问题的能力。发现问题的能力是指从外界众多的信息源中，发现自己所需要的、有价值的问题的能力。发现问题也是科学研究和发明创造的开端。相对于解决问题，提出问题在创新活动中占有更重要的地位。

14.1.2　创新的特性

创新研究者认为，创新具有以下主要特性。

1. 首创性

创新是解决前人没有解决的问题，因此创新必然具有首创性特征。创新要求人们要敢于积极进取、标新立异。一件创新产品应该具有时代感和新颖性。

创新并不一定是全新的东西，旧的东西以新的方式结合或以新的形式出现也是创新。一般认为某些模仿也是创新，模仿已成为创新传播的重要形式之一。模仿可分为创造性模仿和简单性模仿。现实中的模仿大多数属第一类，对原产品进行了进一步的改进，带有一定的创造性，因此被看作是创新。没有创造性的产品属低级重复性产品。在经济发展不均衡的地区，不排除这种产品会有一定的市场，但这种市场往往表现出很大的局限性和暂时性，这种产品的制造与销售，多数人认为不能称之为创新。

2. 综合性

创新不是凭空设想。一项创新活动需要广泛的知识和深厚的科技理论功底。在学习的时候，人们往往是一个学科、一门课程地分开学习，但如果把思想仅仅束缚在某一门课程的知识范围内就很难进行创新。创新需要把各相关学科的知识加以综合利用，并融会贯通。

作为一个完整的产品创新活动，需要完成由产品发明到开发直至市场化的过程。在这个过程中，除了需要发明者的科技知识，还需要各有关方面的密切配合，主要是生产工作者和经营管理者的密切配合，创新才能成功。

创新过程每一个阶段的工作往往不是仅凭一个人的能力就能完成的。不同的人在其中所起的作用不同，但一项创新产品的成功必然是众多参与者集体智慧的结晶。创新的综合性就表现在创新活动的产品是众多人的共同努力、多学科知识交叉融会及多种行业协调配合的成果。

3. 实践性

创新活动自始至终都是一项实践活动。创新初期，产品类型的确定是建立在社会需要的基础之上。在创新过程中，产品的构思阶段和制造阶段中都显示出或隐含着大量实践性经验的因素。一项新产品产生后，能否被称为完整意义上的创新最终还要经过市场实践的检验。

14.1.3 创新的思维方式

创新思维是人们在已有的知识和经验的基础上，通过主动地、有意识地思考，产生独特、新颖的认识成果，是一种心理活动过程，从创新的特性可推出，创新思维应该具有突破性、独立性和辩证性。

应该强调：就应该突破原有的思维定式，打破迷信权威的思维障碍，敢于标新立异。

创新思维有形象思维、联想思维、发散思维、辩证思维等。

14.2 工程综合创新训练

14.2.1 实践是创新实现的基本途径

人类所从事的任何创新，无论是物质创新还是精神创新，无论是具体物品创新还是知识理论创新，都是通过实践来实现的，是在实践的过程中形成、检验和发展的。脱离了实践活动，任何创新都难以实现与发展。

1. 创新与实践检验

（1）选题和目标需要实践检验　选题和目标是根据社会的需要和实现的可能提出的，经过理论的论证才确定下来。但选题和目标确定得是否完全合理，能否像人们预想的那样克服实现过程中遇到的困难，只有通过实践检验后才能最终确定。

（2）实践可以检验创新过程和创新的成果　在检验中就会发现问题和不足，从而有针对性地提出改进的措施和方法，修正创新目标或创新方案，修正创新的过程，使创新得以实现和发展。任何事物的发展，都是在修正错误中前进的，创新也不例外。一些重大的创新目标，往往要经过实践的反复检验，才能最终确立和完善。

2. 实践锻炼提高人的创新能力

创新成果的大小，往往取决于人的创新能力。创新能力和创新品质是在实践中锻炼和发展起来的。人们只有在社会实践中丰富了创新知识，培养了创新思维，加强了创新意识，修炼了创新意志，增长了创新才干，才能成为勇于创新、善于创新的人。

由于实践贯穿于创新的全过程，而且反馈和调节着整个创新活动，因此实践在创新中的地位和作用决不能低估。有人认为创新是头脑的自由创造物，是某种机遇、某种灵感，似乎只要某种灵机一动就可轻而易举地取得某种创新成果。这种观点显然是不科学的，必然导致对实践操作和实验的轻视。明确了这一点，我们就必须着重实践能力的培养和锻炼。

总之，创新是通过实践来实现的。任何创新思想，只有付诸行动，才能形成创新成果。因此重视实干、重视实践才能提高创新能力。

14.2.2 创新能力的培养和训练

现代心理学的研究表明，人人都有创造力，都有创造的可能性。人的创新思维能力不是天生的，天生的只是创新的潜能，这种潜能仅具有自然属性。

创新能力是在实践中、日常生活中、学习和工作中锻炼和培养起来的。人人都有好奇的心理、求知的欲望和创新的潜力，创新训练就是为了重新激发潜能，使学生的创新潜能转变为创新能力。

创新能力是靠教育、培养和训练激励出来的。提升创新能力主要通过三条途径来实现。

1. 培养问题意识

第一是在日常生活中经常有意识地观察和思考一些问题，如"为什么""做什么""应该怎样做""是不是只能这样""还有没有更好的方法"等。通过这种日常的自我训练，可以提高观察能力和大脑灵活性。

2. 系统学习创新理论和技法

通过参加创新能力的培训班，学习一些创新理论和技法，建立"创新思维能够改变你的一生""方法就是力量""方法就是世界"的观念，经常做一做创造学家、创新专家设计的训练题，就能收到提高创新思维能力的效果。

3. 积极参加创新实践活动

积极参加创新实践活动是最重要的，如小发明、小制作和小论文写作等实践活动，尝试用创造性方法解决实践中的问题，在实践中培养和训练自己的创新能力。只要持之以恒，必有所成。

14.3　综合创新训练的技法

创新技法即创新的技巧和方法，是以创新思维规律为基础，通过对广泛创新活动的实践经验进行概括、总结和提炼而得出来的。创新技法是最终实现创新目标的重要武器和途径，世界各国已经总结出 300 多种，以下介绍几种可操作性强、能够按照一定的方法、步骤实施的常用创新技法。

14.3.1　设问法

设问法是围绕创新对象或需要解决的问题发问，然后针对提出的具体问题予以研究解决的创新方法。其特点是强制性思考，有利于突破不善于思考提问的思维障碍；目标明确、主题集中，在清晰的思路下引导发散思维。

1. 5W2H 法

这种方法是围绕创新对象从七个主要方面去设问的方法。这七个方面的疑问用英文字表示时，其首字母为 W 或 H，故归纳为 5W2H。

（1）Why（为什么）　为什么要选择该产品？为什么必须有这些功能？为什么采用这种结构？为什么要经过这么多环节？为什么要改进？……

（2）What（是什么）　该产品有何功能？有何创新？关键是什么？制约因素是什么？条件是什么？采用什么方式？……

（3）Who（谁）　该产品的主要用户是谁？组织决策者是谁？由谁来完成产品创新？谁被忽略了？……

（4）When（何时）　什么时候完成该创新产品？产品创新的各阶段怎样划分？什么时间投产？……

（5）Where（何地）　该产品用于何处？多少零件自制，其余到何处外购？什么地方有资金？……

（6）How to（怎样做）　如何研制创新产品？怎样做效率最高？怎样使该产品更方便实用？……

（7）How much（多少）　产品的投产数量是多少？达到怎样的水平？需要多少人？成

本是多少？利润是多少？……

此种方法抓住了事物的主要特征，可根据不同的问题，确定不同的具体内容，适用于技术创新中的全新型创新选题。

2. 和田法

"和田法"是我国的创造学者根据上海市和田路小学开展创造发明活动中所采用的技法，总结提炼而成的，共12条，下面简要介绍。

（1）加一加 可在这件东西上添加些什么吗？把它加大一些、加高一些、加厚一些，行不行？把这件东西和其他东西加在一起，会有什么结果？

（2）减一减 能在这件东西上减去什么吗？把它减小一些、降低一些、减轻一些，行不行？可以省略取消什么吗？可以减少次数或时间吗？

（3）扩一扩 使这件东西放大、扩展会怎样？功能上能扩大吗？

（4）缩一缩 使这件东西压缩一下会怎样？能否折叠？

（5）变一变 改变一下事物的形状、尺寸、颜色、味道、时间或场合会怎样？改变一下顺序会怎样？

（6）改一改 这种东西还存在什么缺点或不足，可以加以改进吗？它在使用时是不是会给人带来不便和麻烦，有解决这些问题的办法

（7）联一联 把某一事物与另一事物联系起来，能产生什么新事物？每件事物的结果，跟它的起因有什么联系？能从中找出解决问题的办法吗？

（8）学一学 有什么事物可以让自己模仿、学习一下吗？模仿它的形状或结构会有什么结果？学习它的原理技术，又会有什么创新？

（9）代一代 这件东西有什么东西能够代替？如果用别的材料、零件或方法等行不行？替代后会发生哪些变化？有什么好的效果？

（10）搬一搬 把这件东西搬到别的地方，还能有别的用途吗？这个事物、设想、道理或技术搬到别的地方，会产生什么新的事物或技术？

（11）反一反 如果把一个东西、一件事物的正反、上下、左右、前后、横竖或里外颠倒一下，会产生什么结果？

（12）定一定 为了解决某一问题或改进某一产品，为了提高学习、工作效率，防止可能发生的不良后果，需要新规定些什么？制订一些什么标准、规章和制度？

"和田法"深入浅出、通俗易懂，且便于掌握，被人们称为"一点通"。此法适合各个领域的创新活动，尤其适合青少年开展的创新活动。

14.3.2 创新的其他技法

创新的其他技法还有类比法、组合创新法、逆向转换法、列举法等。

复习思考题

1. 创新具有哪些主要特性？
2. 培养创新能力的主要途径有哪些？
3. "和田法"是创新技法之一，试写出其主要内容。
4. 论述或说明创新与实践的关系。

参 考 文 献

[1] 李海越，郭睿智，杜林娟．机械工程训练（机械类）［M］．北京：机械工业出版社，2018．

[2] 罗凤利，李素艳，徐衍锋．工程训练（工科非机械类）［M］．北京：机械工业出版社，2018．

[3] 韩志民，曲芳，潘莉．工程训练（非工科类）［M］．北京：机械工业出版社，2018．

[4] 吕常魁，刘润．机械工程训练指导书［M］．北京：高等教育出版社，2015．

[5] 魏德强，吕汝金，刘建伟．机械工程训练［M］．北京：清华大学出版社，2016．

[6] 梁延德．工程训练教程·机械大类实训分册［M］．大连：大连理工大学出版社，2012．

[7] 郑志军，胡青春．机械制造工程训练教程［M］．广州：华南理工大学出版社，2015．

[8] 曾海泉，刘建春．工程训练与创新实践［M］．北京：清华大学出版社，2015．

[9] 杨钢．工程训练与创新［M］．北京：科学出版社，2015．

[10] 傅水根．以项目驱动的机械创新设计与实践［M］．北京：清华大学出版社，2013．

[11] 李兵，吴国兴，曾亮华．金工实习［M］．武汉：华中科技大学出版社，2015．

[12] 黄明宇．金工实习（下册·冷加工）［M］．3 版．北京：机械工业出版社，2015．

[13] 徐向纮，赵延波．机电工程训练教程：机械制造技术实训［M］．北京：清华大学出版社，2013．

[14] 张念淮，胡卫星，魏保立．钳工与机加工技能实训［M］．北京：北京理工大学出版社，2013．

[15] 钟翔山．图解钳工入门与提高［M］．北京：化学工业出版社，2015．

[16] 许允．钳工操作实用技能全图解［M］．郑州：河南科学技术出版社，2014．

[17] 朱绍胜，朱静．车工实训教程［M］．北京：化学工业出版社，2016．

[18] 陈星．车工实训教程［M］．上海：上海交通大学出版社，2015．

[19] 吴云飞，许春年．数控车工（FANUC 系统）编程与操作实训［M］．北京：中国劳动社会保障出版社，2014．

[20] 刘建伟，昌汝金，魏德强．特种加工训练［M］．北京：清华大学出版社，2013．

[21] 白基成，刘晋春，等．特种加工［M］．6 版．北京：机械工业出版社，2014．

[22] 郎一民．数控铣削（加工中心）加工技术与综合实训（华中、SIEM 系统）［M］．北京：机械工业出版社，2015．

[23] 姜波，王存．焊接工艺与技能训练（任务驱动模式）［M］．北京：机械工业出版社，2015．

[24] 郭玉利，曹慧．焊接技能实训［M］．北京：北京理工大学出版社，2013．

[25] 周志明，王春欢，黄伟久．特种铸造［M］．北京：化学工业出版社，2014．

[26] 李晨希．铸造工艺及工装设计［M］．北京：化学工业出版社，2014．

[27] 马德成．机械零件测量技术及实例［M］．北京：化学工业出版社，2013．

[28] 朱华炳，田杰．制造技术工程训练［M］．北京：机械工业出版社，2014．

[29] 陈继兵．机械工程训练［M］．武汉：华中科技大学出版社，2019．

[30] 杨钢．机械工程训练与实践［M］．北京：人民交通出版社，2018．

[31] 胡建德．机械工程训练［M］．杭州：浙江大学出版社，2017．